新起点电脑教程

Python 程序设计基础入门与实战
(微课版)

文杰书院　编著

清华大学出版社
北京

内 容 简 介

　　Python 是当前最为常用的编程语言之一，是软件开发领域的领军开发语言。本书以通俗易懂的语言、翔实生动的操作案例、精挑细选的使用技巧，指导初学者快速掌握 Python 开发的基础知识与使用方法。本书主要内容包括 Python 强势来袭，基础语法知识介绍，运算符和表达式，使用条件语句，使用循环语句，数据结构，使用函数，类和对象，模块、迭代器和生成器，文件操作，异常处理，标准库函数，正则表达式，开发网络程序，多线程技术，tkinter 图形化界面开发，使用数据库实现数据持久化，使用 Django 开发 Web 程序，数据可视化，实时疫情监控系统。本书内容组织循序渐进、结构清晰，以实战演练的方式介绍知识点，让读者一看就懂。

　　本书面向学习 Python 开发的初中级用户，适合无基础又想快速掌握 Python 开发入门的读者，同时对有经验的 Python 使用者也有很高的参考价值，还可以作为高等院校专业课教材和社会培训机构的培训教材。

图书在版编目(CIP)数据

Python 程序设计基础入门与实战：微课版/文杰书院编著. —北京：清华大学出版社，2021.6
新起点电脑教程
ISBN 978-7-302-58107-9

Ⅰ．①P⋯　Ⅱ．①文⋯　Ⅲ．①软件工具—程序设计—教材　Ⅳ．①TP311.561

中国版本图书馆 CIP 数据核字(2021)第 084496 号

责任编辑：魏　莹
封面设计：杨玉兰
责任校对：周剑云
责任印制：沈　露

出版发行：清华大学出版社
　　　　　网　　　址：http://www.tup.com.cn, http://www.wqbook.com
　　　　　地　　　址：北京清华大学学研大厦 A 座　　　邮　　编：100084
　　　　　社 总 机：010-62770175　　　　　　　　　　邮　　购：010-62786544
　　　　　投稿与读者服务：010-62776969，c-service@tup.tsinghua.edu.cn
　　　　　质量反馈：010-62772015，zhiliang@tup.tsinghua.edu.cn
　　　　　课件下载：http://www.tup.com.cn, 010-62791865
印 装 者：天津安泰印刷有限公司
经　　销：全国新华书店
开　　本：185mm×260mm　　印　张：22　　　字　　数：532 千字
版　　次：2021 年 7 月第 1 版　　　　　　　　印　　次：2021 年 7 月第 1 次印刷
定　　价：89.00 元

产品编号：079820-01

前　言

随着电脑的推广与普及，电脑已成为人们日常生活、工作、娱乐和通信必不可少的工具。正因为如此，开发电脑程序成为一个很重要的市场需求。根据权威机构预测，在未来几年，国内外的高层次软件人才将处于供不应求的状态。而 Python 作为一门功能强大的开发语言，一直在业界处于领军地位。为了帮助大家快速掌握 Python 这门编程语言的开发知识，以便在日常的学习和工作中学以致用，我们编写了本书。

■ 购买本书能学到什么

本书在编写过程中，以 Python 的基础语法和常见应用为导向，深入贴合初学者的学习习惯，采用由浅入深、由易到难的方式讲解，读者还可以通过随书赠送的多媒体视频教学学习。本书结构清晰，内容丰富，主要包括以下 4 个方面的内容。

1. 基础知识

本书第 1 章～第 7 章，逐一介绍了 Python 强势来袭，基础语法知识，运算符和表达式，使用条件语句，使用循环语句，数据结构，使用函数等内容，主要目的是让读者掌握 Python 语言的基础知识。

2. 核心技术

本书第 8 章～第 11 章，循序渐进地介绍了 Python 的类和对象，模块、迭代器和生成器，文件操作，异常处理等内容，这些内容都是学习 Python 所必须具备的核心语法知识。

3. 进阶提高

本书第 12 章～第 19 章，介绍了 Python 的标准库函数，正则表达式，开发网络程序，多线程技术，tkinter 图形化界面开发，使用数据库实现数据持久化，使用 Django 开发 Web 程序，数据可视化等相关知识及具体用法，并讲解了各个知识点的使用技巧。

4. 综合实战

本书第 20 章通过一个实时疫情监控系统的实现过程，介绍了使用前面各章所学的 Python 知识开发一个大型数据库软件的过程，以便读者对前面所学的知识融会贯通，了解 Python 在大型软件项目中的使用方法和技巧。

■ 如何获取本书的学习资源

为帮助读者高效、快捷地学习本书知识点，我们不但为读者准备了与本书知识点有关的配套素材文件，而且还设计并制作了精品视频教学课程，同时还为教师准备了 PPT 课件

资源。购买本书的读者，可以通过以下途径获取相关的配套学习资源。

1. 扫描书中二维码获取在线学习视频

读者在学习本书的过程中，可以使用微信的扫一扫功能，扫描本书各标题左下角的二维码，在打开的视频播放页面中可以在线观看视频课程。这些课程读者也可以下载并保存到手机或电脑中离线观看。

2. 登录网站获取更多学习资源

本书配套素材和 PPT 课件资源，读者可登录网址 http://www.tup.com.cn(清华大学出版社官方网站)下载。

我们真切希望读者在阅读本书之后，可以开拓视野，增长实践操作技能，并从中学习和总结操作的经验和规律，达到灵活运用的水平。鉴于编者水平有限，书中纰漏和考虑不周之处在所难免，热忱欢迎读者予以批评、指正，以便我们日后能为您编写更好的图书。

编　者

目　录

新起点
电脑教程

第1章

Python 强势来袭

本章要点

📖 Python 语言介绍
📖 安装 Python
📖 使用 IDLE 开发 Python 程序

本章主要内容

　　Python 是一门面向对象的编程语言，它的类模块支持多态、操作符重载和多重继承等高级概念，并且有 Python 特有的简洁的语法和类型，面向对象十分易于使用。本章将详细介绍 Python 语言的发展历程和特点。

1.1　Python 语言介绍

　　在时间进入 2016 年后，身边越来越多的人说 Python(派森)语言如日中天了，也有人说 Python 的发展速度像坐了火箭一般，让广大程序员们对它如痴如醉！在 TIOBE 编程语言社区排行榜中，Python 排名第 3，仅次于 C 语言和 Java。

↑扫码看视频

1.1.1　Python 语言的优势

　　(1)　简单

　　无论是对于广大学习者还是程序员，简单就代表了一切，代表了最大的吸引力。既然都能实现同样的功能，人们有什么理由不去选择更加简单的开发语言呢？例如在运行 Python 程序时，只需要简单地输入 Python 代码即可运行，而不需要像其他语言(例如 C 或 C++)那样经过编译和链接等中间步骤。Python 可以立即执行程序，这样便形成了一种交互式编程体验和不同情况下快速调整的能力，往往在修改代码后能立即看到程序改变的效果。

　　(2)　功能强大

　　Python 语言可以被用来作为批处理语言，写一些简单的工具，处理一些数据，作为其他软件的接口调试等。Python 语言可以用来作为函数语言，进行人工智能程序的开发，具有 Lisp 语言的大部分功能。Python 语言可以用来作为过程语言，进行常见的应用程序开发，可以和 Visual Basic 等语言一样应用。Python 语言可以用来作为面向对象语言，具有大部分面向对象语言的特征，经常作为大型应用软件的原型开发，然后再用 C++语言改写，而有些应用软件则是直接使用 Python 来开发。

1.1.2　Python 语言的特点

　　(1)　面向对象

　　Python 是一种面向对象(面向对象缩写为 OOP)的语言，它的类模块支持多态、操作符重载和多重继承等高级概念，并且以 Python 特有的简洁的语法和类型，面向对象十分易于使用。除了作为一种强大的代码构建和重用手段以外，Python 的面向对象特性使它成为面向对象语言(如 C++和 Java)的理想脚本工具。例如，通过适当的粘接代码，Python 程序可以对 C++、Java 和 C#的类进行子类的定制。

　　(2)　免费

　　Python 的使用和发布是完全免费的，就像其他开源软件一样，例如 Perl、Linux 和 Apache。

开发者可以从 Internet 上免费获得 Python 系统的源代码。复制 Python，将其嵌入自己的系统或者随产品一起发布都没有任何限制。实际上，如果愿意的话，甚至可以销售它的源代码。

（3）可移植

Python 语言的标准实现是由可移植的 ANSI C 编写的，可以在目前所有的主流平台上编译和运行。例如现在从 PDA 到超级计算机，到处都可以见到 Python 程序的运行。Python 语言可以在下列平台上运行(注意，这并不是全部，而只是笔者所知道的一部分)：

- ➢ Linux 和 UNIX 系统。
- ➢ 微软 Windows 和 DOS(所有版本)。
- ➢ Mac OS(包括 OS X 和 Classic)。
- ➢ BeOS、OS/2、VMS 和 QNX。
- ➢ 实时操作系统，例如 VxWorks。
- ➢ Cray 超级计算机和 IBM 大型机。
- ➢ 运行 Palm OS、PocketPC 和 Linux 的 PDA。
- ➢ 运行 Windows Mobile 和 Symbian OS 的移动电话。
- ➢ 游戏终端和 iPod。

（4）混合开发

Python 程序可以以多种方式轻易地与其他语言编写的组件"粘接"在一起。例如，通过使用 Python 的 C 语言 API 可以帮助 Python 程序灵活地调用 C 程序。这意味着可以根据需要给 Python 程序添加功能，或者在其他环境系统中使用 Python。例如，将 Python 与 C 或者 C++写成的库文件混合，使 Python 成为一个前端语言和定制工具，这使 Python 成为一个很好的快速原型工具。出于开发速度的考虑，系统可以先使用 Python 实现，之后转移至 C，这样可以根据不同时期性能的需要逐步实现系统。

1.2　安装 Python

古人云：工欲善其事，必先利其器。在使用 Python 语言进行项目开发时，需要先搭建其开发环境。在本节的内容中，将详细讲解安装 Python 的知识，为读者步入本书后面知识的学习打下基础。

↑扫码看视频

1.2.1　选择版本

因为 Python 语言是跨平台的，可以在 Windows、Mac OS、Linux、UNIX 和各种其他系统上运行，所以 Python 可以被安装在这些系统中。并且在 Windows 上写 Python 程序，可以放到 Linux 系统上运行。

到目前为止，Python 最为常用的版本有两个：一个是 2.x 版，一个是 3.x 版，这两个版本是不兼容的。因为目前 Python 正在朝着 3.x 版本进化，在进化过程中，大量的针对 2.x 版本的代码要修改后才能运行，所以目前有许多第三方库还暂时无法在 3.x 上使用。读者可以根据自己的需要选择下载和安装，本书将对 Python 3.x 版本的语法和标准库进行讲解。

1.2.2　在 Windows 系统中下载并安装 Python

(1)　登录 Python 官方网站 https://www.python.org，单击顶部导航中的 Downloads、Windows 链接，如图 1-1 所示。

图 1-1　Python 下载页面

(2)　此时会弹出如图 1-2 所示的 Windows 版下载界面，此时(作者写作本书时)最新的版本是 Python 3.8.2。

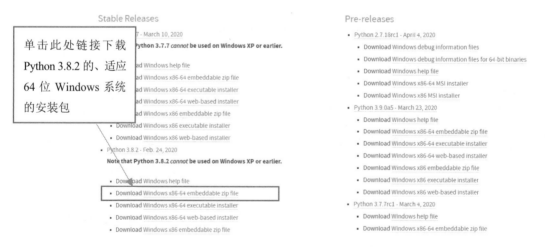

图 1-2　Windows 版下载界面

在图 1-2 所示的页面中列出的都是 Windows 系统平台的安装包，其中 x86 适合 32 位操作系统，x86-64 适合 64 位操作系统，并且可以通过如下 3 种途径获取 Python。

➢ web-based installer：需要通过联网完成安装。

➢ executable installer：通过可执行文件(*.exe)方式安装。

➢ embeddable zip file：这是嵌入式版本，可以集成到其他应用程序中。

(3) 因为笔者的计算机是 64 位操作系统，所以需要选择一个 64 位的安装包，当前(笔者写作本书时)最新版本为 Windows x86-64 executable installer。单击后弹出如图 1-3 所示的下载进度对话框。

(4) 下载成功后得到一个 ".exe" 格式的可执行文件，双击此文件开始安装。在第一个安装界面中勾选界面下方的两个复选框，然后单击 Install Now 按钮，如图 1-4 所示。

图 1-3　下载进度对话框　　　　　　　　图 1-4　第一个安装界面

知识精讲

勾选 Add Python 3.8 to PATH 复选框的目的是把 Python 的安装路径添加到系统路径下面。勾选这个选项后，在执行 cmd 命令时，输入 python 就会调用 python.exe。如果不勾选这个选项，在 cmd 下输入 python 时会报错。

(5) 弹出如图 1-5 所示的安装进度对话框。

(6) 安装完成后的界面如图 1-6 所示，单击 Close 按钮完成安装。

图 1-5　安装进度对话框　　　　　　　　图 1-6　安装完成后的界面

(7) 单击 "开始" → "运行" 命令，输入 cmd 后打开 DOS 命令界面，然后输入 python 验证是否安装成功。弹出如图 1-7 所示的界面表示安装成功。

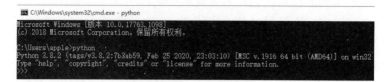

图 1-7　表示安装成功

1.3　使用 IDLE 开发 Python 程序

　　在电脑中安装 Python 后，接下来需要选择一款开发工具来编写 Python 程序。虽然市面上有很多种支持 Python 的开发工具，但是最流行的且最适合新手使用的开发工具是 Python 自带的 IDLE。

↑扫码看视频

1.3.1　IDLE 介绍

　　IDLE 是 Python 自带的开发工具，它是应用 Python 图形接口库 tkinter 开发的一个图形界面开发工具。当在 Windows 系统下安装 Python 时会自动安装 IDLE，在"开始"→Python 3.8 子菜单中就可以找到 IDLE，如图 1-8 所示。

　　在 Windows 系统中打开 IDLE 后的界面效果如图 1-9 所示，标题栏与普通的 Windows 应用程序相同，而其中所写的代码是自动着色的。

单击此处
启动 IDLE

图 1-8　"开始"菜单中的 IDLE　　　　　图 1-9　启动 IDLE 后的界面效果

IDLE 常用的快捷键如表 1-1 所示。

表 1-1　IDLE 常用的快捷键

快 捷 键	功　能
Ctrl+]	缩进代码
Ctrl+[	取消缩进
Alt+3	注释代码

续表

快 捷 键	功 能
Alt+4	去除注释
F5	运行代码
Ctrl+Z	撤销一步

1.3.2　使用 IDLE 开发第一个 Python 程序

在 Python 程序中，有条件函数是最为常见的，例如在下面的实例代码中定义了一个有条件函数，其定义必须在调用之前完成。

 实例 1-1：认识第一个 Python 程序
　　　　　源文件路径：daima\1\1-1

(1)　打开 IDLE，单击 File→New File 命令，在弹出的新建文件窗口中输入如下所示的代码。

```python
print('同学们好,我的名字是——Python!')
print('这就是我的代码,简单吗？')
```

在上述代码中，print 是一个打印函数，功能是在界面中打印输出指定的内容，和 C 语言中的 printf 函数、Java 语言中的 println 函数类似。本实例在 IDLE 编辑器中的效果如图 1-10 所示。

(2)　单击 File→Save 命令，将其保存为文件 first.py，如图 1-11 所示。

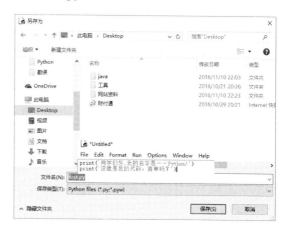

图 1-10　输入代码　　　　　　　　　　　图 1-11　保存为文件 first.py

(3)　按键盘中的 F5 键，或单击 Run→Run Module 命令运行当前代码，如图 1-12 所示。

(4)　本实例执行后，会使用函数 print()打印输出两行文本，执行后的效果如图 1-13 所示。

图 1-12 运行当前代码　　　　　　图 1-13 执行效果

1.4 实践案例与上机指导

　　通过本章的学习，读者基本可以掌握 Python 语言的基础知识。其实 Python 语言的基础知识还有很多，读者可以通过多做练习来加深学习。下面通过练习操作，以达到巩固学习、拓展提高的目的。

↑扫码看视频

1.4.1 安装 PyCharm

　　为了提高开发 Python 程序的效率，接下来介绍一款著名的 Python IDE 开发工具：PyCharm。这是一整套可以帮助用户在使用 Python 语言开发时提高效率的工具，具备基本的调试、语法高亮、Project 管理、代码跳转、智能提示、自动完成、单元测试、版本控制等功能。此外，PyCharm 还提供了一些高级功能，以用于支持 Django 框架下的专业 Web 开发。

 智慧锦囊

　　在安装 PyCharm 之前需要先安装 Python。如果读者具有 Java 开发经验，会发现 PyCharm 和 IntelliJ IDEA 十分相似。如果读者拥有 Android 开发经验，就会发现 PyCharm 和 Android Studio 十分相似。事实也正是如此，PyCharm 不但跟 IntelliJ IDEA 和 Android Studio 的外表相似，而且用法也相似。有 Java 和 Android 开发经验的读者可以迅速上手 PyCharm。

　　(1) 登录 PyCharm 官方页面 http://www.jetbrains.com/pycharm/，单击顶部中间的 DOWNLOAD NOW 按钮，如图 1-14 所示。
　　(2) 在打开的新页面中显示了可以下载如下 PyCharm 的两个版本，如图 1-15 所示。
　　➢ Professional: 专业版，可以使用 PyCharm 的全部功能，但是收费。
　　➢ Community: 社区版，可以满足 Python 开发的大多数功能，完全免费。

在页面上方可以选择操作系统，PyCharm 分别提供了 Windows、macOS 和 Linux 三大主流操作系统的下载版本，并且每种操作系统都分为专业版和社区版两种。

图 1-14　PyCharm 官方页面　　　　　　　图 1-15　专业版和社区版

（3）笔者使用的 Windows 系统专业版，单击 Windows 选项中 Professional 下面的 DOWNLOAD 按钮，在弹出的下载对话框中单击"下载"按钮开始下载 PyCharm，如图 1-16 所示。

（4）下载成功后将会得到一个形似 pycharm-professional-201x.x.x.exe 的可执行文件，用鼠标双击打开这个可执行文件，弹出如图 1-17 所示的欢迎安装界面。

图 1-16　下载 PyCharm　　　　　　　图 1-17　欢迎安装界面

（5）单击 Next 按钮后弹出安装目录界面，在此设置 PyCharm 的安装位置，如图 1-18 所示。

（6）单击 Next 按钮后弹出安装选项界面，在此根据自己电脑的配置勾选对应的选项，因为笔者使用的是 64 位系统，所以此处勾选 64-bit launcher 复选框。然后勾选 create associations(创建关联 Python 源代码文件)下的.py 复选框，如图 1-19 所示。

（7）单击 Next 按钮后弹出创建启动菜单界面，如图 1-20 所示。

（8）单击 Install 按钮后弹出安装进度界面，这一步的过程需要读者耐心等待一会，如图 1-21 所示。

（9）安装进度条完成后弹出完成安装界面，如图 1-22 所示。单击 Finish 按钮完成 PyCharm 的全部安装工作。

（10）单击桌面中的快捷方式或"开始"菜单中的对应选项启动 PyCharm，因为是第一次打开 PyCharm，会询问我们是否要导入先前的设置(默认为不导入)。因为我们是全新安装，

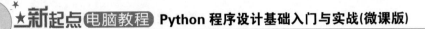

所以这里直接单击 OK 按钮即可。接着 PyCharm 会让我们设置主题和代码编辑器的样式，读者可以根据自己的喜好进行设置，例如有 Visual Studio 开发经验的读者可以选择 Visual Studio 风格。完全启动 PyCharm 后的界面效果如图 1-23 所示。

图 1-18 安装目录界面

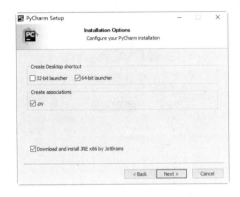

图 1-19 安装选项界面

图 1-20 创建启动菜单界面

图 1-21 安装进度界面

图 1-22 完成安装界面

图 1-23 完全启动 PyCharm 后的界面效果

➤ 左侧区域面板：列表显示过去创建或使用过的项目工程，因为我们是第一次安装，所以暂时显示为空白。

➤ 中间 Create New Project 按钮：单击此按钮后将弹出新建工程对话框，开始新建项目。

➢ 中间 Open 按钮：单击此按钮后将弹出打开对话框，用于打开已经创建的工程项目。

➢ 中间 Get from Version Control 下拉按钮：单击后弹出项目的地址来源列表，里面有 CVS、Github、Git 等常见的版本控制渠道。

➢ 右下角 Configure：单击后弹出和设置相关的列表，可以实现基本的设置功能。

➢ 右下角 Get Help：单击后弹出和使用帮助相关的列表，可以帮助开发者快速入门。

1.4.2　使用 PyCharm 创建 Python 程序

 实例 1-2：使用 PyCharm 创建第一个 python 程序
源文件路径：daima\1\1-2

（1）打开 PyCharm，单击图 1-23 中的 Create New Project 按钮弹出 New Project 界面，单击左侧列表中的 Pure Python 选项，如图 1-24 所示。

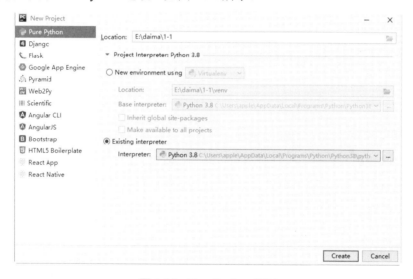

图 1-24　New Project 界面

➢ Location：Python 项目工程的保存路径。

➢ Interpreter：选择 Python 的版本，很多开发者在电脑中安装了多个版本，例如 Python 2.7、Python 3.7 或 Python 3.8，等等。这一功能十分人性化，不同版本切换十分方便。

（2）单击 Create 按钮后将创建一个 Python 工程，如图 1-25 所示。在图中所示的 PyCharm 工程界面，单击菜单中的 File→New Project 命令，也可以创建 Python 工程。

（3）用鼠标右键单击左侧工程名，在弹出的快捷菜单中选择 New→Python File 命令，如图 1-26 所示。

（4）弹出 New Python file 对话框，在 Name 文本框中给将要创建的 Python 文件起一个名字，例如 first，如图 1-27 所示。

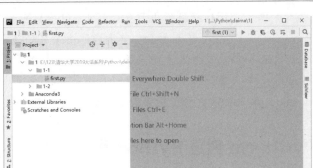

图 1-25　创建的 Python 工程

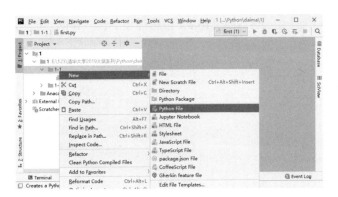

图 1-26　单击 Python File 命令

图 1-27　新建 Python 文件

(5)　单击OK按钮后将会创建一个名为first.py的Python文件,选择左侧列表中的first.py文件名,在 PyCharm 右侧代码编辑窗格编写 Python 代码,如图 1-28 所示。

```
# if True 是一个固定语句, 后面的总是被执行
if True:
        print("Hello 这是第一个 Python 程序!")        #缩进 4 个空白的占位
else:                                                  #与 if 对齐
        print("Hello Python!")                         #缩进 4 个空白的占位
```

图 1-28　Python 文件 first.py

(6)　开始运行文件 first.py,在运行之前会发现 PyCharm 顶部菜单中的运行和调试按钮都是灰色的,处于不可用状态。这时需要我们对控制台进行配置,方法是单击黑色倒三角按钮,然后单击下面的 Edit Configurations 选项(或者单击菜单中的 Run→Edit

Configurations 命令)进入 Run/Debug Configurations 配置界面，如图 1-29 所示。

图 1-29　单击 Edit Configurations 选项进入 Run/Debug Configurations 界面

（7）　单击左上角的绿色加号按钮，在弹出的列表中选择 Python 选项，设置右侧界面中的 Script paths 选项为我们前面刚刚编写的文件 first.py 的路径，如图 1-30 所示。

（8）　单击 OK 按钮返回 PyCharm 代码编辑界面，此时会发现运行和调试按钮全部处于可用状态，单击后可以运行文件 first.py。也可以用鼠标右键单击左侧列表中的文件名 first.py，在弹出的快捷菜单中选择 Run 'first' 命令来运行文件 first.py，如图 1-31 所示。

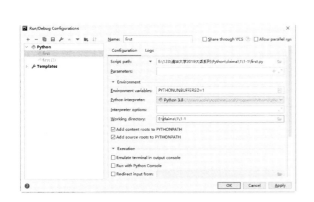

图 1-30　设置 Script paths 选项

图 1-31　选择 Run 'first' 命令运行文件 first.py

（9）　在 PyCharm 的底部的调试面板中将会显示文件 first.py 的执行效果，如图 1-32 所示。

图 1-32　文件 first.py 的执行效果

1.5 思考与练习

本章详细讲解了 Python 语言的基础知识，循序渐进地讲解了 Python 语言介绍、安装 Python、使用 IDLE 开发 Python 程序、使用 Pycharm 开发 Python 程序等内容。通过本章的学习，读者应该熟悉 Python 语言的基础知识，掌握它们的使用方法和技巧。

一、选择题

(1) 对于广大初学者来说，建议使用(   )编写 Python 程序。

A. IDLE   B. Pycharm   C. Eclipse   D. Visual Studio

(2) 在 2020 年的 TIOBE 排行榜中，Python 语言排名第(   )。

A. 1   B. 2   C. 3   D. 4

二、判断对错

(1) Python 语言是一门面向对象的编程语言。   (   )

(2) 对于一名新手来说，不用刻意使用最新版本的 Python，因为 Python 3.7/3.8/3.9 的功能十分相似。   (   )

三、上机练习

(1) 尝试下载并安装 Eclipse，使用 Eclipse 编写 Python 程序。

(2) 尝试下载并安装 Visual Studio，使用 Visual Studio 编写 Python 程序。

第 2 章

基础语法知识介绍

本章主要内容

　　语法知识是任何一门开发语言的核心内容，Python 语言也不例外。在本章的内容中，将详细介绍 Python 语言的基本语法知识，主要包括缩进规则、注释、输入和输出等内容，为读者步入本书后面知识的学习打下基础。

2.1 独有的缩进规则

Python 语言要求编写的代码最好全部使用缩进来分层(块)。代码缩进一般用在函数定义、类的定义以及一些控制语句中。一般来说，行尾的冒号":"表示下一行代码缩进的开始，即使没有使用括号、分号、大括号等进行语句(块)的分隔，通过缩进分层也可以使结构非常清晰。

↑扫码看视频

Python 语言规定，缩进只使用空白实现，必须使用 4 个空格来表示每级缩进。使用 Tab 字符和其他数目的空格虽然都可以编译通过，但不符合编码规范。支持 Tab 字符和其他数目的空格仅仅是为了兼容旧版的 Python 程序和某些有问题的编辑器。要确保使用一致数量的缩进空格，否则编写的程序将显示错误。请看下面的实例代码，演示了缩进 Python 代码的过程。

 实例 2-1：在 Python 程序中使用缩进
源文件路径：daima\2\2-1

实例文件 suojin.py 的具体实现代码如下所示。

```python
# if True 是一个固定语句，后面的总是被执行
if True:
    print("Hello girl!")        #缩进 4 个空白的占位
else:                           #与 if 对齐
    print("Hello boy!")         #缩进 4 个空白的占位
```

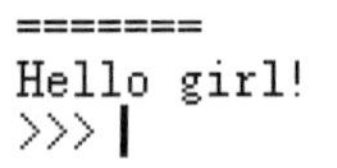

```
=======
Hello girl!
>>>
```

在上述代码中，使用了 4 个空白的缩进格式，执行后的效果如图 2-1 所示。

图 2-1 执行后的效果

再看如下所示的代码，使用了不同的缩进方式。

```python
if True:
    print("Hello girl!")
else:
    print("Hello boy!")
print("end")                    #改正时只需将这行代码前面的空格全部删除即可
```

在上述代码中，实现缩进的方式不一致，有的是通过 tab 键实现的，有的是通过空白实现的，这是 Python 语法规则所不允许的，所以执行后会出错，如图 2-2 所示。

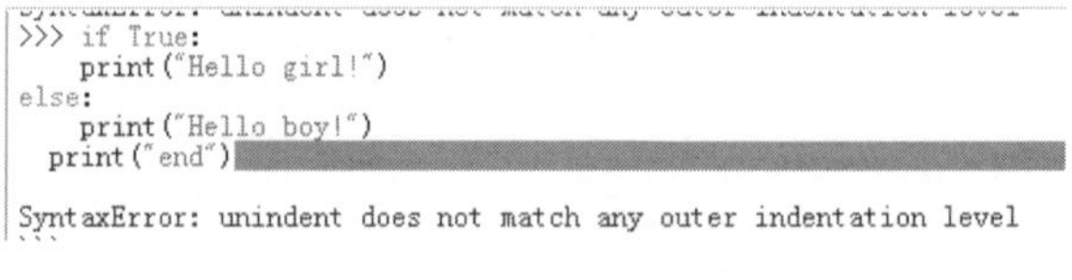

```
>>> if True:
    print ("Hello girl!")
else:
    print ("Hello boy!")
    print ("end")
SyntaxError: unindent does not match any outer indentation level
```

图 2-2 出错

2.2　注　　释

在计算机语言中，注释可以帮助阅读程序，通常用于概括算法、确认变量的用途或者阐明难以理解的代码段。注释并不会增加可执行程序的大小，编译器会忽略所有注释。

↑扫码看视频

在 Python 程序中有两种类型的注释，分别是单行注释和多行注释。

(1) 单行注释

单行注释是指只在一行中显示注释内容，Python 中的单行注释以#开头，具体语法格式如下：

```
# 这是一个注释
```

例如下面的代码：

```
# 下面代码的功能是输出：Hello, World!
print("Hello, World!")
```

(2) 多行注释

多行注释也被称为成对注释，是从 C 语言继承过来的，这类注释的标记是成对出现的。在 Python 程序中，有两种实现多行注释的方法。

➢ 第一种：用三个单引号 "'''" 将注释括起来。

➢ 第二种：用三个双引号 """"""" 将注释括起来。

下面是用三个单引号创建的多行注释：

```
#!/usr/bin/python3
'''
这是多行注释，用三个单引号
这是多行注释，用三个单引号
这是多行注释，用三个单引号
'''
print("Hello, World!")
```

下面是用三个双引号创建的多行注释：

```
#!/usr/bin/python3
"""
这是多行注释，用三个双引号
这是多行注释，用三个双引号
这是多行注释，用三个双引号
"""
print("Hello, World!")
```

当使用上述多行(成对)注释时,编译器把放入注释对(3 个双引号或 3 个单引号)之间的内容作为注释。任何允许有制表符、空格或换行符的地方都允许放注释对。注释对可以跨越程序的多行,但不是一定要如此。当注释跨越多行时,最好能直观地指明每一行都是注释的一部分。

实例 2-2:使用注释
源文件路径:daima\2\2-2

实例文件 zhushi.py 的具体实现代码如下所示。

```python
'''
print("我在注释里")              #这部分是注释
print ("我还在注释里")           #这部分是注释
'''
print("我在注释的外面")
```

在上述代码中,虽然前两个 print 语句是 Python 格式的代码,但是因为在注释标记内,所以执行后不会显示任何效果。此实例执行后的效果如图 2-3 所示。

```
=======
我在注释的外面
>>>
```

图 2-3 执行后的效果

知识精讲

在 Python 程序中通常混用上述两种注释形式。太多的注释混入程序代码可能会使代码难以理解,通常最好是将一个注释块放在所解释代码的上方。当改变代码时,注释应与代码保持一致。程序员即使知道系统其他形式的文档已经过期,但还是会信任注释,认为它会是正确的。错误的注释比没有注释更糟,因为它会误导后来者。

2.3　标识符和关键字

标识符和关键字都是具有某种意义的标记和称谓,就像人的外号一样。在本书前面的演示代码中,已经使用了大量的标识符和关键字。例如代码中的分号、单引号、双引号等就是标识符,而代码中的 if、print 等就是关键字。

↑扫码看视频

Python 语言的标识符使用规则和 C 语言类似,具体说明如下所示。

➤ 第一个字符必须是字母或下划线(_)。
➤ 剩下的字符可以是字母和数字或下划线。
➤ 大小写敏感。

➤ 标识符不能以数字开头；除了下划线，其他的符号都不允许在开头使用。处理下划线最简单的方法是把它们当成字母字符。大小写敏感意味着标识符 foo 不同于 Foo，而这两者也不同于 FOO。

➤ 在 Python 3.x 中，非 ASCII 标识符也是合法的。

关键字是 Python 系统保留使用的标识符，也就是说只有 Python 系统才能使用，程序员不能使用这样的标识符。关键字是 Python 中的特殊保留字，开发者不能把它们用作任何标识符名称。Python 的标准库提供了一个 keyword module，可以输出当前版本的所有关键字，执行后的效果如下所示。

```
>>> import keyword     #导入名为 keyword 的内置标准库
>>> keyword.kwlist    # kwlist 能够列出所有内置的关键字
['False','None','True','and','as','assert','break','class','continue',
'def','del','elif','else','except','finally','for','from','global','if',
'import', 'in', 'is', 'lambda', 'nonlocal', 'not', 'or', 'pass', 'raise',
'return', 'try', 'while', 'with', 'yield']
```

2.4　变　　量

变量是指其值在程序的执行过程中可以发生变化的量。变量是计算机内存中的一块区域，变量可以存储规定范围内的值，而且值可以改变。基于变量的数据类型，解释器会分配指定内存，并决定什么数据可以被存储在内存中。常量是一块只读的内存区域，一旦被初始化就不能被改变。

↑扫码看视频

2.4.1　声明变量

Python 语言中的变量不需要声明，变量的赋值操作即是变量的声明和定义的过程。在内存中创建的每个变量都包括变量的标识、名称和数据等信息。

实例 2-3：输出变量的值
源文件路径：daima\2\2-3

实例文件 bianliang.py 的具体实现代码如下所示。

```
x = 1                     #变量赋值定义一个变量 x
print(id(x))              #打印变量 x 的标识
print(x+5)                #使用变量
print("=========华丽的分割线=========")
x = 2                     #量赋值定义一个变量 x
print(id(x))              #此时的变量 x 已经是一个新的变量
print(x+5)                #名称相同，但是使用的是新的变量 x
```

```
x = 'hello python  '        #将变量赋值定义为一个文本字符串
print(id(x))                #函数id()的功能是返回对象的"身份证号"
print(x)                    #现在会输出文本字符串
```

在上述代码中对变量 x 进行了 3 次赋值，首先给变量 x 赋值为 1，然后又重新给变量 x 赋值为 2，然后又赋值变量 x 的值为"hello python"。在 Python 程序中，一次新的赋值将创建一个新的变量。即使变量的名称相同，变量的标识也不相同。执行后的效果如图 2-4 所示。

```
1909637696
6
=========华丽的分割线=========
1909637728
7
2317816604400
hello python
>>> |
```

图 2-4　执行后的效果

智慧锦囊

值得读者注意的是，上述代码中的 id()是 Python 中的一个内置函数，功能是返回对象的"身份证号(内存地址)"，值唯一且不变，但在不重合的生命周期里，可能会出现相同的 id 值。print(id(x))的功能是返回变量 x 的内存地址。

2.4.2　局部变量

在 Python 程序中，局部变量是只能在函数或者代码块内使用的变量，函数或者代码块一旦结束，局部变量的生命周期也将结束。例如在下面的实例中，演示了局部变量只能在定义的函数或者代码块内使用的过程。

实例 2-4：使用局部变量
源文件路径：daima\2\2-4

在文件 file01.py 中定义了函数 fun()，在函数 fun()中定义了一个局部变量 local_var，并赋值为 100。局部变量 local_var 只在函数 fun()内有效，只能被函数 fun()访问。即使是在文件 file01.py 中定义的函数 fun2()也不能使用 local_var。

```
#fileName:file01
def fun():
    local_var = 100                #定义一个局部变量
    print(local_var)               #这行代码可以成功运行，打印输出变量值100
def fun2():
    zero = local_var - 100         #在函数fun2()中使用局部变量local_var是非法的
    print("get zero : %d"%zero)
fun()
#fun2()
print("local_var -1 = %d"%(local_var - 1)) #file01中使用局部变量(不可以)
```

执行上述代码后会出错，执行效果如图 2-5 所示。

```
C:\Users\apple\AppData\Local\Programs\Python\Python36\python.exe H:/daima/2/2-2/file01.py
100
Traceback (most recent call last):
  File "H:/daima/2/2-2/file01.py", line 10, in <module>
    print("local_var -1 = %d"%(local_var - 1)) #file01中使用局部变量(不可以)
NameError: name 'local_var' is not defined
```

图 2-5　执行效果

而在另外一个实例文件 file02.py 中，即使使用 import 语句导入了上面文件 file01.py 中的功能，但是因为变量 local_var 是一个局部变量，所以不能在文件 file02.py 中生效。实例文件 file02.py 的具体实现代码如下所示。

```
import file01
file01.fun()
print(local_var)
```

2.4.3　全局变量

在 Python 程序中，在函数之外定义的变量叫作全局变量。全局变量能够被不同的函数、类或文件所共享，可以被文件内的任何函数和外部文件所访问。例如在下面的实例中，演示了使用全局变量的过程。

 实例 2-5：使用全局变量
源文件路径：daima\2\2-5

实例文件 quan.py 的具体实现代码如下所示。

```
g_num1 = 1                    #定义全局变量
g_num2 = 2                    #定义全局变量
def add_num():
    global g_num1             #引用全局变量
    g_num1 = 3               #修改全局变量的值
    result = g_num1 + 1
    print("result : %d"%result)
def sub_num():
    global g_num2             #使用 global 关键字
    g_num2 = 5
    result = g_num2 - 3
    print("result : %d"%result)
①add_num()
②sub_num()
③print("g_num1:%d "%g_num1)
④print("g_num2:%d "%g_num2)
```

在上述代码中，在函数外部分别定义了两个全局变量 g_num1 和 g_num2，并分别设置初始值为1和2。在函数 add_num() 内部使用了全局变量 g_num1，在使用时用到了关键字 global。

① 　在调用函数 add_num() 时，result 为局部变量，执行后会输出"4"。

② 　在调用函数 sub_num() 时，result 为局部变量，执行后会输出"2"。

③ 在执行 add_num()函数时，使用关键字 global 改变了全局变量 g_num1 的值，执行后会输出"3"。

④ 在执行 sub_num()函数时，使用关键字 global 改变了全局变量 g_num2 的值，执行后会输出"5"。

实例文件 quan.py 的执行效果如图 2-6 所示。

```
result : 4
result : 2
g_num1:3
g_num2:5
```

图 2-6　执行效果

2.5　输入和输出

　　Python 程序必须通过输入和输出才能实现用户和电脑的交互，才能实现软件程序的具体功能。对于所有的软件程序来说，输入和输出是用户与程序进行交互的主要途径，通过输入程序能够获取运行所需的原始数据，通过输出程序能够将数据的处理结果输出，让开发者了解程序的运行结果。

↑扫码看视频

2.5.1　实现输入功能

要想在 Python 程序中实现输入功能，就必须调用其内置函数 input()，其语法格式如下所示：

```
input([prompt])
```

其中的参数 prompt 是可选的，意思是既可以使用，也可以不使用。参数 prompt 用来提供用户输入的提示信息字符串。当用户输入程序所需要的数据时，就会以字符串的形式返回。也就是说，函数 input 不管你输入的是什么，最终返回的都是字符串。如果需要输入数值，则必须经过类型转换处理。

 实例 2-6：使用函数 input()实现输入功能
　　　　源文件路径：daima\2\2-6

实例文件 input.py 的具体实现代码如下所示。

```
name = input('亲，请输入你的名字：')
```

在上述代码中，函数 input()的可选参数是"亲，请输入你的名字："，这个可选参数的作用是提示你输入名字，这样用户就会知道将要输入的是什么数据，否则用户看不到相关提示，可能认为程序正在运行，而一直等待运行结果。执行后将在界面中显示"亲，请输入你的名字："，之后等待用户的输入。当用户输入名字"西门吹雪"并按 Enter 键时，程序就接收了用户的输入。之后，用户输入变量名 name，就会显示变量所引用的对象——用户输入的名字"西门吹雪"。最终的执行效果如图 2-7 所示。

```
========
亲，请输入你的名字：西门吹雪
>>> name
'西门吹雪'
>>>
```

图 2-7　执行效果

2.5.2　实现输出功能

输出就是显示执行结果，这个功能是通过函数 print() 实现的，在本书前面的实例中已经多次用到了这个函数。使用 print 加上字符串，就可以在屏幕上输出指定的文字。比如输出"hello, world"，用下面的代码即可实现：

```
>>> print 'hello, world'
```

在 Python 程序中，函数 print() 的语法格式如下所示。

```
print (value,…,sep='',end='\n')    #此处只是展示了部分参数
```

各个参数的具体说明如下所示。

➢　value：用户要输出的信息，后面的省略号表示可以有多个要输出的信息。

➢　sep：多个要输出信息之间的分隔符，其默认值为一个空格。

➢　end：print() 函数中所有输出信息之后添加的符号，默认值为换行符。

在 Python 程序中，print 中也可以同时使用多个字符串，使用逗号","隔开，就可以连成一串输出，例如下面的代码：

```
>>> print 'The quick brown fox', 'jumps over', 'the lazy dog'
The quick brown fox jumps over the lazy dog
```

这样 print 会依次打印每个字符串，遇到逗号","时就会输出一个空格。另外，print 也可以打印整数或计算结果，例如下面的演示代码。

```
>>> print 300
300
>>> print 100 + 200
300
```

由此可见，我们可以把计算 100 + 200 的结果打印得更漂亮一点，例如下面的演示代码。

```
>>> print '100 + 200 =', 100 + 200
100 + 200 = 300
```

读者需要注意的是，对于"100 + 200"来说，Python 解释器自动计算出结果 300，但是，"100 + 200 ="是字符串而非数学公式，Python 把它视为字符串，需要我们自行解释上述打印结果。

 实例 2-7：使用函数 print() 输出结果
源文件路径：daima\2\2-7

实例文件 shuchu.py 的具体实现代码如下所示。

```
print('a','b','c')              #正常打印输出
print('a','b','c',sep=',')      #将分隔符改为","
print('a','b','c',end=';')      #将分隔符改为";"
print('a','b','c')              #正常输出
print('peace',22)               #逗号进行分隔
```

在上述代码中使用了 5 条语句，调用了 5 次 print()函数。其中第 2 条语句将分隔符改为"，"，第 3 条语句将分隔符改为"；"。第 5 条语句演示了逗号的作用，这说明在使用 print 时可以在语句中添加多个表达式，每个表达式用逗号分隔。当使用逗号分隔进行输出时，print 语句会在每个输出项后面自动添加一个空格。不管是字符串还是其他类型，最终都将转化为字符串进行打印。

所以执行代码后，第 1 行为默认的输出，数据之间以空格分开，结束后添加了一个换行符；第 2 行输出的数据项之间以逗号分开；第 3 行输出结束后添加了分号，所以和第 4 条语句的输出放在了同一行中；第 5 行用逗号进行了分隔，执行后将 peace 和 22 显示在一行中。执行效果如图 2-8 所示。

```
=======
a b c
a,b,c
a b c;a b c
peace 22
>>> |
```

图 2-8　执行效果

2.6　字　符　串

在 Python 程序中，字符串类型 str 是最常用的数据类型。我们可以使用引号(单引号或双引号)来创建字符串。创建 Python 字符串的方法非常简单，只要为变量分配一个值即可。

↑扫码看视频

2.6.1　实现字符串

例如在下面的代码中，"Hello World!"和"Python R"都属于字符串。

```
var1 = 'Hello World!'    #字符串类型变量
var2 = "Python R"        #字符串类型变量
```

在 Python 程序中，字符串通常由单引号(')、双引号(")、三个单引号或三个双引号包围的一串字符组成。当然这里说的单引号和双引号都是英文字符符号。

(1) 单引号字符串与双引号字符串本质上是相同的。但当字符串内含有单引号时，如果用单引号字符串就会导致无法区分字符串内的单引号与字符串标志的单引号，就要使用转义字符串，如果用双引号字符串就可以在字符串中直接书写单引号。例如：

```
'abc"dd"ef'
"'acc'd'12"
```

(2)　三引号字符串可以由多行组成(单引号或双引号字符串则不行)，当需要使用大段多行的字符串时就可以使用它。例如：

```
'''
这就是字符串
'''
```

在 Python 程序中，字符串中的字符可以包含数字、字母、中文字符、特殊符号，以及一些不可见的控制字符，如换行符、制表符等。例如下面列出的都是合法的字符串：

```
'abc'
'123'
"ab12"
"大家"
'''123abc'''
"""abc123"""
```

2.6.2　访问字符串中的值

在 Python 程序中，字符串还可以通过序号(序号从 0 开始)来取出其中的某个字符，例如'abcde.[1] '取得的值是'b'。

实例 2-8：访问字符串中的值
源文件路径：daima\2\2-8

实例文件 fangwen.py 的具体实现代码如下所示。

```
var1 = 'Hello World!'        #定义第一个字符串
var2 = "Python Toppr"        #定义第二个字符串
print ("var1[0]", var1[0])   #截取第一个字符串中的第一个字符
print ("var2[1:5]", var2[1:5]) #截取第二个字符串中的第 2～5 个字符
```

在上述代码中，使用方括号截取了字符串 var1 和 var2 的值，执行效果如图 2-9 所示。

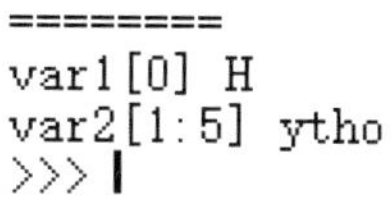

```
========
var1[0] H
var2[1:5] ytho
>>>
```

图 2-9　执行效果

2.6.3　更新字符串

在 Python 程序中，开发者可以对已存在的字符串进行修改，并赋值给另一个变量。

实例 2-9：修改字符串中的某个值
源文件路径：daima\2\2-9

实例文件 gengxin.py 的具体实现代码如下所示。

```
var1 = 'Hello World!'   #定义一个字符串
print ("原来是: ",var1)   #输出字符串原来的值
#截取字符串中的前 6 个字符
print ("下面开始更新字符串: ", var1[:6] + 'Boy!')
```

通过上述代码，将字符串中的 World 修改为 Boy。执行后的效果如图 2-10 所示。

原来是: Hello World!
下面开始更新字符串: Hello Boy!
>>>

图 2-10　执行后的效果

2.6.4　转义字符

在 Python 程序中，当需要在字符中使用特殊字符时，需要用到用反斜杠"\"表示的转义字符。Python 中常用的转义字符的具体说明如表 2-1 所示。

表 2-1　Python 中常用的转义字符

转义字符	描　　述
\(在行尾时)	续行符
\\	反斜杠符号
\'	单引号
\"	双引号
\a	响铃
\b	退格(Backspace)
\e	转义
\000	空
\n	换行
\v	纵向制表符
\t	横向制表符
\r	回车
\f	换页
\oyy	八进制数，yy 代表的字符，例如"\o12"代表换行
\xyy	十六进制数，yy 代表的字符，例如"\x0a"代表换行
\other	其他的字符以普通格式输出

有时我们并不想让上面的转义字符生效，而只是想显示字符串原来的意思，这时就要用 r 和 R 来定义原始字符串。如果想在字符串中输出反斜杠"\"，就需要使用"\\"实现。

 实例 2-10：使用转义字符
源文件路径：daima\2\2-10

实例文件 zhuanyi.py 的具体实现代码如下所示。

```python
print ("你们好\n我们好")   #普通换行
print ("来吧\\小宝贝")     #显示一个反斜杠
print ("我爱\'美女\'")     #显示单引号
print (r'\t\r')           # r 的功能是显示原始数据，也就是不用转义的
```

在上述代码中，第 1 行使用转义字符 "\n" 实现了换行，第 2 行使用转义字符 "\\" 显示一个反斜杠，第 3 行使用两个转义字符 "\'" 显示了两个单引号，第 4 行使用 r 显示了原始字符串，这个功能也可以使用 R 实现。执行后的效果如图 2-11 所示。

```
========
你们好
我们好
来吧\小宝贝
我爱'美女'
\t\r
>>>
```

图 2-11　执行后的效果

2.6.5　格式化字符串

Python 语言支持格式化字符串的输出功能，虽然这样可能会用到非常复杂的表达式，但是在大多数情况下，只需要将一个值插入一个字符串格式符 "%" 中即可。在 Python 程序中，字符串格式化的使用方式与 C 语言中的函数 sprintf 类似，常用的字符串格式化符号如表 2-2 所示。

表 2-2　Python 字符串格式化符号

符　号	描　述
%c	格式化字符及其 ASCII 码
%s	格式化字符串
%d	格式化整数
%u	格式化无符号整型
%o	格式化无符号八进制数
%x	格式化无符号十六进制数
%X	格式化无符号十六进制数(大写)
%f	格式化浮点数，可指定小数点后的精度
%e	用科学计数法格式化浮点数
%E	作用同%e，用科学计数法格式化浮点数
%g	%f 和%e 的简写
%G	%f 和%E 的简写
%p	用十六进制数格式化变量的地址

　实例 2-11：格式化处理字符串
　　源文件路径：daima\2\2-11

实例文件 geshihua.py 的具体实现代码如下所示。

```
#%s 是格式化字符串
#%d 是格式化整数
print ("我的名字是%s，今年已经%d 岁了!" % ('西门吹雪', 33))
```

在上述代码中用到%s 和%d 两个格式化字符，执行后的效果如图 2-12 所示。

```
=======
我的名字是西门吹雪，今年已经33岁了!
>>>
```

图 2-12　执行后的效果

2.7　数 字 类 型

在 Python 程序中，数字类型 Number 用于存储数值。数据类型是不允许改变的，这就意味着如果改变 Number 数据类型的值，将重新分配内存空间。从 Python 3 开始，只支持 int、float、bool、complex(复数)共计四种数字类型，删除了 Python 2 中的 Long(长整数)类型。

↑扫码看视频

2.7.1　整型 int

整型就是整数，包括正整数、负整数和零，不带小数点。在 Python 语言中，整数的取值范围是很大的。Python 中的整数还可以以几种不同的进制进行书写。0+"进制标志"+数字代表不同进制的数。现实中有如下 4 种常用的进制标志。

➢ 00[00]数字：表示八进制整数，例如：0024、0024。

➢ 0x[0X]数字：表示十六进制整数，例如：0x3F、0X3F。

➢ 0b[0B]数字：表示二进制整数，例如：0b101、0B101。

➢ 不带进制标志：表示十进制整数。

整型的最大功能是实现数学运算，例如下面的演示过程。

```
>>> 5 + 4        # 加法
9
>>> 4.3 - 2      # 减法
2.3
>>> 3 * 7        # 乘法
21
>>> 2 / 4        # 除法，得到一个浮点数
0.5
>>> 2 // 4       # 除法，得到一个整数
0
>>> 17 % 3       # 取余
2
>>> 2 ** 5       # 乘方
32
```

2.7.2　浮点型

浮点型 float 由整数部分与小数部分组成，浮点型也可以使用科学计数法表示($2.5e2 = 2.5 \times 10^2 = 250$)。整型在计算机中肯定是不够用的，因此就出现了浮点型数据，浮点数据用

来表示 Python 中的浮点数，浮点类型数据表示有小数部分的数字。当按照科学记数法表示时，一个浮点数的小数点位置是可变的，比如，1.23×10^9 和 12.3×10^8 是相等的。浮点数可以用数学写法，如 1.23，3.14，−9.01，等等。但是对于很大或很小的浮点数，就必须用科学计数法表示，把 10 用 e 替代，1.23×10^9 就是 1.23e9，或者 12.3e8，0.000012 可以写成 1.2e-5，等等。

整数和浮点数在计算机内部存储的方式是不同的，整数运算永远是精确的(除法也是精确的)，而浮点数运算则可能会有四舍五入的误差。更加详细地说，Python 语言的浮点数有如下两种表示形式。

(1) 十进制数形式：这种形式就是平常简单的浮点数，例如 5.12，512.0，.512。浮点数必须包含一个小数点，否则会被当成 int 类型处理。

(2) 科学计数法形式：例如 5.12e2(即 5.12×10^2)，5.12E2(也是 5.12×10^2)。必须指出的是，只有浮点类型的数值才可以使用科学计数形式表示。例如 51200 是一个 int 类型的值，而 512E2 则是浮点型的值。

2.7.3　布尔型

布尔类型是一种表示逻辑值的简单类型，它的值只能是真或假这两个值中的一个。布尔型是所有的诸如 a<b 这样的关系运算的返回类型。在 Python 语言中，布尔型的取值只有 True 和 False 两个，请注意大小写，分别用于表示逻辑上的"真"或"假"，其值分别是数字 1 和 0。布尔类型在 if、for 等控制语句的条件表达式中比较常见，例如 if 条件控制语句、while 循环控制语句、do 循环控制语句和 for 循环控制语句。

在 Python 程序中，可以直接用 True、False 表示布尔值(请注意大小写)，也可以通过布尔运算计算出来，例如：

```
>>> True
True
>>> False
False
>>> 3 > 2          #数字 3 确实大于数字 2
True
>>> 3 > 5          #数字 3 大于数字 5?
False
```

布尔值可以用 and、or 和 not 进行运算。其中 and 运算是与运算，只有所有值都为 True，and 运算结果才是 True，例如下面的演示过程。

```
>>> True and True        #两个都为 True
True
>>> True and False       #一个是 True，一个是 False
False
>>> False and False      #两个都是 False
False
```

而 or 运算是或运算，只要其中有一个值为 True，or 运算结果就是 True，例如：

```
>>> True or True             #两个都为 True
True
```

```
>>> True or False              #一个是 True，一个是 False
True
>>> False or False             #两个都是 False
False
```

而 not 运算是非运算，它是一个单目运算符，把 True 变成 False，False 变成 True，例如：

```
>>> not True
False
>>> not False
True
```

在 Python 程序中，布尔值经常被用在条件判断应用中，例如：

```
age=12;                        #设置 age 的值是 12
if age >= 18:
    print("adult")            #如果 age 的值大于等于 18 则打印输出 adult
else:
    print ("teenager")        #如果 age 的值不大于等于 18 则打印输出 teenager
```

2.7.4 复数型

在 Python 程序中，复数型即 complex 型，由实数部分和虚数部分构成，可以用 a + bj 或者 complex(a,b)表示，复数的实部 a 和虚部 b 都是浮点型。表 2-3 演示了 int 型、float 型和 complex 型的对比。

表 2-3　int 型、float 型和 complex 型的对比

int 型	float 型	complex 型
10	0.0	3.14j
100	15.20	45.j
−786	−21.9	9.322e−36j
080	32.3+e18	.876j
−0490	−90.	−.6545+0j
−0x260	−32.54e100	3e+26j
0x69	70.2−e12	4.53e−7j

在 Python 程序中，使用内置的函数 type()可以查询变量所属的对象类型。

 实例 2-12：获取并显示各个变量的类型

源文件路径：daima\2\2-12

实例文件 leixing.py 的具体实现代码如下所示。

```
#注意下面的代码中的赋值方式
#将 a 赋值为整数 20
#将 b 赋值为浮点数 5.5
#将 c 赋值为布尔数 True
#将 d 赋值为复数 4+3j
a, b, c, d = 20, 5.5, True, 4+3j
```

```
print(type(a), type(b), type(c), type(d))
```

执行代码后将分别显示 4 个变量 a、b、c、d 的数据类型，执行效果如图 2-13 所示。

```
========
<class 'int'> <class 'float'> <class 'bool'> <class 'complex'>
>>>
```

图 2-13　执行效果

智慧锦囊

> ➤ Python 可以同时为多个变量赋值，例如 a, b = 1, 2，表示 a 的值是 1，b 的值是 2。
> ➤ 一个变量可以通过赋值指向不同类型的对象。
> ➤ 数值的除法 "/" 总是返回一个浮点数，要想获取整数，需要使用 "//" 操作符。
> ➤ 在进行混合计算时，Python 会把整型转换成为浮点数。

2.8　实践案例与上机指导

通过本章的学习，读者基本可以掌握 Python 语言的基础语法知识。其实 Python 语言的基础语法知识还有很多，这需要读者通过课外渠道来加深学习。下面通过练习操作，以达到巩固学习、拓展提高的目的。

↑扫码看视频

2.8.1　多个变量同时进行赋值

Python 语言支持对多个变量同时进行赋值，请看下面的实例。

实例 2-13：同时赋值多个变量
源文件路径：daima\2\2-13

实例文件 tongshi.py 的具体实现代码如下所示。

```
a = (1,2,3)                #定义一个元组
x,y,z = a                  #把序列的值分别赋予 x、y、z
print("a : %d, b: %d, z:%d"%(x,y,z)) #打印结果
```

在上述代码中，对变量 x、y、z 同时进行了赋值，最后分别输出了变量 a、b、z 的值。执行效果如图 2-14 所示。

```
========
a : 1, b: 2, z:3
>>>
```

图 2-14　执行效果

2.8.2 使用字符串处理函数

Python 语言中提供了很多对字符串进行操作的函数,其中最为常用的字符串处理函数如表 2-4 所示。

表 2-4 常用的字符串处理函数

字符串处理函数	描　述
string.capitalize()	将字符串的第一个字母大写
string.count()	获得字符串中某一子字符串的数目
string.find()	获得字符串中某一子字符串的起始位置,无则返回-1
string.isalnum()	检测字符串是否仅包含 0~9,A~Z,a~z
string.isalpha()	检测字符串是否仅包含 A~Z,a~z
string.isdigit()	检测字符串是否仅包含数字
string.islower()	检测字符串是否均为小写字母
string.isspace()	检测字符串中所有字符是否均为空白字符
string.istitle()	检测字符串中的单词是否为首字母大写
string.isupper()	检测字符串是否均为大写字母
string.join()	连接字符串
string.lower()	将字符串全部转换为小写
string.split()	分割字符串
string.swapcase()	将字符串中的大写字母转换为小写,小写字母转换为大写
string.title()	将字符串中的单词首字母大写
string.upper()	将字符串中的全部字母转换为大写
len(string)	获取字符串长度

 实例 2-14: 使用字符串处理函数
源文件路径: daima\2\2-14

实例文件 hanshu.py 的具体实现代码如下所示。

```python
mystr = 'I love you!.'                          #定义的原始字符串
print('source string is:',mystr)                #显示原始字符串
print('swapcase demo\t',mystr.swapcase())       #大小写字母转换
print('upper demo\t',mystr.upper())             #全部转换为大写
print('lower demo\t',mystr.lower())             #全部转换为小写
print('title demo\t',mystr.title())             #将字符串中的单词首字母大写
print('istitle demo\t',mystr.istitle())         #检测是否为首字母大写
print('islower demo\t',mystr.islower())         #检测字符串是否均为小写字母
print('capitalize demo\t',mystr.capitalize())   #将字符串的第一个字母大写
print('find demo\t',mystr.find('u'))            #获得字符串中字符"u"的起始位置
print('count demo\t',mystr.count('a'))          #获得字符串中字符"a"的数目
```

```
print('split demo\t',mystr.split(' '))        #使用单引号分隔字符串，以空格为界
print('join demo\t',' '.join('abcde'))        #连接字符串
print('len demo\t',len(mystr))                #获取字符串长度
```

在上述代码中，从第 3 行开始，每行都调用了一个字符串处理函数，并打印输出了处理结果。执行效果如图 2-15 所示。

```
=======
source string is: I love you!.
swapcase demo    i LOVE YOU!.
upper demo       I LOVE YOU!.
lower demo       i love you!.
title demo       I Love You!.
istitle demo     False
islower demo     False
capitalize demo  I love you!.
find demo        9
count demo       0
split demo       ['I', 'love', 'you!.']
join demo        a b c d e
len demo         12
>>>
```

图 2-15 执行效果

2.9 思考与练习

本章详细讲解了 Python 语言的基础语法知识，循序渐进地讲解了缩进、注释、标识符和关键字、变量、输入和输出、字符串和数字类型等内容。在讲解过程中，通过具体实例介绍了使用这些知识点的方法。通过本章的学习，读者应该了解 Python 语言的基础语法的知识，掌握它们的使用方法和技巧。

一、选择题

(1) 声明全局变量的关键字是(　　)。
　　A. function　　　　　　　B. global　　　　　　　C. all

(2) 下面不是布尔型值的是(　　)。
　　A. True　　　　　　　　B. False　　　　　　　C. 2

二、判断对错

(1) 局部变量只有在局部变量被创建的函数内有效。　　　　　　　　　　　(　　)

(2) 布尔类型是一种表示逻辑值的简单类型，它的值只能是真或假这两个值中的一个。
　　　　　　　　　　　　　　　　　　　　　　　　　　　　　　　　　(　　)

三、上机练习

(1) 编写一个程序，展示不同进制整数在 Python 中的使用。

(2) 编写一个程序，要求在变量中使用数学分隔符。

第 **3** 章

运算符和表达式

本章主要内容

在 Python 语言中，即使有了变量和字符串，也不能进行日常的程序处理工作，还必须使用某种方式将变量、字符串的关系表示出来，此时运算符和表达式便应运而生。运算符和表达式的作用是，为变量建立一种组合联系，实现对变量的处理，以实现现实中某个项目需求的某一个具体功能。本章将详细介绍 Python 语言中运算符和表达式的基本知识，为读者步入本书后面知识的学习打下坚实的基础。

3.1 运算符和表达式

↑扫码看视频

我们平常使用的四则运算符号加、减、乘、除就是运算符，而算式"35÷5=7"就是一个表达式。事实上，除了加、减、乘、除运算符外，和数学有关的运算符还有>、≥、≤、<、∫、%等。

在 Python 语言中，将具有运算功能的符号称为运算符。而表达式则是值、变量和运算符组成的式子。表达式的作用就是将运算符的运算作用表现出来。例如下面的数学运算式就是一个表达式：

```
23.3 + 1.2
```

在 Python 编辑器中的表现形式如下所示：

```
>>> 23.3 + 1.2        #Python 可以直接进行数学运算
24.5                  #显示计算结果
```

在 Python 语言中，单一的值或变量也可以当作是表达式，例如：

```
>>> 45                #输入单一数字 45
45                    #显示结果 45
>>> x = 1.2           #输入设置 x 的值是 1.2
>>> x                 #输入 x，下面可以显示 x 的值
1.2                   #显示 x 的值是 1.2
```

当 Python 显示表达式的值时，显示的格式与输入的格式是相同的。如果是字符串，就意味着包含引号。而打印语句输出的结果不包括引号，只有字符串的内容。例如下面演示了有引号和没有引号的区别：

```
>>> "12+11"           #有引号的输入
'12+11'
>>> 12+11             #没有引号的输入
23
```

3.2 算术运算符和算术表达式

↑扫码看视频

算术运算符是用来实现数学运算功能的，它和我们的生活密切相关。算术表达式是由算术运算符和变量连接起来的式子。

假设变量 a 为 10，变量 b 为 20，则对变量 a 和 b 进行各种算数运算的结果如表 3-1 所示。

表 3-1　算术运算符

运算符	功　能	实　例
+	加运算符，实现两个对象相加	a + b 输出结果是：30
-	减运算符，得到负数或表示用一个数减去另一个数	a - b 输出结果是：-10
*	乘运算符，实现两个数相乘或是返回一个被重复若干次的字符串	a * b 输出结果是：200
/	除运算符，实现 x 除以 y	b / a 输出结果是：2
%	取模运算符，返回除法的余数	b % a 输出结果是：0
**	幂运算符，实现返回 x 的 y 次幂	a**b 为 10 的 20 次方，输出结果是：100000000000000000000
//	取整除运算符，返回商的整数部分，不包含余数	9//2 输出结果是：4 ，9.0//2.0 输出结果是：4.0

 实例 3-1： 使用 Python 运算符

源文件路径：daima\3\3-1

实例文件 math.py 的具体实现代码如下所示。

```
a = 21                              #设置 a 的值是 21
b = 10                              #设置 b 的值是 10
c = 0                               #设置 c 的值是 0
c = a + b                           #重新设置 c 的值
print ("1 - c 的值为: ", c)         #输出现在 c 的值
c = a - b                           #重新设置 c 的值
print ("2 - c 的值为: ", c )        #输出现在 c 的值
c = a * b                           #重新设置 c 的值
print ("3 - c 的值为: ", c)         #输出现在 c 的值
c = a / b                           #重新设置 c 的值
print ("4 - c 的值为: ", c )        #输出现在 c 的值
c = a % b                           #重新设置 c 的值
print ("5 - c 的值为: ", c)         #输出现在 c 的值
# 下面分别修改 3 个变量 a 、b 和 c 的值
a = 2
b = 3
c = a**b
print ("6 - c 的值为: ", c)         #输出现在 c 的值
# 下面分别修改 3 个变量 a 、b 和 c 的值
a = 10
b = 5
c = a//b
print ("7 - c 的值为: ", c)         #输出现在 c 的值
```

执行后的效果如图 3-1 所示。

```
=======
1 - c 的值为: 31
2 - c 的值为: 11
3 - c 的值为: 210
4 - c 的值为: 2.1
5 - c 的值为: 1
6 - c 的值为: 8
7 - c 的值为: 2
>>>
```

图 3-1　执行后的效果

3.3 比较运算符和比较表达式

比较运算符也被称为关系运算符,使用关系运算符可以表示两个变量之间的关系,例如经常用关系运算来比较两个数字的大小。关系表达式就是用关系运算符将两个表达式连接起来的式子,被连接的表达式可以是算数表达式、关系表达式、逻辑表达式和赋值表达式等。

↑扫码看视频

在 Python 语言中一共有 6 个比较运算符,下面假设变量 a 的值为 10,变量 b 的值为 20,则使用 6 个比较运算符进行处理的结果如表 3-2 所示。

表 3-2 比较运算符的处理结果

运算符	功　能	实　例
==	等于运算符:用于比较对象是否相等	(a == b)返回 false
!=	不等于:用于比较两个对象是否不相等	(a != b)返回 true
>	大于:用于返回 x 是否大于 y	(a > b)返回 false
<	小于:用于返回 x 是否小于 y。比较运算符返回 1 表示真,返回 0 表示假。这分别与特殊的变量 True 和 False 等价。注意这些变量名的大写	(a < b)返回 true
>=	大于等于:用于返回 x 是否大于等于 y	(a >= b)返回 false
<=	小于等于:用于返回 x 是否小于等于 y	(a <= b)返回 true

 实例 3-2:使用比较运算符
源文件路径:daima\3\3-2

实例文件 bijiao.py 的具体实现代码如下所示。

```python
a = 21                           #设置 a 的值是 21
b = 10                           #设置 b 的值是 10
c = 0                            #设置 c 的值是 0
if ( a == b ):                   #如果 a 和 b 的值相等
   print ("1 - a 等于 b")        #a 和 b 的值相等时的输出
else:                            #如果 a 和 b 的值不相等
   print ("1 - a 不等于 b")      #a 和 b 的值不相等时的输出
if ( a != b ):
   print ("2 - a 不等于 b")      #当 a 和 b 的值不相等时的输出
else:
   print ("2 - a 等于 b")        #当 a 和 b 的值相等时的输出
if ( a < b ):
   print ("4 - a 小于 b")        #当 a 小于 b 时的输出
```

```
else:
    print ("4 - a 大于等于 b")        #当 a 不小于 b 时的输出
if ( a > b ):
    print ("5 - a 大于 b")            #当 a 大于 b 时的输出
else:
    print ("5 - a 小于等于 b")        #当 a 不大于 b 时的输出
```

```
=======
1 - a 不等于 b
2 - a 不等于 b
4 - a 大于等于 b
5 - a 大于 b
>>> |
```

图 3-2　执行后的效果

在上述代码中用到了 if else 语句，这将在本书后面的内容中进行讲解，实例执行后的效果如图 3-2 所示。

3.4　赋值运算符和赋值表达式

赋值运算符的含义是给变量或表达式设置一个值，例如 "a=5"，表示将值 "5" 赋给变量 "a"，这表示一见到 "a" 就知道它的值是数字 "5"。在 Python 语言中，有两种赋值运算符，分别是基本赋值运算符和复合赋值运算符。

↑扫码看视频

3.4.1　基本赋值运算符和表达式

基本赋值运算符记为 "="，由 "=" 连接的式子称为赋值表达式。在 Python 语言程序中，使用基本赋值运算符的格式如下所示。

变量=表达式

例如，下面代码列出的都是基本的赋值处理：

```
x=a+b                #将 x 的值赋值为 a 和 b 的和
w=sin(a)+sin(b)      #将 w 的值赋值为：sin(a)+sin(b)
y=i+++--j            #将 y 的值赋值为：i+++--j
```

知识精讲

　　Python 程序中的变量不需要声明，变量的赋值操作即是变量声明和定义的过程。每个变量在内存中创建，都包括标识、名称和数据这些信息。每个变量在使用前都必须赋值，变量赋值以后该变量才会被创建。等号(=)用来给变量赋值。等号(=)运算符的左边是一个变量名，等号(=)运算符的右边是存储在变量中的值。

实例 3-3：使用基本赋值运算符
源文件路径：daima\3\3-3

实例文件 jiben.py 的具体实现代码如下所示。

```
counter = 100          # 赋值为整型变量
miles = 1000.0         # 赋值为浮点型
name = "浪潮软件"       # 赋值为字符串
print (counter)        # 输出赋值后的结果
print (miles)          # 输出赋值后的结果
print (name)           # 输出赋值后的结果
```

```
========
100
1000.0
浪潮软件
>>>
```

图 3-3　执行效果

上述实例代码中，100、1000.0 和"浪潮软件"分别赋值给变量 counter、miles 和 name，执行后的效果如图 3-3 所示。

在 Python 程序中，允许开发者同时为多个变量赋值。例如：

```
a = b = c = 1          #同时将 3 个变量 a、b、c 赋值为 1
```

在上述代码中创建了一个整型对象，这个整型对象的值为 1，三个变量 a、b、c 被分配到相同的内存空间上。当然也可以为多个对象指定多个变量。

3.4.2　复合赋值运算符和表达式

为了简化程序并提高编译效率，Python 语言允许在赋值运算符 "=" 之前加上其他运算符，这样就构成了复合赋值运算符。复合赋值运算符的功能是，对赋值运算符左、右两边的运算对象进行指定的算术运算符运算，再将运算结果赋予左边的变量。在 Python 语言中共有 7 种复合赋值运算符，下面假设变量 a 的值为 10，变量 b 的值为 20，则一种基本赋值运算符和 7 种复合赋值运算符的运算过程如表 3-3 所示。

表 3-3　赋值运算符的运算过程

运算符	功　能	实　例
=	简单的赋值运算符	c = a + b，表示将 a + b 的运算结果赋值给 c
+=	加法赋值运算符	c += a 等效于 c = c + a
-=	减法赋值运算符	c -= a 等效于 c = c - a
*=	乘法赋值运算符	c *= a 等效于 c = c * a
/=	除法赋值运算符	c /= a 等效于 c = c / a
%=	取模赋值运算符	c %= a 等效于 c = c % a
**=	幂赋值运算符	c **= a 等效于 c = c ** a
//=	取整除赋值运算符	c //= a 等效于 c = c // a

 实例 3-4：使用复合赋值运算符

源文件路径：daima\3\3-4

实例文件 fuzhi.py 的具体实现代码如下所示。

```
a = 21                 #设置 a 的值是 21
b = 10                 #设置 b 的值是 10
c = 0                  #设置 c 的值是 0
c = a + b              #重新赋给 c 的值是 a+b，也就是 31
print ("1 - c 的值为：", c)  #输出 c 的值
```

```
c += a                      #设置c=c+a，也就是 31+21
print ("2 - c 的值为: ", c)  #输出 c 的值
c *= a                      #设置 c = c * a
print ("3 - c 的值为: ", c)  #输出 c 的值
c /= a                      #设置 c = c / a
print ("4 - c 的值为: ", c)  #输出 c 的值
c = 2                       #重新赋值a的值是 2
c %= a                      #设置 c = c % a
print ("5 - c 的值为: ", c)  #输出 c 的值
c **= a                     #设置 c = c ** a，即计算c的a次幂
print ("6 - c 的值为: ", c)  #输出 c 的值
c //= a                     #设置 c = c // a，即计算c整除a的值
print ("7 - c 的值为: ", c)  #输出 c 的值
```

```
========
1 - c 的值为:   31
2 - c 的值为:   52
3 - c 的值为:   1092
4 - c 的值为:   52.0
5 - c 的值为:   2
6 - c 的值为:   2097152
7 - c 的值为:   99864
>>> |
```

图 3-4　执行效果

执行后的效果如图 3-4 所示。

3.5　位运算符和位表达式

在 Python 程序中，使用位运算符(Bitwise Operators)可以操作二进制数据。位运算可以直接操作整数类型的位。也就是说，位运算符是把数字看作二进制来进行计算的。

↑扫码看视频

在 Python 语言中有 6 个位运算符，假设变量 a 的值为 60，变量 b 的值为 13，表 3-4 中展示了各个位运算符的计算过程。

表 3-4　位运算符和位表达式

运算符	功　能	举　例
&	按位与运算符：参与运算的两个值，如果两个相应位都为 1，则该位的结果为 1，否则为 0	(a & b) 的输出结果 12，二进制解释：0000 1100
|	按位或运算符：只要对应的两个二进制位有一个为 1，结果位就为 1	(a | b) 的输出结果 61，二进制解释：0011 1101
^	按位异或运算符：当两个对应的二进制位相异时，结果为 1	(a ^ b) 的输出结果 49，二进制解释：0011 0001
~	按位取反运算符：对数据的每个二进制位取反，即把 1 变为 0，把 0 变为 1	(~a) 的输出结果-61，二进制解释：1100 0011，是一个有符号二进制数的补码形式
<<	左移动运算符：运算数的各二进制位全部左移若干位，由<<右边的数指定移动的位数，高位丢弃，低位补 0	a << 2 的输出结果 240 ，二进制解释：1111 0000
>>	右移动运算符：把>>左边的运算数的各二进制位全部右移若干位，>>右边的数指定移动的位数	a >> 2 的输出结果 15 ，二进制解释：0000 1111

实例 3-5：使用位运算符

源文件路径：daima\3\3-5

实例文件 wei.py 的具体实现代码如下所示。

```
a = 60                        # 60 = 0011 1100
b = 13                        # 13 = 0000 1101
c = 0
c = a & b;                    # 12 = 0000 1100
print ("1 - c 的值为: ", c)
c = a | b;                    # 61 = 0011 1101
print ("2 - c 的值为: ", c)
c = a ^ b;                    # 49 = 0011 0001
print ("3 - c 的值为: ", c)
c = ~a;                       # -61 = 1100 0011
print ("4 - c 的值为: ", c)
c = a << 2;                   # 240 = 1111 0000
print ("5 - c 的值为: ", c)
c = a >> 2;                   # 15 = 0000 1111
print ("6 - c 的值为: ", c)
```

```
========
1 - c 的值为:    12
2 - c 的值为:    61
3 - c 的值为:    49
4 - c 的值为:   -61
5 - c 的值为:   240
6 - c 的值为:    15
>>> |
```

图 3-5 执行效果

执行后的效果如图 3-5 所示。

3.6 逻辑运算符和逻辑表达式

在 Python 语言中，逻辑运算就是将变量用逻辑运算符连接起来，并对其进行求值的一个运算过程。在 Python 程序中，只能将 and、or、not 三种运算符用于逻辑运算，而不像 C、Java 等编程语言那样可以使用&、|、!，更加不能使用简单逻辑与(&&)、简单逻辑或(||)等逻辑运算符。

↑扫码看视频

假设变量 a 的值为 10，变量 b 的值为 20，表 3-5 演示了 Python 中三个逻辑运算符的处理过程。

表 3-5 Python 中三个逻辑运算符的处理过程

运算符	逻辑表达式	功 能	举 例
and	a and b	布尔"与"运算符：如果 a 为 False，a and b 返回 False，否则返回 b 的计算值	(a and b)返回 20
or	a or b	布尔"或"运算符：如果 a 是非 0，返回 a 的值，否则返回 b 的计算值	(a or b)返回 10
not	not a	布尔"非"运算符：如果 a 为 True，返回 False。如果 a 为 False，返回 True	not(a and b)返回 False

 实例 3-6：使用逻辑运算符

源文件路径：daima\3\3-6

实例文件 luoji.py 的具体实现代码如下所示。

```python
a = 10                    # 设置 a 的值是 10
b = 20                    # 设置 b 的值是 20

if ( a and b ):          #逻辑与运算符，如果两个操作数都为真，则条件为真
  print ("1 - 变量 a 和 b 都为 true")
else:
  print ("1 - 变量 a 和 b 有一个不为 true")

if ( a or b ):           #逻辑 or 运算符，如果两个操作数中有一个为非零，则条件变为真
  print ("2 - 变量 a 和 b 都为 true，或其中一个变量为 true")
else:
  print ("2 - 变量 a 和 b 都不为 true")
a = 0                     # 修改变量 a 的值，重新赋值为 0
if ( a and b ):          #逻辑与运算符，如果两个操作数都为真，则条件为真
  print ("3 - 变量 a 和 b 都为 true")
else:
  print ("3 - 变量 a 和 b 有一个不为 true")

if ( a or b ):           #逻辑 or 运算符，如果两个操作数中有一个为非零，则条件变为真
  print ("4 - 变量 a 和 b 都为 true，或其中一个变量为 true")
else:
  print ("4 - 变量 a 和 b 都不为 true")

if not( a and b ):       #逻辑与运算符，如果两个操作数都为真，则条件为真
  print ("5 - 变量 a 和 b 都为 false，或其中一个变量为 false")
else:
  print ("5 - 变量 a 和 b 都为 true")
```

执行后的效果如图 3-6 所示。

```
========
1 - 变量 a 和 b 都为 true
2 - 变量 a 和 b 都为 true，或其中一个变量为 true
3 - 变量 a 和 b 有一个不为 true
4 - 变量 a 和 b 都为 true，或其中一个变量为 true
5 - 变量 a 和 b 都为 false，或其中一个变量为 false
>>>
```

图 3-6　执行效果

3.7　成员运算符和成员表达式

　　Python 除了拥有前面介绍的其他编程语言都有的运算符之外，还支持成员运算符，能够测试实例中包含的一系列成员，包括字符串、列表或元组。成员运算符用来验证给定的值(变量)在指定的范围里是否存在。

↑扫码看视频

Python 语言有两个成员运算符，分别是 in 和 not in。具体说明如表 3-6 所示。

表 3-6　成员运算符说明

运算符	功　能	实　例
in	如果在指定的序列中找到值则返回 True，否则返回 False	x in y：如果 x 在 y 序列中则返回 True
not in	如果在指定的序列中没有找到值则返回 True，否则返回 False	x not in y：如果 x 不在 y 序列中则返回 True

 实例 3-7：使用成员运算符
源文件路径：daima\3\3-7

实例文件 chengyuan.py 的具体实现代码如下所示。

```python
a = 10                      #设置变量 a 的初始值为 10
b = 20                      #设置变量 b 的初始值为 20
list = [1, 2, 3, 4, 5 ];    #定义一个列表，里面有 5 个元素
if ( a in list ):           #如果 a 的值在列表 list 里面
   print ("1 - 变量 a 在给定的列表 list 中")
else:                       #如果 a 的值没有在列表 list 里面
   print ("1 - 变量 a 不在给定的列表 list 中")
if ( b not in list ):       #如果 b 的值不在列表 list 里面
   print ("2 - 变量 b 不在给定的列表 list 中")
else:                       #如果 b 的值在列表 list 里面
   print ("2 - 变量 b 在给定的列表 list 中")
a = 2                       # 修改变量 a 的值，重新赋值为 2
if ( a in list ):           #如果 a 的值在列表 list 里面
   print ("3 - 变量 a 在给定的列表 list 中")
else:                       #如果 a 的值没有在列表 list 里面
   print ("3 - 变量 a 不在给定的列表 list 中")
```

在上述代码中用到了 List 列表的知识，这部分内容将在本书后面的内容中进行讲解，本实例执行后的效果如图 3-7 所示。

```
========
1 - 变量 a 不在给定的列表 list 中
2 - 变量 b 不在给定的列表 list 中
3 - 变量 a 在给定的列表 list 中
>>>
```

图 3-7　执行效果

3.8　实践案例与上机指导

　　通过本章的学习，读者基本可以掌握 Python 运算符和表达式的知识。其实 Python 运算符和表达式的知识还有很多，这需要读者通过课外渠道来加深学习。下面通过练习操作，以达到巩固学习、拓展提高的目的。

↑扫码看视频

3.8.1　使用身份运算符和身份表达式

在 Python 程序中，身份运算符用来比较两个对象是否是同一个对象，这和用比较运算符中的 "==" 来比较两个对象的值是否相等有所区别。在 Python 语言中，身份运算符 "is" 是通过两个 id 来进行判断。如果两个 id 一样就返回 True，否则返回 False。

 实例 3-8：使用身份运算符
源文件路径：daima\3\3-8

实例文件 shenfen.py 的具体实现代码如下所示。

```python
a = 20                      #设置 a 的初始值是 20
b = 20                      #设置 b 的初始值是 20
if ( a is b ):             #用 is 判断 a 和 b 是不是引用一个对象
   print ("1 - a 和 b 有相同的标识")
else:
   print ("1 - a 和 b 没有相同的标识")
if ( id(a) == id(b) ): #用 is 判断 a 和 b 的 id 是不是同一个对象
   print ("2 - a 和 b 有相同的标识")
else:
   print ("2 - a 和 b 没有相同的标识")
b = 30                        #修改变量 b 的值，重新赋值为 30
if ( a is b ):              #用 is 判断 a 和 b 是不是引用一个对象
   print ("3 - a 和 b 有相同的标识")
else:
   print ("3 - a 和 b 没有相同的标识")
if(a is not b):  #判断两个标识符是不是引用自不同对象
   print ("4 - a 和 b 没有相同的标识")
else:
   print ("4 - a 和 b 有相同的标识")
```

执行后的效果如图 3-8 所示。

```
========
1 - a 和 b 有相同的标识
2 - a 和 b 有相同的标识
3 - a 和 b 没有相同的标识
4 - a 和 b 没有相同的标识
>>> |
```

图 3-8　执行效果

3.8.2　运算符的优先级

在日常生活中，无论是排队买票还是超市结账，我们都遵循先来后到的顺序。在运算符操作过程中，也需要遵循一定的顺序，这就是运算符的优先级。Python 语言运算符的运算优先级共分为 13 级，1 级最高，13 级最低。在表达式中，优先级较高的运算符先于优先级较低的运算符进行运算。表 3-7 中列出了从最高到最低优先级的所有运算符。

表 3-7　运算符的优先级

运算符	描　述
**	指数(最高优先级)
~, +, -	按位翻转，一元加号和减号(最后两个的方法名为 +@和-@)
*, /, %, //	乘，除，取模和取整除

续表

运算符	描 述
+，-	加法，减法
>>，<<	右移，左移运算符
&	位与
^，|	位运算符
<=，<，>，>=	比较运算符
<>，==，!=	等于运算符
=，%=，/=，//=，-=，+=，*=，**=	赋值运算符
is，is not	身份运算符
in，not in	成员运算符
not，or，and	逻辑运算符

 实例3-9：使用 Python 运算符的优先级

源文件路径：daima\3\3-9

实例文件 youxian.py 的具体实现代码如下所示。

```
a = 20                      #设置 a 的初始值是 20
b = 10                      #设置 b 的初始值是 10
c = 15                      #设置 c 的初始值是 15
d = 5                       #设置 d 的初始值是 5
e = 0                       #设置 e 的初始值是 0
e = (a + b) * c / d         #相当于：30 * 15 / 5
print ("(a + b) * c / d 运算结果为：", e)
e = ((a + b) * c) / d       #相当于：(30 * 15 ) / 5
print ("((a + b) * c) / d 运算结果为：", e)
e = (a + b) * (c / d);      #相当于：(30) * (15/5)
print ("(a + b) * (c / d) 运算结果为：", e)
e = a + (b * c) / d;        #相当于：20 + (150/5)
print ("a + (b * c) / d 运算结果为：", e)
```

执行后的效果如图 3-9 所示。

```
========
(a + b) * c / d 运算结果为： 90.0
((a + b) * c) / d 运算结果为： 90.0
(a + b) * (c / d) 运算结果为： 90.0
a + (b * c) / d 运算结果为： 50.0
>>>
```

图 3-9 执行效果

 **智慧锦囊**

我们可以总结出如下两个结论。

(1) ==比较操作符：用来比较两个对象是否相等，value 作为判断因素；

(2) is 同一性运算符：用来判断两个对象是否相同，id 作为判断因素。

3.9　思考与练习

　　本章详细讲解了 Python 运算符和表达式的知识，包括算术运算符和算术表达式、比较运算符和比较表达式、赋值运算符和赋值表达式、位运算符和位表达式、逻辑运算符和逻辑表达式、成员运算符和成员表达式等内容。在讲解过程中，通过具体实例介绍了使用 Python 运算符和表达式的方法。通过本章的学习，读者应该熟悉使用 Python 运算符和表达式的知识，掌握它们的使用方法和技巧。

一、选择题

(1) 假设变量 a 的值为 10，变量 b 的值为 20，c = a + b，则 c 的值是(　　　)。
　　A. 30　　　　　　　B. 10　　　　　　　C. 20
(2) 如果变量 a 的值为 60，变量 b 的值为 13，则 a & b 的输出结果是(　　　)
　　A. 12　　　　　　　B. 24　　　　　　　C. 10

二、判断对错

(1) 在 Python 程序中，不允许开发者同时为多个变量赋值。　　　　　　　　(　　)
(2) 假设变量 a 的值为 60，变量 b 的值为 13，则(a | b) 的输出结果 60。　　(　　)

三、上机练习

(1) 编写一个程序，实现加法运算。
(2) 编写一个程序，比较不同类型变量的大小。

第 **4** 章

使用条件语句

本章要点

- 最简单的 if 语句
- 使用 if…else 语句
- 使用 if…elif…else 语句
- if 语句的嵌套

本章主要内容

在 Python 程序中会经常用到条件语句，条件语句在很多教材中也被称为选择结构。通过使用条件语句，可以判断不同条件的执行结果，并根据执行结果有选择地执行程序代码。在本章的内容中，将带领读者朋友一起领会 Python 语言中的条件语句的基本知识，并通过具体实例的实现过程来讲解各个知识点的具体使用流程，为大家步入本书后面知识的学习打下基础。

4.1　最简单的 if 语句

　　在 Python 语言中，条件语句是一种选择结构，因为是通过 if 关键字实现的，所以也被称为 if 语句。在 Python 程序中，能够根据关键字 if 后面的布尔表达式的结果值来选择将要执行的代码语句。也就是说，if 语句有"如果…则"之意。

↑扫码看视频

在 Python 语言中有三种 if 语句，分别是 if 语句、if…else 语句和 if…elif…else 语句。在 Python 程序中，最简单的 if 语句的语法格式如下所示。

```
if 判断条件:
    执行语句……
```

在上述格式中，当"判断条件"成立时(非零)，则执行后面的"执行语句"，而执行内容可以多行，以缩进来表示同一范围。当"判断条件"为假时，跳过其后缩进的语句，其中的条件可以是任意类型的表达式。例如在下面的实例中演示了使用 if 语句的基本过程。

　实例 4-1：使用基本的 if 语句
　源文件路径：daima\4\4-1

实例文件 if.py 的具体实现代码如下所示。

```
x = input('请输入一个整数:')    #提示输入一个整数
x = int(x)                    #将输入的字符串转换为整数
if x < 0:                     #如果 x 小于 0
    x = -x                    #如果 x 小于 0，则将 x 取相反数
print(x)                      #输出 x 的值
```

通过上述代码实现了一个用于输出用户输入的整数绝对值的程序。其中 x=-x 是 if 语句条件成立时被选择执行的语句。执行代码，先提示用户输入一个整数，假如用户输入-100，则输出其绝对值 100。执行效果如图 4-1 所示。

```
=======
请输入一个整数:-100
100
>>> |
```

图 4-1　执行效果

4.2　使用 if…else 语句

　　在前面介绍的 if 语句中，并不能对条件不符合的内容进行处理，这在软件程序中是一个不可饶恕的错误。因为这是不允许的，所以 Python 引进了另外一种条件语句：if…else。

↑扫码看视频

在 Python 语言中，使用 if…else 语句的基本语法格式如下所示。

```
if 判断条件:
    statement1……
else:
    statement2……
```

在上述格式中，如果满足"判断条件"则执行 statement1(程序语句 1)，如果不满足则执行 statement2(程序语句 2)。if…else 语句的执行流程如图 4-2 所示。

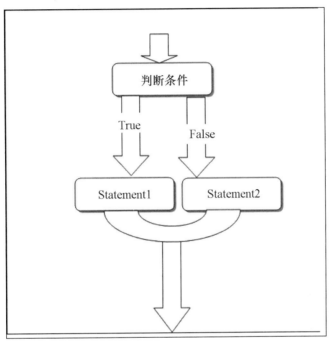

图 4-2　if…else 语句

例如在下面的实例中演示了使用 if…else 语句的具体过程。

实例 4-2：判断输入的是否是负数

源文件路径：daima\4\4-2

实例文件 else.py 的具体实现代码如下所示。

```
x = input('请输入一个整数：')  #提示输入一个整数
x = int(x)                      #将输入的字符串转换为整数
if x < 0:                       #如果 x 小于 0
    print('大哥，你输的是一个负数。')    #当 x 小于 0 时输出的提示信息
else:
    print('大哥，你输的是零或正数。')    #当 x 不小于 0 时输出的提示信息
```

在上述代码中，两个缩进的 print()函数是被选择执行的语句。代码运行后将提示用户输入一个整数，例如输入"-199"后的执行效果如图 4-3 所示。

```
=======
请输入一个整数：-199
大哥，你输的是一个负数。
>>> |
```

图 4-3　执行效果

4.3 使用 if…elif…else 语句

在 Python 程序中，if 语句实际上是一种功能十分强大的条件语句，它可以对多种情况进行判断。可以判断多条件的语句是 if…elif…else 语句，在本节将详细讲解使用 if…elif…else 语句的知识。

↑扫码看视频

在 Python 程序中，使用 if…elif…else 语句的法格式如下所示。

```python
if condition_1:
    statement_block_1
elif condition_2:
    statement_block_2
else:
    statement_block_3
```

➤ 如果 condition_1 为 True，则执行 statement_block_1 块语句。

➤ 如果 condition_1 为 False，则判断 condition_2。

➤ 如果 condition_2 为 True，则执行 statement_block_2 块语句。

➤ 如果 condition_2 为 False，则执行 statement_block_3 块语句。

由此可见，和其他主流开发语言相比，Python 用 elif 代替了 else if。在使用 Python 条件语句时，需要注意如下所示的 3 点。

➤ 每个条件后面要使用冒号 “:”，表示接下来是满足条件后要执行的语句块。

➤ 使用缩进来划分语句块，相同缩进数的语句在一起组成一个语句块。

➤ 在 Python 中没有 switch case 语句。

知识精讲

在 Python 语句中，if…else 可以嵌套无限次，可以说只要遇到正确的 condition 条件，就会执行相关的语句，然后结束整个程序的运行。

实例 4-3：判断考试成绩是否优秀

源文件路径：daima\4\4-3

实例文件 duo.py 的具体实现代码如下所示。

```python
x = input('小朋友，请输入你的二级 C 语言成绩：')  #提示输入一个成绩信息
x = float(x)                    #将输入的字符串转换为浮点数
if x >= 90:                     #如果 x 大于等于 90
    print('你的成绩为：优。')      #当 x 大于等于 90 时的输出
elif x >= 80:                   #如果 x 大于等于 80
    print('你的成绩为：良。')      #当 x 大于等于 80 时的输出
elif x >= 70:                   #如果 x 大于等于 70
    print('你的成绩为：中。')      #当 x 大于等于 70 时的输出
elif x >= 60:                   #如果 x 大于等于 60
```

```
    print('你的成绩为：合格。')        #当 x 大于等于 60 时的输出
else:
    print('你的成绩为：不合格。')      #如果 x 是除了上面列出的其他值
                                      #当 x 是除了上面列出的其他值时的输出
```

在上述代码中使用了多个 elif 语句分支，功能是根据每个条件的成立与否来选择输出你的成绩等级。例如分别输入 90 和 50 后的执行效果如图 4-4 所示。

```
========
小朋友，请输入你的二级C语言成绩：90
你的成绩为：优。
>>>
```

输入 90

```
========
小朋友，请输入你的二级C语言成绩：50
你的成绩为：不合格。
>>>
```

输入 50

图 4-4　执行效果

4.4　实践案例与上机指导

通过本章的学习，读者基本可以掌握 Python 条件语句的基础知识。其实 Python 条件语句的知识点还有很多，这需要读者通过课外渠道来加深学习。下面通过练习操作，以达到巩固学习、拓展提高的目的。

↑扫码看视频

4.4.1　if 语句的嵌套

在 Python 语言中，在 if 语句中继续使用 if 语句的用法被称为嵌套。在 Python 程序中，各种结构的语句嵌套的出现是难免的，当然 if 语句自身也存在着嵌套情况。对于嵌套的 if 语句，写法上跟不嵌套的 if 语句在形式上的区别就是缩进不同，例如下面就是一种嵌套的 if 语句的语法格式。

```
if condition1:
    if condition2:
        语句 1
    elif condition2:
        语句 2
else:
    语句 3
```

 智慧锦囊

在 Python 程序中，建议语句的嵌套不要太深，对于多层嵌套的语句来说可以进行适当的修改，以减少嵌套层次，从而方便阅读和理解程序，但有时为了逻辑清晰也不用有意为之。建议读者在编写条件语句时，应该尽量避免使用嵌套语句。嵌套语句不但不便于阅读，而且可能会忽略一些可能性。例如在下面的实例代码中，演示了使用 if 嵌套语句的具体过程。

实例 4-4：判断输入的数字是否合法
源文件路径：daima\4\4-4

实例文件 qiantao.py 的具体实现代码如下所示。

```python
a = int(input('请输入一个大小合适的整数：'))    #提示输入一个整数
if a>0:                                        #外层分支，如果a大于0
    if a>10000:                                #内层语句，如果a大于10000
#当a大于10000时的输出
        print("这也太大了，当前系统无法表示出来！")
    else:                                      #内层语句，如果a不大于10000
#下面嵌套内层语句，如果a大于0且不大于10000时的输出
        print("大小正合适，当前系统可以表示出来！")
    #下面是当a大于0时的输出，这行的缩进比上一行少，所以不是前套内的if分支
print("大于0的整数，系统就喜欢这一口！")
else:                                          #外层分支，如果a不大于0
    if a<-10000:                               #内层语句，如果a小于-10000
#当a小于-10000时的输出
        print("这也太小了，当前系统无法表示出来！")
    else:                                      #内层语句，如果a不小于-10000
#如果a不大于0且不小于-10000时的输出
        print("大小正合适，当前系统可以表示出来！")
    print("小于0的整数，系统将就喜欢了！")      #如果这行增加缩进,则属于嵌套的if语句
```

在上述代码中，首先根据其大于 0 还是小于 0 分为两个 if 分支，然后在大于 0 分支中以大于 10000 为条件继续细分为两个分支；在小于 0 分支中以小于-10000 为条件继续细分为两个分支。执行后将提示用户输入一个整数，例如输入"-100"后的效果如图 4-5 所示。

```
========
请输入一个大小合适的整数：-100
大小正合适，当前系统可以表示出来！
小于0的整数，系统将就喜欢了！
>>>
```

图 4-5 执行效果

4.4.2 实现 switch 语句的功能

在 Python 程序中，要想实现其他语言中 switch 语句的多条件判断功能，可以使用 elif 来实现。如果在判断时需要同时判断多个条件，可以借助于运算符 or (或)来实现，表示两个条件有一个成立时判断条件成功。也可以借助运算符 and (与)来实现，表示只有两个条件同时成立的情况下，判断条件才成功。例如在下面的实例代码中，演示了使用 elif 实现其他语言中 switch 语句功能的过程。

实例 4-5：判断输入的数字是否在 10 到 15 之间
源文件路径：daima\4\4-5

实例文件 switch1.py 的具体实现代码如下所示。

```
num = 9                             #设置 num 的初始值是 9
if num >= 0 and num <= 10:          #使用 if 判断值是否在 0~10 之间
    print ('hello')                 #当 num 值在 0~10 之间时的输出结果
num = 10                            #设置 num 的初始值是 10
if num < 0 or num > 10:             #判断值是否小于 0 或大于 10
    print ('hello')                 #当 num 值小于 0 或大于 10 时的输出结果
else:                               #如果 num 的值不是小于 0 或大于 10
    print ('undefine')              #当 num 值不是小于 0 或大于 10 时的输出结果
num = 8                             #设置 num 的初始值是 8
# 判断值是否在 0~5 或者 10~15 之间
if (num >= 0 and num <= 5) or (num >= 10 and num <= 15):
    print ('hello')        #当 num 值在 0~5 或者 10~15 之间时的输出结果
else:                      #如果 num 的值不在 0~5 或者 10~15 之间
    print ('undefine')#当 num 的值不在 0~5 或者 10~15 之间时的输出结果
```

```
========
hello
undefine
undefine
>>> |
```

图 4-6　执行效果

在上述代码中，当 if 有多个条件时可使用括号来区分判断的先后顺序，括号中的判断优先执行，此外 and 和 or 的优先级低于>(大于)、<(小于)等判断符号，即大于和小于在没有括号的情况下会比与、或优先判断。执行后的效果如图 4-6 所示。

4.5　思考与练习

本章详细讲解了 Python 条件语句的知识，循序渐进地讲解了最简单的 if 语句、使用 if…else 语句、使用 if…elif…else 语句和 if 语句的嵌套等内容。在讲解过程中，通过具体实例介绍了使用 Python 条件语句的方法。通过本章的学习，读者应该熟悉使用 Python 条件语句的知识，掌握它们的使用方法和技巧。

一、选择题

(1) 可以判断多条件的语句是(　　)。
　　A. if　　　　　　　　　B. if…else　　　　　　　　C. if…elif…else
(2) 每个条件后面要使用的标点符号是(　　)。
　　A. 逗号　　　　　　　　B. 冒号　　　　　　　　　　C. 分号

二、判断对错

(1) 在 Python 中可以使用 if…else 语句对条件进行判断，然后根据不同的结果执行不同的代码。　　　　　　　　　　　　　　　　　　　　　　　　　　　　　(　　)
(2) 在 Python 的条件语句中，"表达式"可以是一个单一的值或者变量，也可以是由运算符组成的复杂语句，形式不限，只要它能得到一个值就行。　　　　　　(　　)

三、上机练习

(1) 编写一个程序，使用条件语句判断输入的年龄所对应的年龄段：婴幼儿、青少年、成年人、老年人。
(2) 编写一个程序，使用条件语句设置只能是成年人才可以使用此软件。

第 5 章

使用循环语句

本章要点

📖 使用 for 循环语句

📖 使用 while 循环语句

📖 使用循环控制语句

本章主要内容

在第 4 章的内容中，我们学习了实现条件判断功能的条件语句，让程序的执行顺序发生了变化。为了满足循环和跳转等功能，在本章将向读者详细讲解 Python 语言中循环语句的知识，主要包括 for 循环语句、while 循环和循环控制语句。在讲解过程中，通过具体实例的实现过程讲解了各个知识点的具体用法，为大家步入本书后面知识的学习打下基础。

5.1 使用 for 循环语句

在 Python 语言中，循环语句是一种十分重要的程序结构。其特点是，在给定条件成立时，反复执行某程序段，直到条件不成立为止。给定的条件称为循环条件，反复执行的程序段称为循环体。在 Python 语言中主要有三种循环语句，分别是 for 循环语句、while 循环语句和循环控制语句，下面将首先讲解 for 循环语句的知识。

↑扫码看视频

5.1.1 最基本的 for 循环语句

在 Python 语言中，for 语句是 Python 语言中构造循环结构程序的语句之一。在 Python 程序中，绝大多数的循环结构都是用 for 语句来完成的。和 Java、C 语言等其他语言相比，Python 语言中的 for 语句有很大的不同：其他高级语言的 for 语句需要用循环控制变量来控制循环；而 Python 语言中的 for 循环语句是通过循环遍历某一序列对象(例如本书后面将要讲解的元组、列表、字典等)来构建循环，循环结束的条件就是对象被遍历完成。

在 Python 程序中，使用 for 循环语句的基本语法格式如下所示。

```
for iterating_var in sequence:
    statements
```

在上述格式中，各个参数的具体说明如下所示。

➢ iterating_var: 表示循环变量。

➢ sequence: 表示遍历对象，通常是元组、列表和字典等。

➢ statements: 表示执行语句。

上述格式的含义是遍历 for 语句中的各个对象，每经过一次循环，循环变量就会得到遍历对象中的一个值，可以在循环体中处理它。在一般情况下，当遍历对象中的值全部用完时，就会自动退出循环。例如在下面的实例中，演示了使用 for 循环语句的基本过程。

 实例 5-1: 循环输出一个单词的组成字母
源文件路径: daima\5\5-1

实例文件 for.py 的具体实现代码如下所示。

```
for letter in 'Python':              #第一个实例，定义一个字符
    print ('当前字母 :', letter)        #循环输出字符串 Python 中的各个字母
fruits = ['banana', 'apple',  'mango'] #定义一个数组
for fruit in fruits:
```

```
    print('当前字母:',fruit)#循环输出数组 fruits 中的 3 个值
print ("Good bye!")
```

执行效果如图 5-1 所示。

```
========
当前字母 : P
当前字母 : y
当前字母 : t
当前字母 : h
当前字母 : o
当前字母 : n
当前字母 : banana
当前字母 : apple
当前字母 : mango
Good bye!
>>> |
```

图 5-1 执行效果

5.1.2 通过序列索引迭代

在 Python 语言中，还可以通过序列索引迭代的方式实现循环功能。在具体实现时，可以借助于内置函数 range()实现。因为在 Python 语言的 for 语句中，对象集合可以是列表、字典以及元组等，所以可以通过函数 range()产生一个整数列表，这样可以完成计数循环功能。

在 Python 语言中，函数 range()的语法格式如下所示。

```
range( [start,] stop[, step])
```

各个参数的具体含义如下所示。

➤ start: 可选参数，起始数，默认值为 0。

➤ stop: 终止数，如果 range 只有一个参数 x，那么 range 生产一个从 0 至 x-1 的整数列表。

➤ step: 可选参数，表示步长，即每次循环序列增长值。

注意：产生的整数序列的最大值为 stop-1。

例如在下面的实例中，通过序列索引迭代的方式循环输出了列表中的元素。

 实例 5-2：循环输出列表中的元素
源文件路径：daima\5\5-2

实例文件 diedai.py 的具体实现代码如下所示。

```
fruits = ['banana', 'apple',  'mango'] #定义一个数组
for index in range(len(fruits)):#使用函数 range()遍历数组
  print ('当前水果 :', fruits[index]) #输出遍历数组后的结果
print ("Good bye!")
```

```
=======
当前水果 : banana
当前水果 : apple
当前水果 : mango
Good bye!
>>> |
```

图 5-2 执行效果

执行后的效果如图 5-2 所示。

5.1.3 使用 for…else 循环语句

在 Python 程序中，for…else 表示的意思是：for 中的语句和普通语句没有区别，else 中的语句会在循环正常执行完(即 for 不是通过 break 跳出而中断的)的情况下执行。使用 for…else 循环语句的语法格式如下所示。

```
for iterating_var in sequence:
   statements1
else:
   statements2
```

在上述格式中，各个参数的具体说明如下所示。

➤ iterating_var：表示循环变量。

➤ sequence：表示遍历对象，通常是元组、列表和字典等。

➤ statements1：表示 for 语句中的循环体，它的执行次数就是遍历对象中值的数量。

➤ statements2：else 语句中的 statements2，只有在循环正常退出(遍历完所有遍历对象中的值)时执行。

实例 5-3：判断是否是质数
源文件路径：daima\5\5-3

实例文件 else.py 的具体实现代码如下所示。

```
for num in range(10,20):      #循环迭代 10 到 20 之间的数字
    for i in range(2,num):    #根据因子迭代
        if num%i == 0:        #确定第一个因子
            j=num/I #计算第二个因子
            print ('%d 等于 %d * %d' % (num,i,j))
            break             # 跳出当前循环
    else:                     # 如果上面的条件不成立，则执行循环中的 else 部分
        print (num, '是一个质数')  #输出质数
```

```
=======
10 等于 2 * 5
11 是一个质数
12 等于 2 * 6
13 是一个质数
14 等于 2 * 7
15 等于 3 * 5
16 等于 2 * 8
17 是一个质数
18 等于 2 * 9
19 是一个质数
>>> |
```

执行后的效果如图 5-3 所示。

图 5-3　执行效果

5.1.4　使用嵌套 for 循环语句

当在 Python 程序中使用 for 循环语句时，可以是嵌套的。也就是说，可以在一个 for 语句中使用另外一个 for 语句。嵌套使用 for 循环语句的形式如下所示：

```
for iterating_var in sequence:
    for iterating_var in sequence:
        statements(s)
    statements(s)
```

上述各个的参数的含义跟前面非嵌套格式的参数一致。例如下面实例的功能是，使用嵌套 for 循环语句获取两个整数之间的所有素数。

实例 5-4：获取两个整数之间的所有素数
源文件路径：daima\5\5-4

实例文件 qiantao.py 的具体实现代码如下所示。

```
#提示我们输入一个整数
x = (int(input("请输入一个整数值作为开始: ")),int(input("请输入一个整数值作为结尾: ")))
x1 = min(x)              #获取输入的第 1 个整数
x2 = max(x)              #获取输入的第 2 个整数
for n in range(x1,x2+1): #使用外循环语句生成要判素数的序列
    for i in range(2,n-1):#使用内循环用来生成测试的因子
        if n % i == 0:    #生成测试的因子能够整除，则不是素数
            break
    else:                 #上述条件不成立，则说明是素数
```

```
print("你输入的",n,"是素数。")
```

在上述代码中，首先使用输入函数获取用户指定的序列开始和结束，然后使用 for 语句构建了两层嵌套的循环语句来获取素数并输出结果。使用外循环语句生成要判素数的序列，使用内循环生成测试的因子。并且使用 else 子句的缩进来表示它属于内嵌的 for 循环语句，如果多缩进一个单位，则表示属于其中的 if 语句；如果少缩进一个单位，则表示属于外层的 for 循环语句。因此，Python 中的缩进是整个程序的重要构成部分。执行后将提示用户输入两个整数作为范围，例如分别输入 100 和 105 后的执行效果如图 5-4 所示。

```
=========
请输入一个整数值作为开始：100
请输入一个整数值作为结尾：105
你输入的 101 是素数。
你输入的 103 是素数。
>>> |
```

图 5-4　执行效果

知识精讲

C/C++/Java/C#程序员需要注意如下两点：

(1)　Python 语言的 for 循环完全不同于 C/C++的 for 循环。C#程序员会注意到，在 Python 中 for 循环类似于 C 中的 foreach 循环。Java 程序员会注意到，它类似于 Java 1.5 中的 to for (int i : IntArray)。

(2)　在 C/C++中，如果你想写 for (int i = 0; i<5; i++)，那么在 Python 中你只要写 for i in range(0,5)。正如你可以看到的，在 Python 中 for 循环更简单，更富有表现力且不易出错。

5.2　使用 while 循环语句

在 Python 程序中，除了 for 循环语句以外，while 语句也是十分重要的循环语句，其特点和 for 语句十分类似，接下来将详细讲解使用 while 循环语句的基本知识。

↑扫码看视频

5.2.1　最基本的 while 循环语句

在 Python 程序中，while 语句用于循环执行某段程序，以处理需要重复处理的相同任务。在 Python 语言中，虽然绝大多数的循环结构都是用 for 循环语句来完成的，但是 while 循环语句也可以完成 for 语句的功能，只不过不如 for 循环语句简单明了。

在 Python 程序中，while 循环语句主要用于构建比较特别的循环。while 循环语句的最大特点，就是不知道循环多少次时使用它。当不知道语句块或者语句需要重复多少次时，

while 语句是最好的选择。当 while 的表达式是真时，while 语句重复执行一条语句或者语句块。使用 while 语句的基本格式如下所示。

```
while condition
    执行语句
```

在上述格式中，当 condition 为真时将循环执行后面的"执行语句"并循环，一直到条件为假时退出循环。如果第一次条件表达式就是假，那么 while 循环将被忽略；如果条件表达式一直为真，那么 while 循环将一直执行。也就是说，while 循环中的"执行语句"部分会一直循环执行，直到条件为假时才退出循环，并执行循环体后面的语句。Python 的 while 循环语句最常用在计数循环中。例如在下面的实例代码中，演示了使用 while 循环语句的过程。

 实例 5-5：循环输出整数 0 到 8

源文件路径：daima\5\5-5

实例文件 while.py 的具体实现代码如下所示。

```
count = 0                #设置 count 的初始值为 0
while (count < 9):       #如果 count 小于 9 则执行下面的 while 循环
    print ('The count is:', count)
    count = count + 1    #每次 while 循环 count 值递增 1
print ("Good bye!")
```

执行后的效果如图 5-5 所示。

```
========
The count is: 0
The count is: 1
The count is: 2
The count is: 3
The count is: 4
The count is: 5
The count is: 6
The count is: 7
The count is: 8
Good bye!
>>>
```

图 5-5 执行效果

5.2.2 使用 while…else 循环语句

和使用 for…else 循环语句一样，在 Python 程序中也可以使用 while…else 循环语句，具体语法格式如下所示：

```
while <条件>:
    <语句1>
else:
    <语句2>      #如果循环未被 break 终止，则执行
```

在上述语法格式中，与 for 循环不同的是，while 语句只有在测试条件为假时才会停止。在 while 语句的循环体中一定要包含改变测试条件的语句，以保证循环能够结束，以避免死循环的出现。while 语句包含与 if 语句相同的条件测试语句，如果条件为真就执行循环体；如果条件为假，则终止循环。while 语句也有一个可选的 else 语句块，它的作用与 for 循环中的 else 语句块一样，当 while 循环不是由 break 语句终止的话，则会执行 else 语句块中的语句。而 continue 语句也可以用于 while 循环中，其作用是跳过 continue 后的语句，提前进入下一个循环。例如在下面的实例代码中，演示了使用 while…else 循环语句的过程。

 实例 5-6：循环判断某个数字是否小于 5

源文件路径：daima\5\5-6

实例文件 else.py 的具体实现代码如下所示。

```
count = 0                          #设置 count 的初始值为 0
while count < 5:                   #如果 count 值小于 5 则执行循环
    print (count, "小于5")         #如果 count 值小于 5 则输出"小于 5"
    count = count + 1             #每次循环，count 值加 1
else:                              #如果 count 值大于 5
    print (count, "不小于5")       #则输出"不小于 5"
```

图 5-6　执行效果

执行后的效果如图 5-6 所示。

5.2.3　注意死循环问题

死循环也被称为无限循环，是指这个循环将一直执行下去。在 Python 程序中，while 循环语句不像 for 循环语句那样可以遍历某一个对象的集合。在使用 while 语句构造循环语句时，最容易出现的问题就是测试条件永远为真，导致死循环。因此在使用 while 循环时应仔细检查 while 语句的测试条件，避免出现死循环。例如在下面的实例代码中，演示了使用 while 循环语句时的死循环问题。

 实例 5-7：while 循环语句的死循环问题
源文件路径：daima\5\5-7

实例文件 wuxian.py 的具体实现代码如下所示。

```
var = 1                                    #设置 var 的初始值为 1
#下面的代码当 var 为 1 时执行循环，实际上 var 的值确实为 1
while var == 1 :                           #所以该条件永远为 True，循环将无限执行下去
    num = input("亲，请输入一个整数，谢谢！")#提示输入一个整数
    print ("亲，您输入的是：", num) #显示输入一个整数
print ("再见，Good bye!")
```

在上述代码中，因为循环条件变量 var 的值永远为 1 ，所以该条件永远为 True，所以循环将无限执行下去，这就形成了死循环。所以执行后将一直提示用户输入一个整数，在用户输入一个整数后还继续无限次数地提示用户输入一个整数，如图 5-7 所示。

使用 Ctrl+C 快捷键可以中断上述死循环，中断后的效果如图 5-8 所示。

图 5-7　无限次数提示用户输入一个整数　　　　　图 5-8　中断死循环

5.2.4　使用 while 循环嵌套语句

和使用 for 循环嵌套语句一样，在 Python 程序中也可以使用 while 循环嵌套语句，具体

语法格式如下所示:

```
while expression:
    while expression:
        statement(s)
    statement(s)
```

另外，我们还可以在循环体内嵌入其他的循环体，例如在 while 循环中可以嵌入 for 循环。反之，也可以在 for 循环中嵌入 while 循环。例如在下面的实例中演示了使用 while 循环嵌套语句的过程。

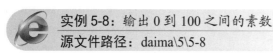

实例 5-8：输出 0 到 100 之间的素数
源文件路径：daima\5\5-8

实例文件 qiantao.py 的具体实现代码如下所示。

```
i = 2                     #设置 i 的初始值为 2
while(i < 100):           #如果 i 的值小于 100 则进行循环
    j = 2                 #设置 j 的初始值为 2
    while(j <= (i/j)):    #如果 j 的值小于等于 i/j 则进行循环
        if not(i%j): break #如果不能整除则用 break 停止运行
        j = j + 1         #将 j 的值加 1
    if (j>i/j):print(i,"是素数")  #如果 j>i/j 则输出 i 的值
    i = i + 1             #循环输出素数 i 的值
print ("谢谢使用, Good bye!")
```

执行后的效果如图 5-9 所示。

```
2  是素数
3  是素数
5  是素数
7  是素数
11 是素数
13 是素数
17 是素数
19 是素数
23 是素数
29 是素数
31 是素数
37 是素数
41 是素数
43 是素数
47 是素数
53 是素数
59 是素数
61 是素数
67 是素数
71 是素数
73 是素数
79 是素数
83 是素数
89 是素数
97 是素数
谢谢使用, Good bye!
>>> |
```

图 5-9 执行效果

5.3 实践案例与上机指导

通过本章的学习，读者基本可以掌握 Python 循环语句的基础知识。其实 Python 循环语句的知识点还有很多，这需要读者通过课外渠道来加深学习。下面通过练习操作，以达到巩固学习、拓展提高的目的。

↑扫码看视频

5.3.1 使用 break 语句

在 Python 程序中，break 语句的功能是终止循环语句，即循环条件没有 False 条件或者序列还没被完全递归完时，也会停止执行循环语句。break 语句通常用在 while 循环语句和 for 循环语句中，具体语法格式如下所示:

```
break
```

例如在本章前面的实例 5-3 和实例 5-4 中用到了 break 语句。再看下面的实例，分别演

示了在 for 循环语句和 while 循环语句中使用 break 语句的过程。

 实例 5-9：在 for 循环和 while 循环中使用 break 语句
　　源文件路径：daima\5\5-9

实例文件 br1.py 的具体实现代码如下所示。

```
for letter in 'Python':          #第 1 个例子，设置字符串 Python
    if letter == 'h':            #如果找到字母 h
        break                    #则停止遍历
    print ('Current Letter :', letter)    #显示遍历的字母
var = 10                         #第 2 个例子，设置 var 的初始值是 10
while var > 0:                   #如果 var 大于 0，则下一行代码输出当前 var 的值
    print ('Current variable value :', var)
    var = var -1                 #然后逐一循环设置 var 的值减 1
    if var == 5:                 #如果 var 的值递减到 5，则使用 break 停止循环
        break
print ("执行完毕, Good bye!")
```

执行后的效果如图 5-10 所示。

注意： 如果在 Python 程序中使用了嵌套循环，break 语句将停止执行最深层的循环，并开始执行下一行代码，例如本章的实例 5-8 所示。

```
========
Current Letter : P
Current Letter : y
Current Letter : t
Current variable value : 10
Current variable value : 9
Current variable value : 8
Current variable value : 7
Current variable value : 6
执行完毕, Good bye!
>>>
```

图 5-10　执行效果

5.3.2　使用 continue 语句

在 Python 程序中，continue 语句的功能是跳出本次循环。这和 break 语句是有区别的，break 语句的功能是跳出整个循环。通过使用 continue 语句，可以告诉 Python 跳过当前循环的剩余语句，然后继续进行下一轮循环。在 Python 程序中，continue 语句通常被用在 while 和 for 循环中。使用 continue 语句的语法格式如下所示：

```
continue
```

例如在下面的实例中，演示了在 for 循环语句和 while 循环语句中使用 continue 语句的过程。

 实例 5-10：在 for 循环和 while 循环中使用 continue 语句
　　源文件路径：daima\5\5-10

实例文件 con1.py 的具体实现代码如下所示。

```
for letter in 'Python':          #第 1 个例子，设置字符串 Python
    if letter == 'h':            #如果找到字母 h
        continue                 #使用 continue 跳出当前循环，然后进行后面的循环
    print ('当前字母 :', letter)   #循环显示字母
var = 10                         #第 2 个例子，设置 var 的初始值是 10
while var > 0:                   #如果 var 的值大于 0
    var = var -1                 #逐一循环设置 var 的值减 1
    if var == 5:                 #如果 var 的值递减到 5
        continue                 #则使用 continue 跳出当前循环，然后进行后面的循环
```

```
    print ('当前变量值 :', var)        #循环显示数字
print ("执行完毕，游戏结束，Good bye!")
```

执行后的效果如图 5-11 所示。

```
========
当前字母 : P
当前字母 : y
当前字母 : t
当前字母 : o
当前字母 : n
当前变量值 : 9
当前变量值 : 8
当前变量值 : 7
当前变量值 : 6
当前变量值 : 5
当前变量值 : 4
当前变量值 : 3
当前变量值 : 2
当前变量值 : 1
当前变量值 : 0
执行完毕，游戏结束, Good bye!
>>>
```

图 5-11　执行效果

5.3.3　使用 pass 语句

在 Python 程序中，pass 是一个空语句，是为了保持程序结构的完整性而推出的语句。在代码程序中，pass 语句不做任何事情，一般只被用做占位语句。在 Python 程序中，使用 pass 语句的语法格式如下所示：

```
pass
```

例如在下面的实例代码中，演示了在程序中使用 pass 语句的过程，实例的功能是输出指定英文单词中的每个英文字母。

 实例 5-11：输出英文单词中的每个英文字母
源文件路径：daima\5\5-11

实例文件 kong.py 的具体实现代码如下所示。

```
for letter in 'Python':              #从字符串 Python 中遍历每一个字母
  if letter == 'h':                  #如果遍历到字母 h，则使用 pass 输出一个空语句
    pass
    print ('这是 pass 语句，是一个空语句，什么都不执行！')
  print ('当前字母 :', letter)       #输出 Python 的每个字母
print ("程序运行完毕, Good bye!")
```

执行后的效果如图 5-12 所示。

```
========
当前字母 : P
当前字母 : y
当前字母 : t
这是 pass 语句，是一个空语句，什么都不执行！
当前字母 : h
当前字母 : o
当前字母 : n
程序运行完毕, Good bye!
>>>
```

图 5-12　执行效果

智慧锦囊

　　如果读者学过 C/C++/Java 语言,就会知道 Python 中的 pass 语句就是 C/C++/Java 中的空语句。在 C/C++/Java 语言中,空语句用一个独立的分号来表示,例如以 if 语句为例,下面是在 C/C++/Java 中的空语句演示代码:

```
if(true)
    ;//这是一个空语句,什么也不做
else
{
    //这里的代码不是空语句,可以做一些事情
}
```

　　而在 python 程序中,和上述功能对应的代码如下所示:

```
if true:
    pass #这是一个空语句,什么也不做
else:
    #这里的代码不是空语句,可以做一些事情
```

5.4　思考与练习

　　本章详细讲解了 Python 循环语句的知识,循序渐进地讲解了使用 for 循环语句、使用 while 循环语句和使用循环控制语句等内容。在讲解过程中,通过具体实例介绍了使用 Python 循环语句的方法。通过本章的学习,读者应该熟悉使用 Python 循环语句的知识,掌握它们的使用方法和技巧。

一、选择题

(1)　下面不是 Python 循环语句的是(　　)。

A. for　　　　　　　　　　B. while　　　　　　　　　　C. def

(2)　下面代码的执行结果是(　　)。

```
result = 0
for i in range(101):
    result += i
print(result)
```

A. 5050　　　　　　　　　B. 4954　　　　　　　　　　C. 5000

二、判断对错

(1)　在 Python 中有两种循环语句,分别是 while 循环和 for 循环。　　　　(　　)

(2)　当用 for 循环遍历 list 列表或者 tuple 元组时,其迭代变量会先后被赋值为列表或元组中的每个元素并执行一次循环体。　　　　(　　)

三、上机练习

(1)　编写一个程序,实现冒泡排序功能。

(2)　编写一个程序,使用循环遍历网址 http://c.xxxxx.net/python/的内容。

第6章

数据结构

本章要点

- 📖 使用列表
- 📖 使用元组
- 📖 使用字典
- 📖 使用集合

本章主要内容

在 Python 程序中，通过数据结构可保存项目中需要的数据信息。Python 语言内置了多种数据结构，例如列表、元组、字典和集合等。在本章的内容中，将详细讲解 Python 语言中常用数据结构的核心知识，为读者步入本书后面知识的学习打下基础。

6.1 使用列表

在 Python 程序中，列表也被称为序列，是 Python 语言中最基本的一种数据结构，和其他编程语言(C/C++/Java)中的数组类似。序列中的每个元素都分配有一个数字，这个数字表示这个元素的位置或索引，第一个索引是 0，第二个索引是 1，依此类推。

↑扫码看视频

6.1.1 列表的基本用法

在 Python 程序中使用中括号"[]"来表示列表，并用逗号来分隔其中的元素。例如下面的代码创建了一个简单的列表。

```
car = ['audi', 'bmw', 'benchi', 'lingzhi']      #创建一个名为 car 的列表
print(car)                                       #输出列表 car 中的信息
```

在上述代码中，创建一个名为 car 的列表，在列表中存储了 4 个元素，执行后会将列表打印输出，执行效果如图 6-1 所示。

```
=========
['audi', 'bmw', 'benchi', 'lingzhi']
>>>
```

图 6-1 执行效果

(1) 创建数字列表

在 Python 程序中，可以使用方法 range()创建数字列表。例如在下面的实例文件 num.py 中，使用方法 range()创建了一个包含 3 个数字的列表。

  实例 6-1：创建一个包含 3 个数字的列表
源文件路径：daima\6\6-1

实例文件 num.py 的具体实现代码如下所示。

```
numbers = list(range(1,4))   #使用方法 range()创建列表
print(numbers)
```

[1, 2, 3]

在上述代码中，一定要注意方法 range()的结尾参数是 4，才能创建 3 个列表元素。执行效果如图 6-2 所示。

图 6-2 执行效果

(2) 访问列表中的值

在 Python 程序中，因为列表是一个有序集合，所以要想访问列表中的任何元素，只需将该元素的位置或索引告诉 Python 即可。要想访问列表元素，可以指出列表的名称，再指

出元素的索引，并将其放在方括号内。例如，下面的代码可以从列表 car 中提取第一款汽车：

```
car = ['audi', 'bmw', 'benchi', 'lingzhi']
print(car[0])
```

上述代码演示了访问列表元素的语法。当发出获取列表中某个元素的请求时，Python 只会返回该元素，而不包括方括号和引号，上述代码执行后只会输出：

```
audi
```

在 Python 程序中，字符串还可以通过序号(序号从 0 开始)来取出其中的某个字符，例如 abcde.[1]取得的值是 b。

实例 6-2：访问并显示列表中元素的值
源文件路径：daima\6\6-2

实例文件 fang.py 的具体实现代码如下所示。

```
list1 = ['Google', 'baidu', 1997, 2000];    #定义第 1 个列表 list1
list2 = [1, 2, 3, 4, 5, 6, 7 ];              #定义第 2 个列表 list2
print ("list1[0]: ", list1[0])               #输出列表 list1 中的第 1 个元素
print ("list2[1:5]: ", list2[1:5])           #输出列表 list2 中的第 2～5 个元素
```

在上述代码中，分别定义了两个列表 list1 和 list2，执行效果如图 6-3 所示。

list1[0]: Google
list2[1:5]: [2, 3, 4, 5]

图 6-3 执行效果

知识精讲

在 Python 程序中，第一个列表元素的索引为 0，而不是 1。在大多数编程语言中的数组都是如此，这与列表操作的底层实现相关。自然而然地，第二个列表元素的索引为 1。根据这种简单的计数方式，要访问列表的任何元素，都可将其位置减 1，并将结果作为索引。例如要访问列表中的第 4 个元素，可使用索引 3 实现。

6.1.2 删除列表中的重复元素并保持顺序不变

在 Python 程序中，我们可以删除列表中重复出现的元素，并且保持剩下元素的显示顺序不变。如果序列中保存的元素是可哈希(hashable)的，那么上述功能可以使用集合和生成器实现。例如在下面的文件 delshun.py 中，演示了在可哈希情况下的实现过程。

实例 6-3：删除列表中的重复元素并保持顺序不变
源文件路径：daima\6\6-3

实例文件 delshun.py 的具体实现代码如下所示。

```
def dedupe(items):
    seen = set()
```

```
    for item in items:
        if item not in seen:
            yield item
            seen.add(item)

if __name__ == '__main__':
    a = [5, 5, 2, 1, 9, 1, 5, 10]
    print(a)
    print(list(dedupe(a)))
```

如果一个对象是可哈希的,那么在它的生存期内必须是不可变的,这需要有一个_hash_()方法。在 Python 程序中,整数、浮点数、字符串和元组都是不可变的。在上述代码中,函数 dedupe()实现了可哈希情况下的删除重复元素功能,并且保持剩下元素的显示顺序不变。执行后的效果如图 6-4 所示。

```
[5, 5, 2, 1, 9, 1, 5, 10]
[5, 2, 1, 9, 10]
```

图 6-4　执行效果

上述实例文件 delshun.py 有一个缺陷,只有当序列中的元素是可哈希的时候才能这么做。如果想在不可哈希的对象序列中去除重复项,并保持原顺序不变应该如何实现呢? 例如下面的实例文件 buhaxi.py 演示了上述功能的实现过程。

 实例 6-4:在不可哈希的对象序列中去除重复项
源文件路径:daima\6\6-4

实例文件 buhaxi.py 的具体实现代码如下所示。

```
def buha(items, key=None):
    seen = set()
    for item in items:
        val = item if key is None else key(item)
        if val not in seen:
            yield item
            seen.add(val)

if __name__ == '__main__':
    a = [
        {'x': 2, 'y': 3},
        {'x': 1, 'y': 4},
        {'x': 2, 'y': 3},
        {'x': 2, 'y': 3},
        {'x': 10, 'y': 15}
        ]
    print(a)
    print(list(buha(a, key=lambda a: (a['x'],a['y']))))
```

在上述代码中,函数 buha()中的参数 key 的功能是设置一个函数将序列中的元素转换为可哈希的类型,这样做的目的是为了检测重复选项。执行效果如图 6-5 所示。

```
[{'x': 2, 'y': 3}, {'x': 1, 'y': 4}, {'x': 2, 'y': 3}, {'x': 2, 'y': 3}, {'x': 10, 'y': 15}]
[{'x': 2, 'y': 3}, {'x': 1, 'y': 4}, {'x': 10, 'y': 15}]
```

图 6-5　执行效果

6.1.3 找出列表中出现次数最多的元素

在 Python 程序中，如果想找出列表中出现次数最多的元素，可以考虑使用 collections 模块中的 Counter 类，调用类 Counter 中的函数 most_common() 来实现上述功能。例如在下面的实例文件 most.py 中，演示了使用函数 most_common() 找出列表中出现次数最多的元素的过程。

实例 6-5：找出列表中出现次数最多的元素
源文件路径：daima\6\6-5

实例文件 most.py 的具体实现代码如下所示。

```python
words = [
'look', 'into', 'my', 'AAA', 'look', 'into', 'my', 'AAA',
'the', 'AAA', 'the', 'AAA', 'the', 'eyes', 'not', 'BBB', 'the',
'AAA', "don't", 'BBB', 'around', 'the', 'AAA', 'look', 'into',
'BBB', 'AAA', "BBB", 'under'
]
from collections import Counter
word_counts = Counter(words)
top_three = word_counts.most_common(3)
print(top_three)
```

在上述代码中预先定义了一个列表 words，在里面保存了一系列的英文单词，使用函数 most_common() 找出了哪些单词出现的次数最多。执行后的效果如图 6-6 所示。

$$[('AAA', 7), ('the', 5), ('BBB', 4)]$$

图 6-6 执行效果

6.1.4 排序类定义的实例

在 Python 程序中，我们可以排序一个类定义的多个实例。使用内置函数 sorted() 可以接收一个用来传递可调用对象(callable)的参数 key，而这个可调用对象会返回待排序对象中的某些值，sorted()函数则利用这些值来比较对象。假设在程序中存在多个 User 对象的实例，如果想通过属性 user_id 来对这些实例进行排序，则可以提供一个可调用对象将 User 实例作为输入，然后返回 user_id。例如在下面的实例文件 leishili.py 中，演示了排序上述 User 对象实例的过程。

实例 6-6：排序上述 User 对象实例
源文件路径：daima\6\6-6

实例文件 leishili.py 的具体实现代码如下所示。

```python
class User:
    def __init__(self, user_id):
        self.user_id = user_id
    def __repr__(self):
```

```
        return 'User({})'.format(self.user_id)

# 原来的顺序
users = [User(19), User(17), User(18)]
print(users)

# 根据 user_id 排序
①print(sorted(users, key=lambda u: u.user_id))
from operator import attrgetter
②print(sorted(users, key=attrgetter('user_id')))
```

```
[User(19), User(17), User(18)]

[User(17), User(18), User(19)]

[User(17), User(18), User(19)]
```

图 6-7　执行效果

在上述代码中，在①处使用 lambda 表达式进行了处理，在②处使用内置函数 attrgetter()进行了处理。执行效果如图 6-7 所示。

6.1.5　使用列表推导式

在 Python 程序中，列表推导式(List Comprehension)是一种简化代码的优美方法。Python 官方文档描述道：列表推导式提供了一种创建列表的简洁方法。列表推导能够非常简洁地构造一个新列表，只需用一条简洁的表达式即可对得到的元素进行转换变形。使用 Python 列表推导式的语法格式如下所示。

```
variable = [out_exp_res for out_exp in input_list if out_exp == 2]
```

➤ out_exp_res：列表生成元素表达式，可以是有返回值的函数。

➤ for out_exp in input_list：迭代 input_list 将 out_exp 传入 out_exp_res 表达式中。

➤ if out_exp == 2：根据条件可以过滤哪些值。

例如想创建一个包含从 1～10 的平方的列表，在下面的实例文件 chuantong.py，分别演示了传统方法和列表推导式方法的实现过程。

 实例 6-7： 创建一个包含从 1～10 的平方的列表

　　源文件路径： daima\6\6-7

实例文件 chuantong.py 的具体实现代码如下所示。

```
①squares = []
for x in range(10):
    squares.append(x**2)
②print(squares)

③squares1 = [x**2 for x in range(10)]
print(squares1)
```

在上述代码中，①～②是通过传统方式实现的，③和之后的代码是通过列表推导式方法实现的。执行后将会输出：

```
[0, 1, 4, 9, 16, 25, 36, 49, 64, 81]
[0, 1, 4, 9, 16, 25, 36, 49, 64, 81]
```

例如在下面的实例文件 shaixuan.py 中，使用列表推导式筛选了列表中的数据。

实例 6-8：使用列表推导式筛选列表中的数据
源文件路径：daima\6\6-8

实例文件 shaixuan.py 的具体实现代码如下所示。

```python
mylist = [1, 4, -5, 10, -7, 2, 3, -1]

# All positive values
zheng = [n for n in mylist if n > 0]
print(zheng)

# All negative values
fu = [n for n in mylist if n < 0]
print(fu)
```

```
[1, 4, 10, 2, 3]
[-5, -7, -1]
```

图 6-8 执行效果

通过上述代码，分别筛选出列表 mylist 中大于零和小于零的元素，执行效果如图 6-8 所示。

在 Python 程序中，有时候筛选的标准无法简单地表示在列表推导式或生成器表达式中，例如假设筛选过程涉及异常处理或者其他一些复杂的细节。此时可以考虑将处理筛选功能的代码放到单独的功能函数中，然后使用内建的 filter() 函数进行处理。例如下面的实例文件 dandu.py 演示了这一功能。

 实例 6-9：将处理筛选功能的代码放到单独的功能函数中
源文件路径：daima\6\6-9

实例文件 dandu.py 的具体实现代码如下所示。

```python
values = ['1', '2', '-3', '-', '4', 'N/A', '5']
def is_int(val):
 try:
     x = int(val)
     return True
 except ValueError:
     return False
ivals = list(filter(is_int, values))
print(ivals)
```

在上述代码中，因为使用函数 filter() 创建了一个迭代器，所以如果想要得到一个列表形式的结果，请确保在 filter() 前面加上 list() 函数。执行后会输出：

```
['1', '2', '-3', '4', '5']
```

6.2 使 用 元 组

在 Python 程序中，可以将元组看作是一种特殊的列表。唯一与列表不同的是，元组内的数据元素不能发生改变。不但不能改变其中的数据项，而且也不能添加和删除数据项。当开发者需要创建一组不可改变的数据时，通常会把这些数据放到一个元组中。

↑扫码看视频

6.2.1 创建并访问元组

在 Python 程序中，创建元组的基本形式是以小括号 "()" 将数据元素括起来，各个元素之间用逗号 "," 隔开。例如下面都是合法的元组。

```
tup1 = ('Google', 'toppr', 1997, 2000);
tup2 = (1, 2, 3, 4, 5 );
```

Python 语言允许创建空元组，例如下面的代码创建了一个空元组。

```
tup1 = ();
```

在 Python 程序中，当在元组中只包含一个元素时，需要在元素后面添加逗号 ","。例如下面的演示代码：

```
tup1 = (50,);
```

在 Python 程序中，元组与字符串和列表类似，下标索引也是从 0 开始的，并且也可以进行截取和组合等操作。例如在下面的实例文件 zu.py，演示了创建并访问元组的过程。

 实例 6-10：创建并访问元组
源文件路径：daima\6\6-10

实例文件 zu.py 的具体实现代码如下所示。

```
tup1 = ('Google', 'toppr', 1997, 2000)      #创建元组 tup1
tup2 = (1, 2, 3, 4, 5, 6, 7)                 #创建元组 tup2
#显示元组 tup1 中索引为 0 的元素的值
print (tup1[0]:, tup1[0])
#显示元组 tup2 中索引从 1 到 4 的元素的值
print ("tup2[1:5]:", tup2[1:5])
```

在上述代码中定义了两个元组 tup1 和 tup2，然后在第 4 行代码中读取了元组 tup1 中索引为 0 的元素的值，然后在第 6 行代码中读取了元组 tup2 中索引从 1 到 4 的元素的值。执行效果如图 6-9 所示。

```
tup1[0]: Google
tup2[1:5]: (2, 3, 4, 5)
```

图 6-9　执行效果

6.2.2 修改元组

在 Python 程序中，元组一旦创立就是不可被修改的。但是在现实程序应用中，开发者可以对元组进行连接组合。例如在下面的实例文件 lian.py 中，演示了连接组合两个元组值的过程。

 实例 6-11：连接组合两个元组值
源文件路径：daima\6\6-11

实例文件 lian.py 的具体实现代码如下所示。

```
tup1 = (12, 34.56);          #定义元组 tup1
tup2 = ('abc', 'xyz')        #定义元组 tup2
# 下面一行代码修改元组元素操作是非法的
# tup1[0] = 100
```

```
tup3 = tup1 + tup2;          #创建一个新的元组 tup3
print (tup3)                 #输出元组 tup3 中的值
```

在上述代码中定义了两个元组 tup1 和 tup2，然后将这两个元组进行连接组合，将组合后的值赋给新元组 tup3。执行后输出新元组 tup3 中的元素值，执行效果如图 6-10 所示。

(12, 34.56, 'abc', 'xyz')

图 6-10　执行效果

6.2.3　删除元组

在 Python 程序中，虽然不允许删除一个元组中的元素值，但是可以使用 del 语句来删除整个元组。例如在下面的实例文件 shan.py 中，演示了使用 del 语句来删除整个元组的过程。

 实例 6-12：使用 del 语句删除整个元组
源文件路径：daima\6\6-12

实例文件 shan.py 的具体实现代码如下所示。

```
#定义元组 tup
tup = ('Google', 'Toppr', 1997, 2000)
print (tup)              #输出元组 tup 中的元素
del tup;                 #删除元组 tup
#因为元组 tup 已经被删除，所以不能显示里面的元素
print ("元组 tup 被删除后，系统会出错！")
print (tup)              #这行代码会出错
```

在上述代码中定义了一个元组 tup，然后使用 del 语句来删除整个元组的过程。删除元组 tup 后，最后一行代码中使用 print (tup)输出元组 tup 的值时会出现系统错误。执行效果如图 6-11 所示。

```
Traceback (most recent call last):
('Google', 'Toppr', 1997, 2000)
  File "H:/daima/2/2-2/shan.py", line 7, in <module>
元组tup被删除后，系统会出错！
    print (tup)           #这行代码会出错
NameError: name 'tup' is not defined
```

图 6-11　执行效果

6.2.4　使用内置方法操作元组

在 Python 程序中，可以使用内置方法来操作元组，其中最为常用的方法如下所示。
➤ len(tuple)：计算元组元素个数。
➤ max(tuple)：返回元组中元素最大值。
➤ min(tuple)：返回元组中元素最小值。

➢ tuple(seq): 将列表转换为元组。

例如在下面的实例文件 neizhi.py 中，演示了使用内置方法操作元组的过程。

 实例 6-13：使用内置方法操作元组
源文件路径：daima\6\6-13

实例文件 neizhi.py 的具体实现代码如下所示。

```
car = ['奥迪', '宝马', '奔驰', '雷克萨斯']  #创建列表 car
print(len(car))                      #输出列表 car 的长度
tuple2 = ('5', '4', '8')             #创建元组 tuple2
print(max(tuple2))                   #显示元组 tuple2 中元素的最大值
tuple3 = ('5', '4', '8')             #创建元组 tuple3
print(min(tuple3))                   #显示元组 tuple3 中元素的最小值
list1= ['Google', 'Taobao', 'Toppr', 'Baidu']  #创建列表 list1
tuple1=tuple(list1)                  #将列表 list1 的值赋予元组 tuple1
print(tuple1)                        #再次输出元组 tuple1 中的元素
```

执行后的效果如图 6-12 所示。

```
4
8
4
('Google', 'Taobao', 'Toppr', 'Baidu')
```

图 6-12　执行效果

6.2.5　将序列分解为单独的变量

在 Python 程序中，可以将一个包含 N 个元素的元组或序列分解为 N 个单独的变量。这是因为 Python 语法允许任何序列(或可迭代的对象)都可以通过一个简单的赋值操作来分解为单独的变量，唯一的要求是变量的总数和结构要与序列相吻合。例如在下面的实例文件 fenjie.py 中，演示了将序列分解为单独变量的过程。

 实例 6-14：将序列分解为单独的变量
源文件路径：daima\6\6-14

实例文件 fenjie.py 的具体实现代码如下所示。

```
p = (4, 5)
x, y = p
print(x)
print(y)                                              4
data = [ 'ACME', 50, 91.1, (2012, 12, 21) ]           5
name, shares, price, date = data                      ACME
print(name)                                           (2012, 12, 21)
print(date)
```

执行后的效果如图 6-13 所示。　　　　　　　　　　　　　　　　图 6-13　执行效果

知识精讲

如果是分解未知或任意长度的可迭代对象，上述分解操作是为其量身定做的工具。通常在这类可迭代对象中会有一些已知的组件或模式(例如，元素 1 之后的所有内容都是电话号码)，利用 "*" 星号表达式分解可迭代对象后，开发者能够轻松利用这些模式，而无须在可迭代对象中做复杂的操作才能得到相关的元素。

在 Python 程序中，星号表达式方式在迭代一个变长的元组序列时十分有用。例如在下面的实例文件 xinghao.py 中，演示了分解一个带标记元组序列的过程。

 实例 6-15：分解一个带标记元组序列
源文件路径：daima\6\6-15

实例文件 xinghao.py 的具体实现代码如下所示。

```python
records = [
    ('AAA', 1, 2),
    ('BBB', 'hello'),
    ('CCC', 5, 3)
]
def do_foo(x, y):
    print('AAA', x, y)

def do_bar(s):
    print('BBB', s)

for tag, *args in records:
    if tag == 'AAA':
        do_foo(*args)
    elif tag == 'BBB':
        do_bar(*args)
line = 'guan:ijing234://wef:678d:guan'
uname, *fields, homedir, sh = line.split(':')
print(uname)
print(homedir)
```

```
AAA 1 2
BBB hello
guan
678d
```

图6-14 执行后的效果

执行后的效果如图 6-14 所示。

6.3 使用字典

↑扫码看视频

在 Python 程序中，字典是一种比较特别的数据类型，字典中每个成员是以"键:值"对的形式成对存在。字典是以大括号"{}"包围，并且以"键:值"对的方式声明和存在的数据集合。字典与列表相比，最大的不同在于字典是无序的，其成员位置只是象征性的，在字典中是通过键来访问成员，而不能通过其位置来访问该成员。

6.3.1　创建并访问字典

在 Python 程序中，字典可以存储任意类型对象。字典的每个键值"key:value"对之间必须用冒号"："分隔，每个对之间用逗号"，"分隔，整个字典包括在大括号"{}"中。

例如某个班级的期末考试成绩公布了，其中第 1 名非常优秀，学校准备给予奖励。下面以字典来保存这名学生的 3 科成绩，第一个键值对是：'数学': '99'，表示这名学生的数学成绩是 99。第二个键值对是：'语文': '99'，第三个键值对是：'英语': '99'，分别代表这名学生语文成绩是 99，英语成绩是 99。在 Python 语言中，使用字典来表示这名学生的成绩，具体代码如下：

```
dict = {'数学': '99', '语文': '99', '英语': '99' }
```

当然也可以对上述字典中的两个键值对进行分解，通过如下代码创建字典。

```
dict1 = { '数学': '99' };
dict2 = { '语文': '99' };
dict1 = { '英语': '99' };
```

在 Python 程序中，要想获取某个键的值，可以通过访问键的方式来显示对应的值。例如在下面的实例文件 fang.py 中，演示了获取字典中 3 个键的值的过程。

实例 6-16：获取字典中 3 科的成绩
源文件路径：daima\6\6-16

实例文件 fang.py 的具体实现代码如下所示。

```
dict = {'数学':'99','语文':'99','英语':'99' }#创建字典 dict
print ("语文成绩是: ",dict['语文'])    #输出语文成绩
print ("数学成绩是: ",dict['数学'])    #输出数学成绩
print ("英语成绩是: ",dict['英语'])    #输出英语成绩
```

语文成绩是：	99
数学成绩是：	99
英语成绩是：	99

图 6-15　执行效果

执行后的效果如图 6-15 所示。

6.3.2　添加、修改、删除字典中的元素

(1) 向字典中添加数据

在 Python 程序中，字典是一种动态结构，可以随时在其中添加"键:值"对。在添加"键:值"对时，需要首先指定字典名，然后用中括号将键括起来，并在最后写明这个键的值。例如下面的实例文件 add.py 中定义了字典 dict，在字典中设置 3 科的成绩，然后又通过上面介绍的方法添加了两个"键:值"对。

实例 6-17：向字典中添加新的考试成绩
源文件路径：daima\6\6-17

实例文件 add.py 的具体实现代码如下所示。

```
dict = {'数学': '99', '语文': '99', '英语': '99' }        #创建字典 dict
```

```
dict['物理'] =100                              #添加字典值 1
dict['化学'] =98                               #添加字典值 2
print (dict)                                   #输出字典 dict 中的值
print ("物理成绩是：",dict['物理'])            #显示物理成绩
print ("化学成绩是：",dict['化学'])            #显示化学成绩
```

通过上述代码，向字典中添加两个数据元素，分别表示物理成绩和化学成绩。其中在第 2 行代码中，设置在字典 dict 中新增了一个"键:值"对，其中的键为"物理"，而值为 100。而在第 3 行代码中重复了上述操作，设置新添加的键为"化学"，而对应的键值为 98。执行后的效果如图 6-16 所示。

```
{'数学': '99', '语文': '99', '英语': '99', '物理': 100, '化学': 98}
物理成绩是： 100
化学成绩是： 98
```

智慧锦囊

图 6-16　执行效果

"键:值"对的排列顺序与添加顺序不同。Python 不关心键值对的添加顺序，而只关心键和值之间的关联关系。

(2)　修改字典

在 Python 程序中，要想修改字典中的值，需要首先指定字典名，然后使用中括号把将要修改的键和新值对应起来。例如下面的实例文件 xiu.py 中，演示了在字典中实现修改和添加功能的过程。

实例 6-18：在字典中实现修改和添加功能
源文件路径：daima\6\6-18

实例文件 xiu.py 的具体实现代码如下所示。

```
#创建字典"dict"
dict = {'Name': 'Toppr', 'Age': 7, 'Class': 'First'}
dict['Age'] = 8;                              #更新 Age 的值
dict['School'] = "Python 教程"                #添加新的键值
print ("dict['Age']: ", dict['Age'])          #输出键 Age 的值
print ("dict['School']: ", dict['School'])    #输出键 School 的值
print (dict)                                   #显示字典 dict 中的元素
```

通过上述代码，更新了字典中键 Age 的值为 8，然后添加了新键 School。执行后的效果如图 6-17 所示。

```
dict['Age']: 8
dict['School']: Python教程
```

图 6-17　执行效果

(3)　删除字典中的元素

在 Python 程序中，对于字典中不再需要的信息，可以使用 del 语句将相应的"键:值"对信息彻底删除。在使用 del 语句时，必须指定字典名和要删除的键。例如下面的实例文件

del.py 中，演示了删除字典中某个元素的过程。

实例 6-19：删除字典中的某个元素
源文件路径：daima\6\6-19

实例文件 del.py 的具体实现代码如下所示。

```
#创建字典"dict"
dict = {'Name': 'Toppr', 'Age': 7, 'Class': 'First'}
del dict['Name']                    #删除键 Name
print (dict)                        #显示字典 dict 中的元素
```

通过上述代码，使用 del 语句删除了字典中键为 Name 的元素。执行效果如图 6-18 所示。

{'Age': 7, 'Class': 'First'}

图 6-18　执行效果

6.3.3　映射多个值

在 Python 程序中，可以将某个键(key)映射到多个值的字典，即一键多值字典(multidict)。为了能方便地创建映射多个值的字典，可以使用内置模块 collections 中的 defaultdict 类来实现。类 defaultdict 的一个主要特点是会自动初始化第一个值，这样只需关注添加元素即可。例如在下面的实例文件 yingshe.py 中，演示了创建一键多值字典的过程。

实例 6-20：创建一键多值字典
源文件路径：daima\6\6-20

实例文件 yingshe.py 的具体实现代码如下所示。

```
①d = {
    'a': [1, 2, 3],
    'b': [4, 5]
}

e = {
    'a': {1, 2, 3},
    'b': {4, 5}
②}

from collections import defaultdict
③d = defaultdict(list)
d['a'].append(1)
d['a'].append(2)
④d['a'].append(3)
print(d)

⑤d = defaultdict(set)
d['a'].add(1)
d['a'].add(2)
d['a'].add(3)
```

```
⑥print(d)

⑦d = {}
d.setdefault('a', []).append(1)
d.setdefault('a', []).append(2)
d.setdefault('b', []).append(3)
⑧print(d)

d = {}
⑨for key, value in d:  # pairs:
    if key not in d:
        d[key] = []
    d[key].append(value)
d = defaultdict(list)
⑩print(d)

⑪for key, value in d:  # pairs:
    d[key].append(value)
⑫print(d)
```

在上述代码中用到了内置函数 setdefault()，如果键不存在于字典中，将会添加键并将值设为默认值。首先在①～②部分创建了一个字典，③～④和⑤～⑥部分分别利用两种方式为字典中的键创建了相同的多键值。函数 defaultdict()会自动创建字典表项以待稍后的访问，若不想要这个功能，可以在普通的字典上调用函数 setdefault()来取代 defaultdict()，正如上面⑦～⑧所示的那样。⑨～⑩和⑪～⑫分别演示了两种一键多值字典中对第一个值继续初始化，可以看出⑪～⑫使用 defaultdict()函数实现的方式比较清晰明了。执行后的效果如图 6-19 所示。

```
defaultdict(<class 'list'>, {'a': [1, 2, 3]})
defaultdict(<class 'set'>, {'a': {1, 2, 3}})
{'a': [1, 2], 'b': [3]}
defaultdict(<class 'list'>, {})
defaultdict(<class 'list'>, {})
```

图 6-19 执行效果

6.4 实践案例与上机指导

通过本章的学习，读者基本可以掌握 Python 语言中基本数据结构的知识。其实 Python 语言基本数据结构的知识还有很多，这需要读者通过课外渠道来加深学习。下面通过练习操作，以达到巩固学习、拓展提高的目的。

↑扫码看视频

6.4.1　使用集合

在 Python 程序中，集合(set)是一个无序不重复元素的序列。集合的基本功能是进行成员关系测试和删除重复的元素。Python 语言规定使用大括号"{}"或函数 set()创建集合。读者需要注意的是，在创建一个空集合时必须用函数 set()实现，而不能使用大括号"{}"实现，这是因为空的大括号"{}"是用来创建一个空字典的。例如在下面的实例中演示了使用集合的过程。

实例 6-21：合并集合中的内容
源文件路径：daima\6\6-21

实例文件 jihe.py 的具体实现代码如下所示。

```python
student = {'Tom', 'Jim', 'Mary', 'Tom', 'Jack', 'Rose'}  #创建字典 student
print(student)                                             #显示字典，重复的元素会被自动删除
#测试成员'Rose'是否在字典中
if('Rose' in student) :
    print('Rose 在集合中')                                 #当在字典中时的输出信息
else :
    print('Rose 不在集合中')                               #当不在字典中时的输出信息
# set 可以进行集合运算
a = set('abcde')                                          #创建集合 a
b = set('abc')                                            #创建集合 b
print(a)
print(a - b)                                              #a 和 b 的差集
print(a | b)                                              #a 和 b 的并集
print(a & b)                                              #a 和 b 的交集
print(a ^ b)                                              #a 和 b 中不同时存在的元素
```

执行后的效果如图 6-20 所示。

```
>>>
{'Rose', 'Jack', 'Mary', 'Jim', 'Tom'}
Rose 在集合中
{'e', 'a', 'd', 'b', 'c'}
{'e', 'd'}
{'e', 'a', 'd', 'b', 'c'}
{'a', 'b', 'c'}
{'e', 'd'}
>>>
```

图 6-20　执行效果

6.4.2　使用内置类型转换函数转换数据类型

在 Python 程序中，通过表 6-1 中列出的内置函数可以实现数据类型转换功能，这些函数能够返回一个新的对象，表示转换的值。

表 6-1　类型转换函数

函　　数	描　　述
int(x [,base])	将 x 转换为一个整数
float(x)	将 x 转换为一个浮点数
complex(real [,imag])	创建一个复数
str(x)	将对象 x 转换为字符串
repr(x)	将对象 x 转换为表达式字符串
eval(str)	用来计算在字符串中的有效 Python 表达式，并返回一个对象
tuple(s)	将序列 s 转换为一个元组
list(s)	将序列 s 转换为一个列表
set(s)	转换为可变集合
dict(d)	创建一个字典。d 必须是一个序列 (key,value)元组
frozenset(s)	转换为不可变集合
chr(x)	将一个整数转换为一个字符
unichr(x)	将一个整数转换为 Unicode 字符
ord(x)	将一个字符转换为它的整数值
hex(x)	将一个整数转换为一个十六进制字符串
oct(x)	将一个整数转换为一个八进制字符串

例如通过上表中的函数 int()可以实现如下所示的两个功能。

(1) 把符合数学格式的数字型字符串转换成整数。

(2) 把浮点数转换成整数，但只是简单的取整，而不是进行四舍五入。

例如在下面的实例代码中，演示了使用函数 int()实现整型转换的过程。

 实例 6-22：使用函数 int()实现整型转换
源文件路径：daima\6\6-22

实例文件 zhuan.py 的具体实现代码如下所示。

```
aa = int("124")        #正确
print ("aa = ", aa)    #result=124
bb = int(123.45)       #正确
print ("bb = ", bb)    #result=123
#cc = int("-123.45")       #错误，不能转换为 int 类型
#print ("cc = ",cc)
#dd = int("34a")       #错误，不能转换为 int 类型
#print ("dd = ",dd)
#ee = int("12.3")      #错误，不能转换为 int 类型
#print (ee)
```

```
>>>
aa =   124
bb =   123
>>>
```

在上述代码中，后面三种转换都是非法的，执行后的效果如图 6-21 所示。

图 6-21　执行效果

6.5 思考与练习

本章详细讲解了 Python 数据结构的知识，循序渐进地讲解了使用列表、使用元组、使用字典和使用集合等内容。在讲解过程中，通过具体实例介绍了使用 Python 数据结构的方法。通过本章的学习，读者应该熟悉使用 Python 数据结构的知识，掌握它们的使用方法和技巧。

一、选择题

(1) 在 Python 中列表的标识符是( )。

A. () B. [] C. <>

(2) 下面代码执行后会输出( )。

```
lang = ["Python", "C++", "Java", "PHP", "Ruby", "MATLAB"]
#使用正数索引
del lang[2]
print(lang)
```

A. ['Python', 'C++', 'PHP', 'Ruby', 'MATLAB']

B. ['Python', 'C++', 'PHP', 'MATLAB']

C. Python, C++, PHP, MATLAB

D. Python, C++, PHP,Ruby, MATLAB

二、判断对错

(1) Python 字典中键(key)的名字不能被修改，我们只能修改值(value)。 ( )

(2) 在 Python 中，元组通常都是使用一对小括号将所有元素包围起来的，但小括号不是必须的，只要将各元素用逗号隔开，Python 就会将其视为元组。 ( )

三、上机练习

(1) 编写一个程序，分别将字符串和元组转换成列表。

(2) 编写一个程序，在字典中添加新的元素。

第**7**章

使用函数

本章要点

- Python 函数的基础知识
- 函数的参数
- 函数的返回值
- 变量的作用域
- 使用函数传递列表

本章主要内容

函数是 Python 语言程序的基本构成模块，通过对函数的调用就能够实现特定的功能。在一个 Python 语言项目中，几乎所有的基本功能都是通过一个个函数实现的。函数在 Python 语言中的地位，犹如 CPU 在计算机中的地位，是高高在上的。在本章的内容中，将详细介绍 Python 语言中函数的基本知识，为读者步入本书后面的学习打下坚实的基础。

7.1 Python 函数的基础知识

在编写 Python 程序的过程中，可以将完成某个指定功能的语句提取出来，将其编写为函数。这样，在程序中可以方便地调用函数来完成这个功能，并且可以多次调用、多次完成这个功能，而不必重复地复制粘贴代码。使用函数后，也可以使程序结构更加清晰，更容易维护。

↑扫码看视频

7.1.1 定义函数

在 Python 程序中，函数在使用之前必须先定义(声明)，然后才能调用。在使用函数时，只要按照函数定义的形式，向函数传递必需的参数，就可以调用函数，完成相应的功能或者获得函数返回的处理结果。

在 Python 程序中，使用关键字 def 可以定义一个函数，定义函数的语法格式如下所示。

```
def<函数名>(参数列表)：
    <函数语句>
    return<返回值>
```

在上述格式中，参数列表和返回值不是必须的，return 后也可以不跟返回值，甚至连 return 也没有。如果 return 后没有返回值的，并且没有 return 语句，这样的函数都会返回 None 值。有些函数可能既不需要传递参数，也没有返回值。

知识精讲

当函数没有参数时，包含参数的圆括号也必须写上，在圆括号后面也必须有冒号 "："。

在 Python 程序中，完整的函数是由函数名、参数以及函数实现语句(函数体)组成的。在函数声明中，也要使用缩进以表示语句属于函数体。如果函数有返回值，那么需要在函数中使用 return 语句返回计算结果。

根据前面的学习，我们可以总结出定义 Python 函数的语法规则，具体说明如下所示。

➤ 函数代码块以 def 关键词开头，后接函数标识符名称和圆括号()。

➤ 任何传入参数和自变量必须放在圆括号中间，圆括号中间可以定义参数。

➤ 函数的第一行语句可以选择性地使用文档字符串，用于存放函数说明。

➤ 函数内容以冒号起始，并且缩进。

➤ return [返回值]结束函数，选择性地返回一个值给调用方。不带返回值的 return 相当于返回 None。

例如在下面的实例代码中，定义了一个基本的输出函数 hello()。

实例 7-1：定义一个基本的函数 hello()
源文件路径：daima\7\7-1

实例文件 han.py 的具体实现代码如下所示。

```
def hello() :              #定义函数 hello()
  print("Hello World!")          #这行属于函数 hello()内的
hello()
```

在上述代码中，定义了一个基本的函数 hello()，函数 hello()的功能
是输出 "Hello World!" 语句。执行效果如图 7-1 所示。

由此可见，Python 语言的函数比较灵活，与 C 语言中函数的声明相
比，在 Python 中声明一个函数不需要指定函数的返回值类型，也不需要
指定参数的类型。

```
========
Hello World!
>>>
```

图 7-1　执行效果

7.1.2　调用函数

调用函数就是使用函数，在 Python 程序中，当定义一个函数后，就相当于给了函数一
个名称，指定了函数里包含的参数和代码块结构。完成这个函数的基本结构定义工作后，
就可以通过调用的方式来执行这个函数，也就是使用这个函数。在 Python 程序中，可以直
接从 Python 命令提示符执行一个已经定义了的函数。例如在本章的实例 7-1 中，前两行代
码定义了函数 hello()，最后一行代码调用了函数 hello()。例如在下面的实例中，演示了定义
并使用自定义函数的过程。

实例 7-2：计算元组内各个元素的和
源文件路径：daima\7\7-2

实例文件 he.py 的具体实现代码如下所示。

```
def tpl_sum( T ):         #定义函数 tpl_sum()
    result = 0            #定义 result 的初始值为 0
    for i in T:           #遍历 T 中的每一个元素 i
        result += i       #计算各个元素 i 的和
    return result         #函数 tpl_sum()最终返回计算的和
#使用函数 tpl_sum()计算元组内元素的和
print("(1,2,3,4)元组中元素的和为：",tpl_sum((1,2,3,4)))
#使用函数 tpl_sum()计算元组内元素的和
print("[3,4,5,6]列表中元素的和为：",tpl_sum([3,4,5,6]))
#使用函数 tpl_sum()计算元组内元素的和
print("[2.7,2,5.8]列表中元素的和为：",tpl_sum([2.7,2,5.8]))
#使用函数 tpl_sum()计算元组内元素的和
print("[1,2,2.4]列表中元素的和为：",tpl_sum([1,2,2.4]))
```

在上述代码中定义了函数 tpl_sum()，函数的功能是计算元组内元素的和。在最后的 4
行输出语句中分别调用了 4 次函数，并且这 4 次调用的参数不一样。执行效果如图 7-2 所示。

```
=======
(1,2,3,4)元组中元素的和为:  10
[3,4,5,6]列表中元素的和为:  18
[2.7,2,5.8]列表中元素的和为:  10.5
[1,2,2.4]列表中元素的和为:  5.4
>>>
```

图 7-2　执行效果

7.2　函数的参数

在 Python 程序中,参数是函数的重要组成元素。Python 中的函数参数有多种形式,例如,在调用某个函数时,既可以向其传递参数,也可以不传递参数,但是这都不影响函数的正常调用。对于这些函数,应该怎么定义其参数呢? 在本节的内容中,将详细讲解 Python 函数参数的基本知识。

↑扫码看视频

7.2.1　形参和实参

在本章前面的实例 7-2 中,参数 T 是形参,而在实例 7-2 最后 4 行输出语句中,小括号中的 "(1,2,3,4)" 和 "[3,4,5,6]" 都是实参。在 Python 程序中,形参表示函数完成其工作所需的一项信息,而实参是调用函数时传递给函数的信息。初学者有时候会形参、实参不分,因此如果你看到有人将函数定义中的变量称为实参或将函数调用中的变量称为形参,不要大惊小怪。

7.2.2　必需参数

在 Python 程序中,必需参数也被称为位置实参,在使用时必须以正确的顺序传入函数。并且调用函数时,必需参数的数量必须和声明时的一样。例如在下面的实例代码中,在调用 printme()函数时必须传入一个参数,不然会出现语法错误。

实例 7-3:使用必须参数
源文件路径: daima\7\7-3

实例文件 bi.py 的具体实现代码如下所示。

```python
def printme( str ):          #定义函数 printme()
   "打印任何传入的字符串"
   print (str);              #打印显示函数的参数
```

```
    return;
printme();                          #调用函数 printme()
```

在上述代码中，在调用 printme()函数时没有传入一个参数，所以执行后会出错。执行效果如图 7-3 所示。

```
printme();
TypeError: printme() missing 1 required positional argument: 'str'
>>>
```

图 7-3　执行效果

7.2.3　关键字参数

在 Python 程序中，关键字参数和函数调用关系紧密。在调用函数时，通过使用关键字参数可以确定传入的参数值。在使用关键字参数时，允许函数调用时参数的顺序与声明时不一致，因为 Python 解释器能够用参数名匹配参数值。例如在下面的实例中，在调用函数 printme()时使用了参数值。

 实例 7-4：使用关键字参数
源文件路径：daima\7\7-4

实例文件 guan.py 的具体实现代码如下所示。

```
def printme( str ):              #定义函数 printme()
    "打印任何传入的字符串"
    print (str);                 #打印显示函数的参数
    return;
#调用函数 printme()，设置参数 str 的值是"Python 教程"
printme( str = "Python 教程");
```

```
=======
Python教程
>>>
```

图 7-4　执行效果

在上述代码中，设置了函数 printme()的参数值为"Python 教程"。执行效果如图 7-4 所示。

例如在下面的实例中，演示了在使用函数参数时不需要指定顺序的过程。

 实例 7-5：不需要指定函数参数的顺序
源文件路径：daima\7\7-5

实例文件 shun.py 的具体实现代码如下所示。

```
def printinfo( name, age ):      #定义函数 printinfo()
    "打印任何传入的字符串"
    print ("名字: ", name);      #打印显示函数的参数 name
    print ("年龄: ", age);       #打印显示函数的参数 age
    return;
#下面调用函数 printinfo()，设置参数 age 的值是 50，参数 name 的值是"Toppr"
printinfo( age=50, name="Toppr" );
```

```
=======
名字: Toppr
年龄: 50
>>>
```

在上述代码中，函数 printinfo()原来的参数顺序为先 name 后 age，但是在调用时是先 age 后 name。执行效果如图 7-5 所示。

图 7-5　执行效果

7.2.4　默认参数

当在 Python 程序中调用函数时，如果没有传递参数，则会使用默认参数(也被称为默认值参数)。例如在下面的实例中，如果没有传入参数 age，则使用默认值。

　实例 7-6：使用默认参数
源文件路径：daima\7\7-6

实例文件 moren.py 的具体实现代码如下所示。

```
#定义函数 printinfo()，参数 age 的默认值是 35
def printinfo( name, age = 35 ):
    "打印任何传入的字符串"
    print ("名字: ", name);        #打印显示函数的参数 name
    print ("年龄: ", age);         #打印显示函数的参数 age
    return;
#下面调用函数 printinfo()，设置参数 age 的值是 50，参数 name 的值是"Toppr"
printinfo( age=50, name="Toppr" );
print ("-----------------------")
printinfo( name="Google" );       #重新设置参数 name 的值是"Google"
```

在上述代码中，在最后一行代码中调用函数 printinfo()时，没有指定参数 age 的值，但是执行后使用了其默认值。执行效果如图 7-6 所示。

```
========
名字: Toppr
年龄: 50
------------------------
名字: Google
年龄: 35
>>>
```

图 7-6　执行效果

知识精讲

在 Python 程序中，如果在声明一函数时，其参数列表中既包含无默认值参数，又包含有默认值参数，那么在声明函数的参数时，必须先声明无默认值参数，后声明有默认值参数。

7.2.5　不定长参数

在 Python 程序中，可能需要一个函数能处理比当初声明时更多的参数，这些参数叫作不定长参数。不定长参数也被称为可变参数，和前面介绍的参数类型不同，声明不定长参数时不会命名，基本语法格式如下：

```
def functionname([formal_args,] *var_args_tuple ):
    "函数_文档字符串"
    function_suite
```

```
return [expression]
```

在上述格式中，加了星号"*"的变量名会存放所有未命名的变量参数。如果在函数调用时没有指定参数，它就是一个空元组，开发者也可以不向函数传递未命名的变量。由此可见，在自定义函数时，如果参数名前加上一个星号"*"，则表示该参数就是一个可变长参数。在调用该函数时，依次序将所有的其他变量都赋予值之后，剩下的参数将会收集在一个元组中，元组的名称就是前面带星号的参数名。例如在下面的实例中，演示了使用不定长参数的过程。

实例 7-7：使用不定长参数
源文件路径：daima\7\7-7

实例文件 any.py 的具体实现代码如下所示。

```
①def avg(first, *rest):
②    return (first + sum(rest)) / (1 + len(rest))
print(avg(1, 2))
print(avg(1,2,3,4))

import html

③def make_element(name,value,**attrs):
④    keyvals = [' %s="%s"' % item for item in attrs.items()]
      attr_str = ''.join(keyvals)
⑤    element = '<{name}{attrs}>{value}</{name}>'.format(
                  name=name,
                  attrs=attr_str,
⑥                  value=html.escape(value))
      return element
print(make_element('商品', '小鹰登山包', size='大号', quantity=6))
print(make_element('p','<spam>'))
```

①在 Python 程序中，要想实现一个可接收任意数量的参数的函数，可以使用以星号"*"开头的参数。其中用星号标识的参数 rest 是一个元组，加了星号"*"的变量名会存放所有未命名的变量参数。

②在本行计算代码中，在计算过程中会将可变参数 rest 作为一个序列来处理。

③定义函数 make_element()，使用双星号"**"设置可以接收任意数量的关键字参数 attrs。

④将参数 attrs 设置为一个字典，它包含了所有传递过来的关键字参数(如果有的话)。生成标签属性列表的 keyvals 这个 dictionary 类型变量。使用函数 items()以列表的形式返回可遍历的(键，值) 元组数组。%s 表示格式化一个对象为字符，在本行代码中设置两个%s 对应一个 item。

⑤～⑥设置生成 HTML 标签的格式。

本实例执行后的效果如图 7-7 所示。

1.5
2.5
<商品 size="大号" quantity="6">小鹰登山包</商品>
<p><spam></p>

图 7-7　执行效果

7.2.6　按值传递参数和按引用传递参数

在 Python 程序中，函数参数传递机制问题在本质上是调用函数(过程)和被调用函数(过程)在调用发生时进行通信的方法问题。基本的参数传递机制有两种，分别是按值传递和按引用传递，具体说明如下所示。

(1) 在值传递(Pass-By-Value)过程中，被调函数的形式参数作为被调函数的局部变量来处理，即在堆栈中开辟了内存空间以存放由主调函数放进来的实参的值，从而成为实参的一个副本。值传递的特点是被调函数对形式参数的任何操作都是作为局部变量进行，不会影响主调函数的实参变量的值。

(2) 在引用传递(Pass-By-Reference)过程中，被调函数的形式参数虽然也作为局部变量在堆栈中开辟了内存空间，但是这时存放的是由主调函数放进来的实参变量的地址。被调函数对形参的任何操作都被处理成间接寻址，即通过堆栈中存放的地址访问主调函数中的实参变量。正因如此，被调函数对形参做的任何操作都影响了主调函数中的实参变量。例如在下面的实例代码中，传入函数的对象，和在末尾添加新内容的对象用的是同一个引用。

实例 7-8：使用同一个引用
源文件路径：daima\7\7-8

实例文件 yin.py 的具体实现代码如下所示。

```python
def changeme( mylist ):          #定义函数 changeme()
    "修改传入的列表"
    mylist.append([1,2,3,4]);    #向参数 mylist 中添加一个列表
    print ("函数内取值: ", mylist)
    return
mylist = [10,20,30];             #设置 mylist 的值是一个列表
changeme( mylist );              #调用 changeme 函数，函数内取值
print ("函数外取值: ", mylist)   #函数外取值
```

执行效果如图 7-8 所示。

```
========
函数内取值:  [10, 20, 30, [1, 2, 3, 4]]
函数外取值:  [10, 20, 30, [1, 2, 3, 4]]
>>>
```

图 7-8　执行效果

7.3　函数的返回值

函数并不是总是直接显示输出，有时也可以处理一些数据，并返回一个或一组值。函数返回的值被称为返回值。在 Python 程序中，函数可以使用 return 语句将值返回到调用函数的代码行。通过使用返回值，可以让开发者将程序的大部分工作移到函数中去完成，从而简化主程序的代码量。

↑扫码看视频

7.3.1　返回一个简单值

在 Python 程序中，对函数返回值的最简单用法就是返回一个简单值，例如返回一个文本单词。例如在下面的实例代码中，演示了返回一个简单值的过程。

 实例 7-9：返回名称的简单格式
源文件路径：daima\7\7-9

实例文件 jian.py 的具体实现代码如下所示。

```python
def get_name(first_name, last_name):
    """返回一个简单的值："""
    full_name = first_name + ' ' + last_name
    return full_name.title()
jiandan = get_name('清华', '软件')    #调用函数 get_name()
print(jiandan)                        #打印显示两个参数的内容
```

在上述代码中，在定义函数 get_name()时通过形参接收 first_name 和 last_name，然后将两者合二为一，在它们之间加上一个空格，并将结果存储在变量 full_name 中。接着，将 full_name 的值转换为首字母大写格式(当然我们这里用的是中文，读者可以尝试换成两个小写英文字符串试试)，并将结果返回到函数调用行。在调用返回值的函数时，需要提供一个变量，用于存储返回的值。在这里，将返回值存储在了变量 jiandan 中。执行效果如图 7-9 所示。

```
\8-9\jian.py ===
清华 软件
>>>
```

图 7-9　执行效果

7.3.2　可选实参

有时需要让实参变成一个可选参数，这样函数的使用者只需在必要时提供额外的信息。在 Python 程序中，可以使用默认值来让实参变成可选的。例如在下面的实例中，假设还需要扩展函数 get_name()的功能，使其具备处理中间名的功能，则可以使用如下所示的实例代码实现。

实例 7-10：让实参变成一个可选参数
源文件路径：daima\7\7-10

实例文件 ke.py 的具体实现代码如下所示。

```
#定义函数 get_name()，其中 middle_name 是可选实参
def get_name(first_name, last_name,middle_name=''):
    """返回一个简单的值："""
    full_name = first_name + ' ' + middle_name + ' ' + last_name
    return full_name.title()
jiandan = get_name('中国', '清华', '大学')
print(jiandan)
```

```
\8-10\ke.py ===
中国 大学 清华
>>> |
```

在上述代码中，通过三个参数(first_name, last_name,middle_name)
构建了一个字符串。执行效果如图 7-10 所示。

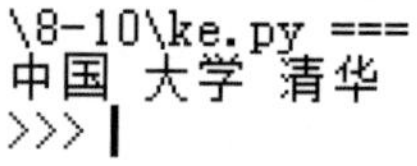

图 7-10 执行效果

知识精讲

在现实应用中，并非所有的对象都有中间名，但是如果调用这个函数时只提供了 first_name 和 last_name，那么它将不能正确地运行。为了让 middle_name 变成可选的，可以给实参 middle_name 指定一个默认值：空字符串，并在用户没有提供中间名时不使用这个实参。为让函数 get_name()在没有提供中间名时依然可执行，可以给实参 middle_name 指定一个默认值：空字符串，并将其移到形参列表的末尾。

7.3.3 返回一个字典

在 Python 程序中，函数可返回任意类型的值，包括列表和字典等较复杂的数据结构。例如在下面的实例代码中，函数的返回值是一个字典。

实例 7-11：返回一个字典
源文件路径：daima\7\7-11

实例文件 zi.py 的具体实现代码如下所示。

```
def person(first_name, last_name, age=''):     #定义函数 person()
#将参数封装在字典 person 中
    person = {'first': first_name, 'last': last_name}
    if age:
        person['age'] = age                #设置字典 person 中的 age 就是参数 age 的值
    return person
musician = person('浪潮', '软件', age=33)      #调用函数 person()
print(musician)
```

在上述代码中，函数 person()接收两个参数(first 和 last)，并将这些值封装到字典中。在存储 first_name 的值时，使用的键为 first；而在存储 last_name 的值时，使用的键为 last。最后，返回表示人的整个字典。在最后一行代码打印这个返回的值，此时原来的两项文本信息存储在一个字典中。执行效果如图 7-11 所示。

```
=========
{'first': '浪潮', 'last': '软件', 'age': 33}
>>> |
```

图 7-11　执行效果

7.4　变量的作用域

在 Python 程序中，变量的作用域是指变量的作用范围，是指这个变量在什么范围内起作用。在本节的内容中，将详细讲解 Python 变量的作用域的基本知识和具体用法。

↑扫码看视频

在 Python 程序中有如下三种作用域。

➢ 局部作用域：定义在函数内部的变量拥有一个局部作用域，表示只能在其被声明的函数内部访问。

➢ 全局作用域：定义在函数外的变量拥有全局作用域，表示可以在整个程序范围内访问。在调用一个函数时，所有在函数内声明的变量名称都将被加入到作用域中。

➢ 内置作用域：Python 预先定义的。

每当执行一个 Python 函数时，都会创建一个新的命名空间，这个新的命名空间就是局部作用域。如果同一个函数在不同的时间运行，那么其作用域是独立的。不同的函数也可以具有相同的参数名，其作用域也是独立的。在函数内已经声明的变量名，在函数以外依然可以使用。并且在程序运行的过程中，其值并不相互影响。例如在下面的实例代码中，演示了在函数内外都有同一个名称的变量而互不影响的过程。

 实例 7-12：使用相互不影响的同名变量
源文件路径：daima\7\7-12

实例文件 bu.py 的具体实现代码如下所示。

```python
def myfun():                    #定义函数 myfun()
    a = 0                       #声明变量 a，初始值为 0
    a += 3                      #变量 a 的值加 3
    print('函数内 a:',a)
a = 'external'                  #函数外赋值 a
print('全局作用域 a:',a)         #打印显示函数外赋值
myfun()                         #函数内赋值
print('全局作用域 a:',a)         #再次打印显示函数外赋值
```

在上述代码中，在函数中声明了变量 a，其值为整数类型。在函数外声明了同名变量 a，其值为字符串。在调用函数前后，函数外声明的变量 a 的值不变。在函数内可以对 a 的值进行任意操作，它们互不影响。执行效果如图 7-12 所示。

```
=========
全局作用域 a: external
函数内 a: 3
全局作用域 a: external
>>> |
```

图 7-12　执行效果

在上述实例代码中，因为两个变量 a 处于不同的作用域中，所以相互之间不影响，但是如果将全局作用域中的变量作为函数的参数引用，则就变成了另外的情形，但这两者不属于同一问题范畴。另外，还有一种方法使函数引用全局变量并进行操作，如果要在函数中使用函数外的变量，可以在变量名前使用关键字 global。例如在下面的实例代码中，演示了使用关键字 global 在函数内部使用全局变量的过程。

 实例 7-13：使用关键字 global 在函数内部使用全局变量
源文件路径：daima\7\7-13

实例文件 go.py 的具体实现代码如下所示。

```python
def myfun():            #定义函数 myfun()
    global a           #使用关键字 global
    a = 0              #全局变量 a，初始值为 0
    a += 3             #全局变量 a 的值加 3
    print('函数内 a:',a)
a = 'external'         #函数外赋值 a
print('全局作用域 a:',a)   #打印显示变量 a 的值，函数外赋值
myfun()                #函数内赋值
print('全局作用域 a:',a)
#打印显示变量 a 的值，此时由字符串 external 变为整数 3
```

```
========
全局作用域 a: external
函数内 a: 3
全局作用域 a: 3
>>> |
```

图 7-13　执行效果

在上述代码中，通过代码"global a"使在函数内使用的变量 a 变为全局变量。在函数中改变了全局作用域变量 a 的值，即由字符串 external 变为整数 3。执行后的效果如图 7-13 所示。

7.5　使用函数传递列表

在 Python 程序中，有时需要使用函数传递列表，在这类列表中可能包含名字、数字或更复杂的对象(例如字典)。将列表传递给函数后，函数就可以直接访问其内容。在现实应用中，可以使用函数来提高处理列表的效率。

↑扫码看视频

7.5.1　访问列表中的元素

例如在下面的实例中，假设有一个"我的好友"列表，要想访问列表中的每位用户。将一个名字列表传递给一个名为 users() 的函数，通过这个函数问候列表中的每个好友。

 实例 7-14：问候列表中的每个好友
源文件路径：daima\7\7-14

实例文件 users.py 的具体实现代码如下所示。

```
def users(names):                    #定义函数 users()
    """向我的每一位好友打一个招呼："""
    for name in names:               #遍历参数 names 中的每一个值
        msg = "Hello, " + name.title() + "!"    #设置问候语 msg 的值
        print(msg)                   #打印显示问候语 msg
usernames = ['雨夜', '好人', '落雪飞花']   #设置参数列表值
users(usernames)                     #调用函数 users()
```

在上述实例代码中，将函数 users()定义成接收一个名字列表的函数，并将其存储在形参 names 中。这个函数遍历传递过来的列表，并对其中的每位用户都发送一条问候语。在第 6 行代码中定义了一个用户列表 usernames，然后调用函数 users()，并将这个列表传递给它。执行后的效果如图 7-14 所示。

```
========
Hello, 雨夜!
Hello, 好人!
Hello, 落雪飞花!
>>>
```

图 7-14　执行效果

7.5.2　在函数中修改列表

在 Python 程序中，当将列表信息传递给函数后，函数就可以对其进行修改。通过在函数中对列表进行修改的方式，可以高效地处理大量的数据。例如在下面的实例中，假设某个用户需要拷贝自己的普通好友列表，并移到另一组名为"亲人"的 QQ 分组列表中。

 实例 7-15：拷贝好友到"亲人"分组
源文件路径：daima\7\7-15

实例文件 copy.py 的具体实现代码如下所示。

```
def copy(friend, relatives):         #定义函数 copy，复制将被拷贝的好友
    """
    这是复制列表
    """
    while friend:
        current_design = friend.pop()
        # 从 copy 列表中复制
        print("拷贝好友: " + current_design)
        relatives.append(current_design)
def qinren(relatives):
    """下面显示所有被拷贝的元素"""
    print("\n下面的好友已经被拷贝到"亲人"分组中! ")
    for completed_model in relatives:    #遍历 relatives 中的值
        print(completed_model)
friend = ['雨夜 ', '好人', '落雪飞花']#设置好友列表的值
relatives = []                       #设置 relatives 的初始值为空
copy(friend, relatives)              #拷贝 friend 中的值到 relatives 中
qinren(relatives)                    #调用函数 qinren()显示"亲人"列表
```

在上述实例代码中，第一个函数复制将被拷贝的好友，而第二个函数负责打印输出拷贝到"亲人"群组中的好友信息。函数 copy()包含两个形参：一个是需要拷贝的好友列表，一个是拷贝完成后的"亲人"列表。给定这两个列表，这个函数模拟打印每个拷贝的过程，

将要拷贝的好友逐个从未拷贝的列表中取出，并加入到"亲人"列表中。执行后的效果如图 7-15 所示。

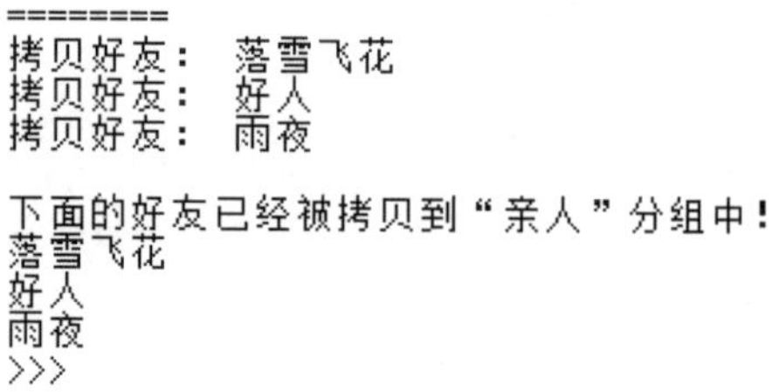

```
========
拷贝好友： 落雪飞花
拷贝好友： 好人
拷贝好友： 雨夜

下面的好友已经被拷贝到"亲人"分组中！
落雪飞花
好人
雨夜
>>>
```

图 7-15　执行效果

7.6　实践案例与上机指导

通过本章的学习，读者基本可以掌握 Python 语言中函数的基础知识。其实 Python 语言函数的基础知识还有很多，这需要读者通过课外渠道来加深学习。下面通过练习操作，以达到巩固学习、拓展提高的目的。

↑扫码看视频

7.6.1　使用匿名函数

在 Python 程序中，可以使用 lambda 来创建匿名函数。所谓匿名，是指不再使用 def 语句这样标准的形式定义一个函数。也可以将匿名函数赋给一个变量供调用，它是 Python 中一类比较特殊的声明函数的方式。lambda 来源于 LISP 语言，其语法格式如下所示。

```
lambda params:expr
```

其中参数 params 相当于声明函数时的参数列表中用逗号分隔的参数；参数 expr 是函数要返回值的表达式，而表达式中不能包含其他语句，也可以返回元组(要用括号)，并且还允许在表达式中调用其他函数。在下面的实例中，演示了使用 lambda 创建匿名函数的过程。

 实例 7-16： 使用 lambda 创建匿名函数
源文件路径： daima\7\7-16

实例文件 ni.py 的具体实现代码如下所示。

```python
sum = lambda arg1, arg2: arg1 + arg2;
#调用 sum 函数
print ("相加后的值为 : ", sum( 10, 20 ))
print ("相加后的值为 : ", sum( 20, 20 ))
```

执行后的效果如图 7-16 所示。

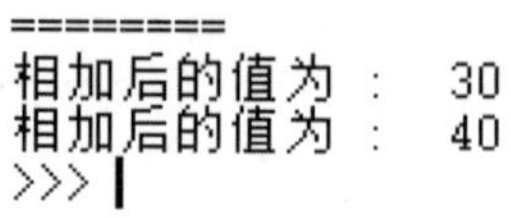

```
========
相加后的值为 : 30
相加后的值为 : 40
>>>
```

图 7-16　执行效果

7.6.2 导入整个模块文件

在 Python 程序中，导入模块的方法有多种，下面将首先讲解导入整个模块的方法。要想让函数变为是可导入的，需要先创建一个模块。模块是扩展名为".py"格式的文件，在里面包含了要导入到程序中的代码。例如在下面的实例中，创建了一个被包含导入函数 make()的模块，将这个函数单独放在了一个程序文件 pizza.py 中，然后在另外一个独立文件 making.py 中调用文件 pizza.py 中的函数 make()，在调用时使用了整个 pizza.py 文件。

 实例 7-17：导入整个模块文件
源文件路径： daima\7\7-17

实例文件 pizza.py 的功能是编写函数 make()，实现制作披萨的功能，具体实现代码如下所示。

```
def make(size, *toppings):          #定义函数 make()
    print("\n 制作一个" + str(size) +
        "寸的披萨需要的配料：")      #打印显示披萨的尺寸
    for topping in toppings:         #遍历配料参数 toppings 中的值
        print("- " + topping)        #打印显示遍历到的配值
```

实例文件 making.py 的功能是，使用 import 语句调用外部模块文件 pizza.py，然后使用文件 pizza.py 中的函数 make()实现制作披萨的功能，具体实现代码如下所示。

```
import pizza                          #导入模块，让 Python 打开文件 pizza.py
pizza.make(16, '黄油', '虾', '芝士')   #调用函数 make()，制作第 1 个披萨
pizza.make(12, '黄油')                #调用函数 make()，制作第 2 个披萨
```

在上述代码中，当 Python 读取这个文件时，通过第 1 行代码 import pizza 让 Python 打开文件 pizza.py，并将其中的所有函数都复制到这个程序中。我们开发者看不到复制的代码，只是在程序运行时，Python 在幕后复制这些代码。这样在文件 making.py 中，可以使用文件 pizza.py 中定义的所有函数。在第 2 行和第 3 行代码中，使用了被导入模块中的函数，在使用时指定了导入模块的名称 pizza 和函数名 make，并用点"."分隔它们。执行后的效果如图 7-17 所示。

```
制作一个16寸的披萨需要的配料：
- 黄油
- 虾
- 芝士

制作一个12寸的披萨需要的配料：
- 黄油
>>>
```

图 7-17 执行效果

 智慧锦囊

上述实例很好地展示了导入整个模块文件的过程，整个过程只需要编写一条 import 语句并在其中指定模块名，就可以在程序中使用该模块中的所有函数。在 Python 程序中，如果使用这种 import 语句导入了名为 module_name.py 的整个模块，就可以使用下面的语法调用其中的任何一个函数。

```
module_name.function_name()
```

7.7 思考与练习

本章详细讲解了 Python 函数的知识，循序渐进地讲解了函数基础、函数的参数、函数的返回值、变量的作用域和使用函数传递列表等内容。在讲解过程中，通过具体实例介绍了使用 Python 函数的方法。通过本章的学习，读者应该熟悉使用 Python 函数的知识，掌握它们的使用方法和技巧。

一、选择题

(1) 在 Python 程序中，使用关键字(　　　)定义一个函数。
　　A. function　　　　　　　B. def　　　　　　　　　　C. var
(2) 在定义函数时，下面是必须项的是(　　　)。
　　A. 函数名　　　　　　　　B. 参数列表　　　　　　　　C. 返回值

二、判断对错

(1) 在 Python 程序中，可以使用默认值来让实参变成可选的。　　　　　　　　(　　)
(2) 每当执行一个 Python 函数时，都会创建一个新的命名空间，这个新的命名空间就是全局作用域。　　　　　　　　　　　　　　　　　　　　　　　　　　　　　　　(　　)

三、上机练习

(1) 编写一个程序，定义一个比较字符串大小的函数。
(2) 编写一个程序，分别传入一个字符串类型的变量(代表值传递)和列表类型的变量(代表引用传递)。

第 8 章

类 和 对 象

本章主要内容

因为 Python 是一门面向对象的编程语言，所以了解面向对象编程的知识变得十分重要。在使用 Python 语言编写程序时，首先应该使用面向对象的思想来分析问题，抽象出项目的共同特点。在面向对象编程技术中，类和对象是两个十分重要的组成，是面向对象开发的核心。在本章的内容中，将向读者详细介绍类和对象的知识，为读者步入本书后面的学习打下坚实的基础。

8.1　定义并使用类

　　　　在面向对象编程语言中,具有相同属性或能力的模型是使用类进行定义和表示的。在程序中,需要编写出能够表示现实世界中的事物和情景的类,并基于这些类来创建对象。在本节的内容中,将详细讲解定义并使用类来模拟现实世界的知识。

↑扫码看视频

8.1.1　定义一个类

　　在 Python 程序中,把具有相同属性和方法的对象归为一个类,例如可以将人类、动物和植物看作是不同的"类"。在使用类之前必须先创建这个类,在 Python 程序,定义类的语法格式如下所示。

```
class ClassName:
    语句
```

➤　class: 是定义类的关键字。

➤　ClassName: 类的名称,Python 语言规定,类的首字母大写。

8.1.2　定义并使用类

　　在 Python 程序中,类只有被实例化后才能够被使用。跟函数调用类似,只要使用类名加小括号的形式就可以实例化一个类。类实例化以后,会生成该类的一个实例,一个类可以实例化成多个实例,实例与实例之间并不会相互影响,类实例化以后就可以直接使用了。例如在下面的实例代码中,演示了定义并使用类的基本过程。

 实例 8-1: 定义并使用类
源文件路径: daima\8\8-1

实例文件 lei.py 的具体实现代码如下所示。

```
class MyClass:                    #定义类 MyClass
    "这是一个类."
myclass = MyClass()              #实例化类 MyClass
print('输出类的说明: ')          #显示文本信息
print(myclass.__doc__)           #显示属性值
print('显示类帮助信息: ')
help(myclass)
```

在上述代码中，首先定义了一个自定义类 MyClass，在类体中只有一行类的说明信息"这是一个类."，然后实例化该类，并调用类的属性来显示属性"__doc__"的值，Python 语言中的每个对象都会有一个"__doc__"属性，该属性用于描述该对象的作用。在最后一行代码中用到了 Python 的内置函数 help()，功能是显示帮助信息。执行后效果如图 8-1 所示。

```
>>>
输出类的说明:
这是一个类.
显示类帮助信息:
Help on MyClass in module __main__ object:

class MyClass(builtins.object)
 |  这是一个类.
 |
 |  Data descriptors defined here:
 |
 |  __dict__
 |      dictionary for instance variables (if defined)
 |
 |  __weakref__
 |      list of weak references to the object (if defined)

>>> |
```

图 8-1　执行效果

8.2　对　　象

在 Python 程序中，类实例化后就生成了一个对象。对象支持两种操作，分别是属性引用和实例化。属性引用的使用方法和 Python 中所有的属性引用的方法一样，都是使用 obj.name 格式。

↑扫码看视频

在创建对象后，类命名空间中所有的命名都是有效属性名。例如在下面的实例代码中，演示了使用对象的基本过程。

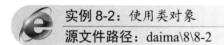　**实例 8-2**：使用类对象

源文件路径：daima\8\8-2

实例文件 dui.py 的具体实现代码如下所示。

```python
class MyClass:                      #定义类MyClass
    """一个简单的类实例"""
    i = 12345                      #设置变量i的初始值
    def f(self):                   #定义类方法f()
        return 'hello world'       #打印显示文本
x = MyClass()                      #实例化类
#下面两行代码分别访问类的属性和方法
print("类MyClass中的属性i为: ", x.i)
print("类MyClass中的方法f输出为: ", x.f())
```

在上述代码中，创建了一个新的类实例并将该对象赋给局部变量 x，x 为空的对象。执行后的效果如图 8-2 所示。

```
>>>
类MyClass中的属性i为： 12345
类MyClass中的方法f输出为： hello world
>>>
```

图 8-2　执行效果

8.3　方　　法

在 Python 程序中，只有一个说明信息的类是没有任何意义的。要想用类来解决实际问题，还需要定义一个具有一些属性和方法的类，因为这才符合真实世界中的事物特征。

↑扫码看视频

8.3.1　定义并使用类方法

在 Python 程序中，可以使用关键字 def 在类的内部定义一个方法。在定义类的方法后，可以让类具有一定的功能。在类外部调用该类的方法时，就可以完成相应的功能，或改变类的状态，或达到其他目的。定义类方法的方式与其他一般函数的定义方式相似，但是有如下 3 点区别：

➢　方法的第一个参数必须是 self，而且不能省略。

➢　方法的调用需要实例化类，并以"实例名.方法名(参数列表)"的形式进行调用。

➢　必须整体进行一个单位的缩进，表示这个方法属于类体中的内容。

例如在下面的实例代码中，演示了定义并使用类方法的过程。

 实例 8-3：定义并使用类方法
源文件路径：daima\8\8-3

实例文件 fang.py 的具体实现代码如下所示。

```
class SmplClass:              #定义类 SmplClass
    def info(self):          #定义类方法 info()
        print('我定义的类！')   #打印显示文本
    def mycacl(self,x,y):    #定义类方法 mycacl()
        return x + y          #返回参数 x 和 y 的和
sc = SmplClass()             #实例化类 SmplClass
print('调用 info 方法的结果：')
sc.info()                    #调用实例对象 sc 中的方法 info()
print('调用 mycacl 方法的结果：')
```

```
print(sc.mycacl(3,4))#调用实例对象 sc 中的方法 mycacl()
```

在上述实例代码中，首先定义了一个具有两个方法 info()和 mycacl()的类，然后实例化该类，并调用这两个方法。其中第一个方法调用的功能是直接输出信息，第二个方法调用的功能是计算了参数 3 和 4 的和。执行后的效果如图 8-3 所示。

```
>>>
调用info方法的结果：
我定义的类！
调用mycacl方法的结果：
7
>>>
```

图 8-3　执行效果

智慧锦囊

在定义方法时，也可以像定义函数一样声明各种形式的参数。在调用方法时，不用提供 self 参数。

8.3.2　构造方法

在 Python 程序中，在定义类时可以定义一个特殊的构造方法，即__init__()方法，注意 init 前后分别是两个下划线"_"。构造方法用于类实例化时初始化相关数据，如果在这个方法中有相关参数，则实例化时就必须提供。

在 Python 语言中，很多类都倾向于将对象创建为有初始状态的形式，所以会在很多类中看到定义一个名为__init__() 的构造方法，例如下面的演示代码：

```
def __init__(self):
    self.data = []
```

在 Python 程序中，如果在类中定义了 __init__()方法，那么类的实例化操作会自动调用__init__()方法。所以接下来可以这样创建一个新的实例：

```
x = MyClass()
```

当然，构造方法__init__()可以有参数，参数通过构造方法__init__()传递到类的实例化操作上。例如在下面的实例代码中，参数通过__init__()传递到类的实例化操作中。

　实例 8-4：使用构造方法
源文件路径：daima\8\8-4

实例文件 gouzao.py 的具体实现代码如下所示。

```
class Complex:                              #定义类 Complex
    def __init__(self, realpart, imagpart):    #定义构造方法
        self.r = realpart                   #初始化构造方法参数
        self.i = imagpart                   #初始化构造方法参数
x = Complex(3.0, -4.5)                      #实例化类
print(x.r, x.i)                             #显示两个方法参数
```

```
>>>
3.0 -4.5
>>>
```

执行后的效果如图 8-4 所示。

图 8-4　执行效果

上面一个简单的实例，肯定有的读者还是不明白构造方法的功能。假设有这么一个场景，我的宠物狗非常可爱，具有汪汪叫和伸舌头两个技能。在下面实例中，定义了狗类 Dog，然后根据类 Dog 创建的每个实例都将存储名字和年龄，并赋予了小狗的汪汪叫 wang 和伸舌头 shen 技能。

实例 8-5：创建构造方法
源文件路径：daima\8\8-5

实例文件 dog.py 的具体实现代码如下所示。

```python
class Dog():
    """小狗狗"""
    def __init__(self, name, age):
        """初始化属性 name 和 age."""
        self.name = name
        self.age = age
    def wang(self):
        """模拟狗狗汪汪叫."""
        print(self.name.title() + " 旺旺")
    def shen(self):
        """模拟狗狗伸舌头."""
        print(self.name.title() + "伸舌头")
```

在上述代码中，在第 1 行中定义了一个名为 Dog 的类，这个类定义中的括号是空的。然后在第 2 行编写了一个文档字符串，对这个类的功能进行了描述。在第 3 行代码中使用我们将要讲解的重点构造方法__init__()，每当根据类 Dog 创建新的实例时，Python 都会自动运行这个构造方法。在这个构造方法__init__()的名称中，开头和末尾各有两个下划线，这是一种约定，目的是避免跟程序中的普通方法发生命名冲突。

8.3.3　方法调用

方法调用就是调用创建的方法，在 Python 程序中，类中的方法既可以调用本类中的方法，也可以调用全局函数来实现相关功能。调用全局函数的方式和面向过程中的调用方式相同，而调用本类中的方法时应该使用如下所示的格式：

```
self.方法名(参数列表)
```

在 Python 程序中调用本类的方法时，提供的参数列表中不应该包含 self。例如在下面的实例中，演示了在类中调用类自身的方法和全局函数的过程。

 实例 8-6：调用类自身的方法和全局函数
源文件路径：daima\8\8-6

实例文件 quan.py 的具体实现代码如下所示。

```python
def diao(x,y):
    return (abs(x),abs(y))
class Ant:
    def __init__(self,x=0,y=0):
        self.x = x
        self.y = y
        self.d_point()
    def yi(self,x,y):
        x,y = diao(x,y)
        self.e_point(x,y)
```

```
        self.d_point()

    def e_point(self,x,y):
        self.x += x
        self.y += y
    def d_point(self):
        print("亲，当前的位置是：(%d,%d)" % (self.x,self.y))
ant_a = Ant()
ant_a.yi(2,7)
ant_a.yi(-5,6)
```

在上述实例代码中，首先定义了一个全局函数 diao()，接着定义了类 Ant，并在类中定义了一个构造方法，且在构造方法中调用了类中的其他方法 d_point()。然后在定义方法 yi() 的同时调用了全局函数 diao()和类中的两个方法 e_point()和 d_point()。在代码行 "ant_a = Ant()" 中，因为在初始化类 Ant 类时没有给出参数，所以运行后使用了默认值 "0，0"。因为在代码行 "ant_a.yi(2,7)" 中提供了参数 "2，7"，所以位置变为了(2，7)。在代码行 "ant_a.yi(-5,6)" 中提供了参数 "-5，6"，所以位置变为了(7，13)。执行后的效果如图 8-5 所示。

亲，当前的位置是：(0,0)
亲，当前的位置是：(2,7)
亲，当前的位置是：(7,13)
>>>

图 8-5　执行效果

8.3.4　在类中创建多个实例

在 Python 程序中，可以将类看作是创建实例的一个包含。只有在类中创建实例，这个类才变得有意义。例如在本章的实例 8-5 中，类 Dog 只是一系列说明而已，让 Python 知道如何创建表示特定"宠物狗"的实例，而并没有创建实例对象，所以运行后不会显示任何内容。要想使类 Dog 变得有意义，可以根据类 Dog 创建实例，然后就可以使用点 "." 符号表示法来调用类 Dog 中定义的任何方法。在 Python 程序中，可以按照需求根据类创建任意数量的实例。例如在下面的实例中，演示了在类中创建多个实例的过程。

 实例 8-7：在类中创建多个实例
源文件路径：daima\8\8-7

实例文件 duo.py 的具体实现代码如下所示。

```
class Dog():
    """小狗狗"""
    def __init__(self, name, age):
        """初始化属性 name 和 age."""
        self.name = name
        self.age = age
    def wang(self):
        """模拟狗狗汪汪叫."""
        print(self.name.title() + " 旺旺")
    def shen(self):
        """模拟狗狗伸舌头."""
```

```
        print(self.name.title() + "伸舌头")
my_dog = Dog('将军', 6)
your_dog = Dog('武士', 3)
print("我爱犬的名字是" + my_dog.name.title() + ".")
print("我的爱犬已经" + str(my_dog.age) + "岁了!")
my_dog.wang()
print("\n 你爱犬的名字是 " + your_dog.name.title() + ".")
print("你的爱犬已经" + str(your_dog.age) + "岁了!")
your_dog.wang()
```

```
>>>
我爱犬的名字是将军.
我的爱犬已经6岁了!
将军 旺旺

你爱犬的名字是 武士.
你的爱犬已经3岁了!
武士 旺旺
>>>
```

图 8-6 执行效果

在上述实例代码中，使用了本章实例 8-5 中定义的类 Dog，在第 13 行代码中创建了一个 name 为"将军"、age 为"6"的小狗狗，当运行这行代码时，Python 会使用实参"将军"和"6"调用类 Dog 中的方法__init__()。执行效果如图 8-6 所示。

8.3.5 使用私有方法

在 Python 程序中也有私有这一概念，与大多数的语言不同，一个 Python 函数、方法或属性是私有还是公有，完全取决于它的名字。如果一个 Python 函数、类方法或属性的名字以两个下划线"__"开始 (注意，不是结束)，那么这个函数、方法或属性就是私有的，其他所有的方式都是公有的。当在类的内部调用私有成员时，可以用点"."运算符实现，例如在类内的内部调用私有方法的语法格式如下所示。

slef.__方法名

在 Python 程序中，私有函数、方法或属性的特点如下所示。

➢ 私有函数不可以从它们的模块外面被调用。

➢ 私有类方法不能够从它们的类外面被调用。

➢ 私有属性不能够从它们的类外面被访问。

 智慧锦囊

在 Python 程序中不能调用私有方法，如果想试图调用一个私有方法，Python 将引发一个有些误导的异常，宣称那个方法不存在。当然它确实存在，但它是私有的，所以在类外是不可使用的。从严格意义说，私有方法在它们的类外是可以访问的，只是不容易处理而已。在 Python 程序中，没有什么是真正私有的。在一个类的内部，私有方法和属性的名字会被忽然改变和恢复，以至于使得它们看上去用它们给定的名字是无法使用的。

例如在下面的实例演示了使用私有方法的过程。

 实例 8-8：使用私有方法
源文件路径：daima\8\8-8

实例文件 si.py 的具体实现代码如下所示。

```
class Site:                           #定义类 Site
    def __init__(self, name, url):    #定义构造方法
        self.name = name              #公共属性
        self.__url = url              #私有属性
    def who(self):
        print('name : ', self.name)
        print('url : ', self.__url)
    def __foo(self):                  #定义私有方法
        print('这是私有方法')
    def foo(self):                    #定义公共方法
        print('这是公共方法')
        self.__foo()
x = Site('菜鸟教程', 'www.baidu.com')
x.who()                               #这行代码正常输出
x.foo()                               #这行代码正常输出
#x.__foo()                            #这行代码报错
```

```
9\9-8\si.py ====
name : 菜鸟教程
url : www.baidu.com
这是公共方法
这是私有方法
>>>
```

图 8-7　执行效果

在上述实例代码中定义了私有方法__foo()，在类中可以使用。在最后一行代码中，想尝试在外部调用私有方法__foo()，这在 Python 中是不允许的。执行后的效果如图 8-7 所示。

8.3.6　析构方法

在 Python 程序中，析构方法是__del__()，del 前后分别有两个下划线"__"。当使用内置方法 del()删除对象时，会调用它本身的析构函数。另外，当一个对象在某个作用域中调用完毕后，在跳出其作用域的同时析构函数也会被调用一次，这样可以使用析构方法__del__()释放内存空间。例如下面的实例演示了使用析构方法的过程。

 实例 8-9：使用析构方法
源文件路径：daima\8\8-9

实例文件 xigou.py 的具体实现代码如下所示。

```
class NewClass(object):               #定义类 NewClass
    num_count = 0 # 所有的实例都共享此变量，不能单独为每个实例分配
    def __init__(self,name):          #定义构造方法
        self.name = name              #实例属性
        NewClass.num_count += 1       #设置变量 num_count 值加 1
        print (name,NewClass.num_count)
    def __del__(self):                #定义析构方法__del__
        NewClass.num_count -= 1       #设置变量 num_count 值减 1
        print ("Del",self.name,NewClass.num_count)
    def test():                       #定义方法 test()
        print ("aa")
aa = NewClass("Hello")                #定义类 NewClass 的实例化对象 aa
bb = NewClass("World")                #定义类 NewClass 的实例化对象 bb
```

```
cc = NewClass("aaaa")          #定义类 NewClass 的实例化对象 cc
del aa                         #调用析构
del bb                         #调用析构
del cc                         #调用析构
print ("Over")
```

```
>>>
Hello 1
World 2
aaaa 3
Del Hello 2
Del World 1
Del aaaa 0
Over
>>>
```

图 8-8 执行效果

在上述实例代码中，num_count 是全局变量，这样每当创建一个实例时，构造方法__init__()就会被调用，num_count 的值递增 1。当程序结束后，所有的实例都会被析构，即调用方法__del__()，每调用一次，num_count 的值递减 1。执行后的效果如图 8-8 所示。

8.4 属　　性

在 Python 程序中，属性是对类进行建模必不可少的内容，上一节介绍的方法是用来操作数据的，而和操作相关的大部分内容都和下面将要讲解的属性有关。我们既可以在构造方法中定义属性，也可以在类的其他方法中使用定义的属性。

↑扫码看视频

8.4.1　认识属性

在本章前面的内容中，已经多次用到了属性，例如在实例 8-5 和实例 8-7 中，name 和 age 都是属性。实例 8-7 的实现代码如下所示。

```
class Dog():
    """小狗狗"""
    def __init__(self, name, age):
        """初始化属性 name 和 age."""
        self.name = name
        self.age = age
    def wang(self):
        """模拟狗狗汪汪叫."""
        print(self.name.title() + " 旺旺")
    def shen(self):
        """模拟狗狗伸舌头."""
        print(self.name.title() + "伸舌头")
my_dog = Dog('将军', 6)
your_dog = Dog('武士', 3)
print("我爱犬的名字是" + my_dog.name.title() + ".")
print("我的爱犬已经" + str(my_dog.age) + "岁了！")
my_dog.wang()
print("\n 你爱犬的名字是 " + your_dog.name.title() + ".")
print("你的爱犬已经" + str(your_dog.age) + "岁了！")
```

```
your_dog.wang()
```

在上述代码中，在构造方法__init__()中创建一个表示特定小狗的实例，并使用我们提供的值来设置属性 name 和 age。在第 15 和 16 行代码中，点运算符 "." 访问了实例属性，运算符表示法在 Python 中很常用，这种语法演示了 Python 如何获悉属性的值。在上述代码中，Python 先找到实例 my_dog，再查找与这个实例相关联的属性 name。在类 Dog 中引用这个属性时，使用的是 self.name。同样道理，可以使用同样的方法来获取属性 age 的值。在代码 "my_dog.name.title()" 中，将 my_dog 的属性 name 的值改为首字母大写，当然我们代码中用的是汉字 "将军"，读者可以将其设置为字母试一试。在代码行 "str(my_dog.age)" 中，将 my_dog 的属性 age 的值 "6" 转换为字符串。

8.4.2　定义并使用类属性和实例属性

在 Python 程序中，通常将属性分为类属性和实例属性两种，具体说明如下所示。

➢ 实例属性：是同一个类的不同实例，其值是不相关联的，也不会互相影响，定义时使用 "self.属性名" 的格式定义，调用时也使用这个格式调用。

➢ 类属性：是同一个类的所有实例所共有的，直接在类体中独立定义，引用时要使用 "类名.类变量名" 的格式，只要有某个实例对其进行修改，就会影响其他的所有这个类的实例。

例如在下面的实例代码中，演示了定义并使用类属性和实例属性的过程。

 实例 8-10： 定义并使用类属性和实例属性
源文件路径： daima\8\8-10

实例文件 shux.py 的具体实现代码如下所示。

```
class X_Property:                              #定义类 X_Property
    class_name = "X_Property"                  #设置类的属性
    def __init__(self,x=0):                    #构造方法
        self.x = x                             #设置实例属性

    def class_info(self):                      #定义方法 class_info()输出信息
        print('类变量值: ',X_Property.class_name) #输出类变量值
        print('实例变量值: ',self.x)            #输出实例变量值

    def chng(self,x):                          #定义方法 chng()修改实例属性
        self.x = x                             #引用实例属性

    def chng_cn(self,name):                    #定义方法 chng_cn()修改类属性
        X_Property.class_name = name           #引用类属性

aaa = X_Property()                             #定义类 X_Property 的实例化对象 aaa
bbb = X_Property()                             #定义类 X_Property 的实例化对象 bbb
print('初始化两个实例')
aaa.class_info()                               #调用方法 class_info()输出信息
bbb.class_info()                               #调用方法 class_info()输出信息
print('修改实例变量')
```

```
print('修改 aaa 实例变量')
aaa.chng(3)                                    #修改对象 aaa 的实例变量
aaa.class_info()                               #调用方法 class_info()输出信息
bbb.class_info()                               #调用方法 class_info()输出信息
print('修改 bbb 实例变量')
bbb.chng(10)                                   #修改 bbb 实例变量
aaa.class_info()                               #调用方法 class_info()输出信息
bbb.class_info()                               #调用方法 class_info()输出信息
print('修改类变量')
print('修改 aaa 类变量')
aaa.chng_cn('aaa')                             #修改 aaa 类变量
aaa.class_info()                               #调用方法 class_info()输出信息
bbb.class_info()                               #调用方法 class_info()输出信息

print('修改 bbb 实例变量')                      #修改 bbb 实例变量
bbb.chng_cn('bbb')
aaa.class_info()                               #调用方法 class_info()输出信息
bbb.class_info()                               #调用方法 class_info()输出信息
```

```
>>>
初始化两个实例
类变量值: X_Property
实例变量值: 0
类变量值: X_Property
实例变量值: 0
修改实例变量
修改 dpa 实例变量
类变量值: X_Property
实例变量值: 3
类变量值: X_Property
实例变量值: 0
修改 dpb 实例变量
类变量值: X_Property
实例变量值: 3
类变量值: X_Property
实例变量值: 10
修改类变量
修改 dpa 类变量
类变量值: dpa
实例变量值: 3
类变量值: dpa
实例变量值: 10
修改 dpb 实例变量
类变量值: dpb
实例变量值: 3
类变量值: dpb
实例变量值: 10
>>>
```

图 8-9 执行效果

在上述实例代码中，首先定义了类 X_Property，在类中有一个类属性 class_name 和一个实例属性 x，和两个分别修改实例属性和类属性的方法。然后分别实例化这个类，并调用这两个类实例来修改类属性和实例属性。对于实例属性来说，两个实例相互之间并不联系，可以各自独立地被修改为不同的值。而对于类属性来说，无论哪个实例修改了它，都会导致所有实例的类属性值发生变化。执行后的效果如图 8-9 所示。

8.4.3 设置属性的默认值

在 Python 程序中，类中的每个属性都必须有初始值，并且有时可以在方法 __init__()中指定某个属性的初始值是 0 或空字符串。如果设置了某个属性的初始值，就无须在属性中包含为其提供初始值的形参。假设有这么一个场景，年底将至，作者想换辆新车，初步中意车型是奔驰 E 级。例如在下面的实例中，定义了一个表示汽车的类，在类中包含了和汽车有关的属性信息。

 实例 8-11：设置属性的默认值为 0
源文件路径：daima\8\8-11

实例文件 benz.py 的具体实现代码如下所示。

```python
class Car():
    """奔驰，我的最爱！."""
    def __init__(self, manufacturer, model, year):
        """初始化操作，创建描述汽车的属性."""
        self.manufacturer = manufacturer
        self.model = model
        self.year = year
        self.odometer_reading = 0
    def get_descriptive_name(self):
```

```
            """返回描述信息"""
            long_name = str(self.year) + ' ' + self.manufacturer + ' ' + self.model
            return long_name.title()
        def read_odometer(self):
            """行驶里程."""
            print("这是一辆新车，目前仪表显示行驶里程是" + str(self.odometer_reading)
+ "公里！")
    my_new_car = Car('Benz', 'E300L', 2016)
    print(my_new_car.get_descriptive_name())
    my_new_car.read_odometer()
```

对上述实例代码的具体说明如下所示。

➢ 首先定义了方法__init__()，这个方法的第一个形参为 self，以及 3 个形参 manufacturer、model 和 year。运行后方法__init__()接收这些形参的值，并将它们存储在根据这个类创建的实例属性中。创建新的 Car 实例时，我们需要指定其品牌、型号和生产日期。

➢ 在第 8 行代码中添加了一个名 odometer_reading 的属性，并设置其初始值总是为 0。

➢ 在第 9 行代码定义了一个名为 get_descriptive_name()的方法，在里面使用属性 year、manufacturer 和 model 创建了一个对汽车进行描述的字符串，在程序中我们无须分别打印输出每个属性的值。为了在这个方法中访问属性的值，分别使用了 self.manufacturer、self.model 和 self.year 格式进行访问。

➢ 在第 13 行代码中定义了方法 read_odometer()，功能是获取当前奔驰汽车的行驶里程。

➢ 在倒数第 3 行代码中，为了使用类 Car，根据类 Car 创建了一个实例，并将其存储到变量 my_new_car 中。然后调用方法 get_descriptive_name()，打印输出我当前想购买的是哪一款汽车。

➢ 在最后 1 行代码中，打印输出当前奔驰汽车的行驶里程。因为设置的默认值是 0，所以会显示行驶里程为 0。

执行后的效果如图 8-10 所示。

```
>>>
2016 Benz E300L
这是一辆新车，目前仪表显示行驶里程是0公里！
>>>|
```

图 8-10　执行效果

8.5　实践案例与上机指导

通过本章的学习，读者基本可以掌握 Python 类和对象的基础知识。其实 Python 类和对象的知识还有很多，这需要读者通过课外渠道来加深学习。下面通过练习操作，以达到巩固学习、拓展提高的目的。

↑扫码看视频

8.5.1 使用继承

在 Python 程序中，类的继承是指新类从已有的类中取得已有的特性，诸如属性、变量和方法等。类的派生是指从已有的类产生新类的过程，这个已有的类称之为基类或者父类，而新类则称之为派生类或者子类。派生类(子类)不但可以继承使用基类中的数据成员和成员函数，而且也可以增加新的成员。在 Python 程序中，定义子类的语法格式如下所示。

```
class ClassName1(ClassName2):
    语句
```

在上述语法格式中，ClassName1 表示子类(派生类)名，ClassName2 表示基类(父类)名。如果在基类中有一个方法名，而在子类使用时未指定，Python 会从左到右进行搜索。也就是说，当方法在子类中未找到时，从左到右查找基类中是否包含该方法。另外，基类名 ClassName2 必须与子类在同一个作用域内定义。

例如在本章前面的实例中，我们用到了笔者购买汽车的场景模拟。其实市场中的汽车品牌有很多，例如宝马、奥迪、奔驰、丰田、比亚迪，等等。如果想编写一个展示某品牌汽车新款车型的程序，最合理的方法是先定义一个表示汽车的类，然后定义一个表示某个品牌汽车的子类。例如在下面的实例代码中，首先定义了汽车类 Car，能够表示所有品牌的汽车。然后定义了基于汽车类的子类 Bmw，用于表示宝马牌汽车。

 实例 8-12：定义并使用子类
源文件路径：daima\8\8-12

实例文件 car_bmw.py 的具体实现代码如下所示。

```python
class Car():
    """汽车之家！."""
    def __init__(self, manufacturer, model, year):
        """初始化操作，建立描述汽车的属性."""
        self.manufacturer = manufacturer
        self.model = model
        self.year = year
        self.odometer_reading = 0
    def get_descriptive_name(self):
        """返回描述信息"""
        long_name = str(self.year) + ' ' + self.manufacturer + ' ' + self.model
        return long_name.title()
    def read_odometer(self):
        """行驶里程."""
        print("这是一辆新车，目前仪表显示行驶里程是" + str(self.odometer_reading)
+ "公里！")
    class Bmw(Car):
        """这是一个子类 Bmw，基类是 Car."""
        def __init__(self, manufacturer, model, year):
            super().__init__(manufacturer, model, year)
```

```
my_tesla = Bmw('宝马', '535Li', '2017 款')
print(my_tesla.get_descriptive_name())
```

对上述实例代码的具体说明如下所示。

➢ 汽车类 Car 是基类(父类)，宝马类 Bmw 是派生类(子类)。

➢ 在创建子类 Bmw 时，父类必须包含在当前文件中，且位于子类前面。

➢ 加粗部分代码定义了子类 Bmw，在定义子类时，必须在括号内指定父类的名称。方法__init__()可以接收创建 Car 实例所需的信息。

➢ 加粗代码中的方法 super()是一个特殊函数，功能是将父类和子类关联起来。可以让 Python 调用 Bmw 的父类的方法__init__()，可以让 Bmw 的实例包含父类 Car 中的所有属性。父类也被称为超类(super class)，名称 super 因此而得名。

➢ 为了测试继承是否能够正确地发挥作用，在倒数第 2 行代码中创建了一辆宝马汽车实例，代码中提供的信息与创建普通汽车的完全相同。在创建类 Bmw 的一个实例时，将其存储在变量 my_tesla 中。这行代码调用在类 Bmw 中定义的方法__init__()，后者能够让 Python 调用父类 Car 中定义的方法__init__()。在代码中使用了 3 个实参 "宝马" "530Li" 和 "2017 款" 进行测试。

```
>>>
2017款 宝马 535Li
>>> |
```

图 8-11　执行效果

执行后的效果如图 8-11 所示。

知识精讲

除了方法__init__()外，在子类 Bmw 中没有其他特有的属性和方法，这样做的目的是验证子类汽车(Bmw)是否具备父类汽车(Car)的行为。

8.5.2　在子类中定义方法和属性

在 Python 程序中，子类除了可以继承使用父类中的属性和方法外，还可以单独定义自己的属性和方法。继续拿宝马子类进行举例，在宝马 5 系中，530Li 配备的是 6 缸 3.0T 发动机。例如在下面的实例中，我们可以定义一个专有的属性来存储这个发动机参数。

实例 8-13：在子类定义自己的方法和属性
源文件路径：daima\8\8-13

实例文件 bmw530li.py 的具体实现代码如下所示。

```
class Car():
    """汽车之家！."""
    def __init__(self, manufacturer, model, year):
        """初始化操作，建立描述汽车的属性."""
        self.manufacturer = manufacturer
        self.model = model
        self.year = year
        self.odometer_reading = 0
```

```
        def get_descriptive_name(self):
            """返回描述信息"""
            long_name = str(self.year) + ' ' + self.manufacturer + ' ' + self.model
            return long_name.title()
        def read_odometer(self):
            """行驶里程."""
            print("这是一辆新车, 目前仪表显示行驶里程是" + str(self.odometer_reading)
+ "公里! ")
    class Bmw(Car):
        """这是一个子类 Bmw, 基类是 Car."""
        def __init__(self, manufacturer, model, year):
            super().__init__(manufacturer, model, year)
            self.battery_size = "6缸3.0T"
        def motor(self):
            """输出发动机参数"""
            print("发动机是" + str(self.battery_size))
my_tesla = Bmw('宝马', '535Li', '2017 款')
print(my_tesla.get_descriptive_name())
my_tesla.motor()
```

对上述实例代码的具体说明如下所示。

➤ 和本章前面的实例 8-12 相比,只是多了加粗部分代码而已。

➤ 在第 1 行加粗代码中,在子类 Bmw 中定义了新的属性 self.battery_size,并设置属性值为 "6 缸 3.0T"。

➤ 在第 2～4 行加粗代码中,在子类 Bmw 中定义了新的方法 motor(),功能是打印输出发动机参数。

➤ 对于类 Bmw 来说,里面定义的属性 self.battery_size 和方法 motor()可以随便使用,并且还可以继续添加任意数量的属性和方法。但是如果一个属性或方法是任何汽车都具有的,而不是宝马汽车特有的,建议将其加入到类 Car 中,而不是类 Bmw 中。这样,在程序中使用类 Car 时就会获得相应的功能,而在类 Bmw 中只包含处理和宝马牌汽车有关的特有属性和方法。

```
>>>
2017款 宝马 535Li
发动机是6缸3.0T
>>> |
```

图 8-12 执行效果

执行后的效果如图 8-12 所示。

8.5.3 方法重写

方法重写也叫方法重载,在 Python 程序中,当子类在使用父类中的方法时,如果发现父类中的方法不符合子类的需求,可以对父类中的方法进行重写。在重写时需要先在子类中定义一个这样的方法,与要重写的父类中的方法同名,这样 Python 程序将不会再使用父类中的这个方法,而只使用在子类中定义的这个和父类中重名的方法(重写方法)。例如在下面的实例代码中,演示了实现方法重写的过程。

 实例 8-14: 实现方法重写

源文件路径: daima\8\8-14

实例文件 chong.py 的具体实现代码如下所示。

```
class Wai:                              #定义父类 Wai
    def __init__(self,x=0,y=0,color='black'):
        self.x = x
        self.y = y
        self.color =color

    def haijun(self,x,y):               #定义海军方法 haijun()
        self.x = x
        self.y = y
        print('鱼雷...')
        self.info()
    def info(self):
        print('定位目标：(%d,%d)' % (self.x,self.y))
    def gongji(self):        #父类中的方法 gongji()
        print("导弹发射！")
class FlyWai(Wai):                      #定义继承自类 Wai 的子类 FlyWai
    def gongji(self):        #子类中的方法 gongji()
        print("飞船拦截！")
    def fly(self,x,y):        #定义火箭军方法 fly()
        print('火箭军...')
        self.x = x
        self.y = y
        self.info()
flyWai = FlyWai(color='red')#定义子类 FlyWai 对象实例 flyWai
flyWai.haijun(100,200)      #调用海军方法 haijun()
flyWai.fly(12,15)           #调用火箭军方法 fly()
flyWai.gongji()    #调用攻击方法 gongji()，子类方法 gongji()和父类方法 gongji()同名
```

在上述实例代码中首先定义了父类 Wai，在里面定义了海军方法 haijun()，并且可以发射鱼雷。然后定义了继承自类 Wai 的子类 FlyWai，从父类 Wai 中继承了海军发射鱼雷的方法，然后又添加了火箭军方法 fly()。并在子类 FlyWai 中修改了方法 gongji()，将父类中的"导弹发射！"修改为"飞船拦截！"。子类中的方法 gongji()和父类中的方法 gongji()是同名的，所以上述在子类中使用方法 gongji()的过程就是一个方法重载的过程。执行后的效果如图 8-13 所示。

```
>>>
鱼雷...
定位目标：(100,200)
火箭军...
定位目标：(12,15)
飞船拦截！
>>>
```

图 8-13　执行效果

8.6　思考与练习

本章详细讲解了 Python 类和对象的知识，循序渐进地讲解了定义并使用类、对象、类方法、属性和继承等内容。在讲解过程中，通过具体实例介绍了使用 Python 类和对象的方法。通过本章的学习，读者应该熟悉使用 Python 类和对象的知识，掌握它们的使用方法和技巧。

一、选择题

(1)　在 Python 程序中，可以使用关键字(　　)在类的内部定义一个方法。

　　A. function　　　　　　　B. def　　　　　　　C. var

(2) 有多种调用实例方法的方式，下面不是其中调用方式的是(　　)。

A. 类对象调用　　　　B. 类名调用　　　　C. 列表调用　　　　D. 方法调用

二、判断对错

(1) 在 Python 程序中，类中的方法既可以调用本类中的方法，也可以调用全局函数来实现相关功能。　　　　　　　　　　　　　　　　　　　　　　　　　(　　)

(2) 在 Python 程序中，类只有被实例化后才能够被使用。　　　　　　　　(　　)

三、上机练习

(1) 编写一个程序，定义一个实例方法。

(2) 编写一个程序，在类中定义一个类方法。

第 9 章

模块、迭代器和生成器

- 📖 模块架构
- 📖 使用包
- 📖 导入类
- 📖 迭代器
- 📖 生成器

本章主要内容

在本章前面的内容中，已经讲解了 Python 语言面向对象编程技术基本知识，在本章的内容中，将进一步向读者介绍面向对象编程技术的核心知识，主要包括模块导入、包、迭代器和生成器等内容，为读者步入本书后面知识的学习打下坚实的基础。

9.1 模块架构

因为 Python 语言是一门面向对象的编程语言,所以也遵循了模块架构程序的编码原则。在本节的内容中,将详细讲解使用模块化方式架构 Python 程序的知识。

在编写 Python 程序时,如果编写的外部模块文件和调用文件处于同一个目录中,不需要特殊设置就能被 Python 找到并导入。

↑扫码看视频

9.1.1 最基本的模块调用

在下面的实例代码中,演示了在程序中调用外部模块文件的过程。

 实例 9-1:使用三种方式调用外部文件

源文件路径:daima\9\9-1

实例文件 mokuai.py 的具体实现代码如下所示。

```
import math                      #导入 math 模块
from math import sqrt            #从 math 模块中导入 sqrt()函数
import math as shuxue            #导入 math 模块,并将此模块新命名为 shuxue

print('调用math.sqrt:\t',math.sqrt(3)) #调用 math 模块中的 sqrt()函数
print('直接调用sqrt:\t',sqrt(4))        #直接调用 sqrt()函数
print('调用shuxue.sqrt:\t',shuxue.sqrt(5)) #等价于调用 math 模块中的 sqrt()函数
```

在上述代码中,分别使用 3 种不同的方式导入了 math 模块或其中的函数,然后分别用了 3 种不同的方式导入了对象。虽然被导入的都是同一个模块或模块中的内容(都是调用了系统内置库函数中的 math.sqrt()方法),但是相互之间并不冲突。执行后效果如图 9-1 所示。

```
>>>
调用math.sqrt:    1.7320508075688772
直接调用sqrt:     2.0
调用shuxue.sqrt:          2.23606797749979
>>>
```

图 9-1 执行效果

在 Python 程序中,不能随便导入编写好的外部模块,只有被 Python 找到的模块才能被导入。自己编写的外部模块文件和调用文件处于同一个目录中时,不需要特殊设置就能被 Python 找到并导入。但是如果两个文件不在同一个目录中呢?例如在下面的实例中分别编写了外部调用模块文件 module_test.py 和测试文件 but.py,但是这两个文件不是在同一个目录中。

实例 9-2：外部模块文件和测试文件不在同一个目录
源文件路径：daima\9\9-2

(1) 外部模块文件 module_test.py 的具体实现代码如下所示。

```
print('导入的测试模块的输出')          #打印输出文本信息
name = 'module_test'                  #设置变量 name 的值
def m_t_pr():                         #定义方法 m_t_pr()
    print('模块 module_test 中 m_t_pr()函数')
```

(2) 在测试文件 but.py 中，使用 import 语句调用了外部模板文件 module_test.py，文件 but.py 的具体实现代码如下所示。

```
import module_test                    #导入外部模块 module_test
module_test.m_t_pr()                  #调用外部模块 module_test 中的方法 m_t_pr()
print('使用外部模块"module_test"中的变量: ',module_test.name)
```

上述模块文件 module_test.py 和测试文件 but.py 被保存在同一个目录中，如图 9-2 所示。

but.py	2016/12/5 12:42	Python File	1 KB
module_test.py	2015/3/6 22:56	Python File	1 KB

图 9-2　在同一个目录中

执行后的效果如图 9-3 所示。

```
>>>
导入的测试模块的输出
模块 module_test 中 m_t_pr()函数
使用外部模块"module_test"中的变量: module_test
>>>
```

图 9-3　执行效果

如果在文件 but.py 所在的目录中新建一个名为 module 的目录，然后把文件 module_test.py 保存到 module 目录中。再次运行文件 but.py 后会引发 ModuleNotFoundError 错误，即提示找不到要导入的模块。执行效果如图 9-4 所示。

```
\but.py", line 1, in <module>
    import module_test
ModuleNotFoundError: No module named 'module_test'
>>>
```

图 9-4　执行效果

上述错误提示表示没有找到名为 module_test 的模块。在程序中 Python 导入一个模块时，解释器首先在当前目录中查找要导入的模。如果没有找到这个模块，Python 解释器会从 sys 模块的 path 变量指定的目录中查找这个要导入的模块。如果在以上所有目录中都没有找到这个要导入的模块，则会引发 ModuleNotFoundError 错误。

智慧锦囊

> 在大多数情况下，Python 解释器会在运行程序前将当前目录添加到 sys.path 路径的列表中，所以在导入模块时首先查找的路径是当前目录下的模块。在 Windows 系统中,其他默认模块的查找路径是 Python 的安装目录及子目录,例如 lib、lib\site-packages、dlls 等。在 Linux 系统中，默认模块查找路径为/usr/lib、/usr/lib64 及其它们的子目录。

9.1.2 目录__pycache__

在实例 9-2 中，如果外部模块文件 module_test.py 和测试文件 but.py 在同一个目录中，运行成功后会在本目录中生成一个名为__pycache__的文件夹目录，在这个目录下还有一个名为 module_test.cpython-38.pyc 的文件。如图 9-5 所示。

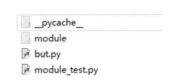

图 9-5　生成的__pycache__文件夹

文件 module_test.cpython-36.pyc 是一个可以直接运行的文件，这是 Python 将文件 module_test.py 编译成字节码后的文件，Python 可以将程序编译成字节码的形式。对于外部模块文件来说，Python 总是在第一次调用后将其编译成字节码的形式，以提高程序的启动速度。

Python 程序在导入外部模块文件时，会查找模块的字节码文件，如果存在则将编译后的模块的修改时间同模块的修改时间进行比较。如果两者的修改时间不同，Python 会重新编译这个模块，目的是确保两者的内容相符。

在 Python 程序开发过程中，如果不想将某个源文件发布，可以发布编译后的程序(例如上面的文件 module_test.cpython-36.pyc)，这样可以起到一定的保护源文件的作用。对于不作为模块来使用的 Python 程序来说，Python 不会在运行脚本后将其编译成字节码的形式。如果想将其编译，可以使用 compile 模块实现。例如在下面的实例代码中，将文件 mokuai.py 进行了编译操作。

 实例 9-3：外编译指定的文件
　　　　　　源文件路径：daima\9\9-3

实例文件 bianyi.py 的具体实现代码如下所示。

```
import py_compile                          #调用系统内置模块 py_compile
py_compile.compile('mokuai.py','mokuai.pyc');# 调用内置库函数 compile()
```

在上述代码中，首先使用 import 语句调用系统内置模块 py_compile，然后调用里面的内置库函数 compile()，将同目录下的文件 mokuai.py 编译成文件 mokuai.pyc。执行后将会在同目录下生成一个名为 mokuai.pyc 的文件，如图 9-6 所示。

bianyi.py	2016/12/5 15:45	Python File
mokuai.py	2016/12/5 12:10	Python File
mokuai.pyc	2016/12/5 15:45	Compiled Pytho...

图 9-6　执行效果

在 Python 3 语法规范中规定，如果在方法 py_compile.compile 中不指定第 2 个参数，则会在当前目录中新建一个名为 __pycache__ 的目录，并在这个目录中生成如下格式的 pyc 字节码文件。

```
被编译模块名.cpython-32.pyc
```

运行文件 mokuai.pyc，和单独运行文件 mokuai.py 的执行效果是相同的，编译后生成的文件 mokuai.pyc 并没有改变程序功能，只是以 Python 字节码的形式存在而已，起到一个保护源码不被泄露的作用。

9.2　包

当某个 Python 应用程序或项目具有很多功能模块时，如果把它们都放在同一个文件夹下，就会显得组织混乱。这时，可以使用 Python 语言提供的包来管理这多个功能模块。使用包的好处是避免名字冲突，便于包的维护管理。在本节的内容中，将详细讲解在 Python 程序中使用包的知识。

↑扫码看视频

9.2.1　表示包

在 Python 程序中，包其实就是一个文件夹或目录，但其中必须包含一个名为 __init__.py (init 的前后均有两条下划线)的文件。__init__.py 可以是一个空文件，表示这个目录是一个包。另外，还可以使用包的嵌套用法，即在某个包中继续创建子包。

在编程过程中，我们可以将包看作是处于同一目录中的模块。在 Python 程序中使用包时，需要先使用目录名，然后再使用模块名导入所需要的模块。如果需要导入子包，则必须按照包的顺序(目录顺序)使用点运算符 "." 进行分隔，并使用 import 语句进行导入。

在 Python 语言中，包是一种管理程序模块的形式，采用上面讲解的"点模块名(.模块名)"方式来表示。比如一个模块的名称是 "A.B"，则表示这是一个包 A 中的子模块 B。在使用一个包时，就像在使用模块时不用担心不同模块之间的全局变量相互影响一样。在使用"点模块名(.模块名)"这种形式时，无须担心不同库之间模块重名的问题。

9.2.2　创建并使用包

在 Python 程序中，最简单创建包的方法是放一个空的 __init__.py 文件。当然在这个文

件中也可以包含一些初始化代码或者为变量__all__赋值。

在使用包时，开发者可以每次只导入一个包里面的特定模块，比如：

```
import sound.effects.echo
```

这样会导入子模块 sound.effects.echo，此时必须使用全名进行访问。例如：

```
sound.effects.echo.echofilter(input, output, delay=0.7, atten=4)
```

除此之外，还有一种导入子模块的方法是：

```
from sound.effects import echo
```

上述方法同样会导入子模块 echo，并且不需要那些冗长的前缀，所以也可以这样使用：

```
echo.echofilter(input, output, delay=0.7, atten=4)
```

除此之外，还有一种方法就是直接导入一个函数或者变量。例如：

```
from sound.effects.echo import echofilter
```

同样道理，这种方法会导入子模块 echo，并且可以直接使用里面的 echofilter()函数。例如：

```
echofilter(input, output, delay=0.7, atten=4)
```

智慧锦囊

当使用 from package import item 这种形式的时候，对应的 item 既可以是包里面的子模块(子包)，也可以是包里面定义的其他名称，比如函数、类或变量。通过使用 import 语句，会首先把 item 当作一个包定义的名称。如果没找到，可以再按照一个模块进行导入。如果还是没有找到，就会抛出 exc:ImportError 异常。如果使用形如 import item.subitem.subsubitem 这种导入方式，除了最后一项外其他参数必须都是包，而最后一项可以是模块或者是包，但不可以是类、函数或变量的名字。

9.2.3 使用包输出指定的内容

在下面的实例代码中，演示了在 Python 程序中创建并使用包的具体过程。

实例 9-4：使用包输出指定的内容
源文件路径：daima\9\9-4

(1) 首先新建一个名为 pckage 的文件夹，然后在里面创建文件__init__.py，这样文件夹 pckage 便成为一个包。在文件__init__.py 中定义了方法 pck_test_fun()，具体实现代码如下所示。

```
name = 'pckage'              #定义变量 name 的初始值是文件夹 pckage
print('__init__.py 中输出:',name)
def pck_test_fun():          #定义方法 pck_test_fun()
    print('包 pckage 中的方法 pck_test_fun')
```

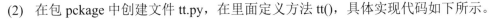

（2）　在包 pckage 中创建文件 tt.py，在里面定义方法 tt()，具体实现代码如下所示。

```
def tt():                    #定义方法 tt()
    print('hello packge')
```

（3）　在 pckage 文件夹同级目录中创建文件 bao.py，功能是调用包 pckage 中的方法输出对应的提示信息。具体实现代码如下所示。

```
import pckage                    #导入包 pckage
import pckage.tt                 #导入包 pckage 中的模块 tt
#打印显示变量 name 的值
print("输出包 pckage 中的变量 name:",pckage.name)
print('调用包 pckage 中的函数: ',end='')
pckage.pck_test_fun()            #调用包 pckage 中的方法 pck_test_fun()
pckage.tt.tt()                   #调用包 pckage 中的模块 tt 中的方法 tt()
```

在上述代码中，通过代码 import pckage 使得文件 __init__.py 中的代码被调用执行，并自动导入了其中的变量和函数。执行效果如图 9-7 所示。

```
>>>
 __init__.py中输出: pckage
输出包pckage中的变量name: pckage
调用包pckage中的函数: 包pckage中的方法pck_test_fun
hello packge
>>>
```

图 9-7　执行效果

9.3　导　入　类

在 Python 程序中，随着不断地给类添加新的功能，程序文件可能会变得越来越大。为了遵循 Python 语言的编程理念，应该让整个程序文件尽可能整洁。此时可以考虑将类保存在模块中，然后在主程序中导入所需要的模块。

↑扫码看视频

9.3.1　只导入一个类

在下面的实例文件 car.py 中，创建一个只包含类 Car 的模块，这样文件 car.py 变为了一个独立的模块。然后编写独立的测试文件 my.py，在里面导入模块文件 car.py 中的类 Car。

 实例 9-5：只导入一个类
源文件路径：daima\9\9-5

（1）　模块类文件 car.py 的具体实现代码如下所示。

```
class Car():                    #定义类 Car
```

```
def __init__(self, manufacturer, model, year):
    """属性初始化."""
    self.manufacturer = manufacturer    #初始化属性 manufacturer
    self.model = model                  #初始化属性 model
    self.year = year                    #初始化属性 year
    self.licheng_reading = 0            #初始化属性 licheng_reading

def get_car_name(self):                 #定义方法 get_car_name(),获取汽车名字
    #下面是汽车长名字
    long_name = str(self.year) + ' ' + self.manufacturer + ' ' + self.model
    return long_name.title()            #汽车标题

def read_licheng(self):                 #定义方法 read_licheng(),读取行驶里程
    print("当前已经行驶里程" + str(self.licheng_reading) + "公里!")

def update_licheng(self, mileage):      #定义方法 update_licheng(),修改行驶里程
    if mileage >= self.licheng_reading:
        self.licheng_reading = mileage
    else:
        print("这不是插电动力!")

def increment_licheng(self, miles):
    self.licheng_reading += miles
```

(2) 测试文件 my.py 的具体实现代码如下所示。

```
from car import Car                        #导入模块 car 中的类 Car
my_new_car = Car('Benz', 'E300l', 2017)    #创建类 Car 的对象实例
print(my_new_car.get_car_name())           #打印显示汽车的名字
my_new_car.licheng_reading = 15            #设置汽车行驶里程
my_new_car.read_licheng()                  #调用方法 read_licheng()显示行驶里程
```

在上述代码中,通过 import 语句让 Python 打开模块文件 car.py,并导入其中的类 Car。这样就可以在测试文件 my.py 中使用类 Car了,就像它是在这个文件中定义的一样。执行后的效果如图 9-8所示。

```
>>>
2017 Benz E300L
当前已经行驶里程15公里!
>>>
```

图 9-8 执行效果

9.3.2 导入多个类

在 Python 程序中,经常用到导入类的这种编程方式。有时为了项目的需要,可能在一个测试文件需要导入多个类。例如在下面的实例中,在文件 duo.py 中创建了一个包含多个类的模块,然后编写独立的测试文件 test.py,在里面导入模块文件中的类,输出插电式混合动力汽车的信息。

实例 9-6:输出插电式混合动力汽车的信息
源文件路径:daima\9\9-6

（1）在模块文件 duo.py 中定义了三个类，分别是 Car、Battery 和 ChadianCar，具体实现代码如下所示。

```
class Car():
####省略类 Car 的代码，和实例 9-5 中的代码完全一样
class Battery():
    """插电混合动力"""
    def __init__(self, battery_size=60):
        """初始化属性"""
        self.battery_size = battery_size
    def describe_battery(self):
        """输出电池容量"""
        print("全新锂电池容量" + str(self.battery_size) + "千瓦时!")
    def get_range(self):
        """电量低预警机制."""
        if self.battery_size == 60:        #如果剩余电量 60
            range = 140                    #则能跑 140 公里
        elif self.battery_size == 85:      #如果剩余电量 85
            range = 185                    #则能跑 185 公里
        message = "注意：剩余电量能够跑" + str(range)
        message += "公里"
        print(message)
class ChadianCar(Car):                     #定义类 ChadianCar
    def __init__(self, manufacturer, model, year):
        super().__init__(manufacturer, model, year)
        self.battery = Battery()
```

（2）编写测试文件 test.py，导入模块文件 duo.py 中的类 ChadianCar，具体实现代码如下所示。

```
from duo import ChadianCar                    #导入模块 duo 中的类 ChadianCar
my_tesla = ChadianCar('Benz', 'E350L', 2017)
#定义类 ChadianCar 的对象实例 my_tesla
print(my_tesla.get_car_name())        #显示汽车名字
my_tesla.battery.describe_battery()   #显示汽车电量
my_tesla.battery.get_range()          #显示汽车还能跑多少公里
```

```
>>>
2017 Benz E350L
全新锂电池容量60千瓦时!
注意：剩余电量能够跑140公里
>>> |
```

通过本实例代码可知，大部分逻辑代码都隐藏在一个模块中。执行后的效果如图 9-9 所示。

图 9-9　执行效果

9.4　迭　代　器

迭代是 Python 语言中最强大的功能之一，是访问集合元素的一种方式。通过使用迭代器，简化了循环程序的代码并且可以节约内存。迭代器是一种可以从其中连续迭代的一个容器，Python 程序中所有的序列类型都是可迭代的。

↑扫码看视频

9.4.1　什么是迭代器

在 Python 程序中，迭代器是一个可以记住遍历位置的对象。迭代器对象从集合的第一个元素开始访问，直到所有的元素被访问完，迭代器只能往前不会后退。其实在本章前面实例中用到的 for 语句，其本质上都属于迭代器的应用范畴。

在 Python 程序中，主要有如下两个内置迭代器协议方法。

➢　方法 iter()：返回对象本身，是 for 语句使用迭代器的要求。

➢　方法 next()：用于返回容器中下一个元素或数据，当使用完容器中的数据时会引发 StopIteration 异常。

在 Python 程序中，只要一个类实现了或具有上述两个方法，就可以称这个类为迭代器，也可以说是可迭代的。当使用这个类作为迭代器时，可以 for 语句来遍历(迭代)它。例如在下面的演示代码中，在每个循环中，for 语句都会从迭代器的序列中取出一个数据，并将这个数据赋值给 item，这样以供其在循环体内使用或处理。从外表形式上来看，迭代遍历完全与遍历元组、列表、字符串、字典等序列一样。

```
for item in iterator:
    pass
```

例如在下面的实例代码中，演示了使用 for 循环语句遍历迭代器的过程。

实例 9-7：使用 for 循环语句遍历迭代器
源文件路径：daima\9\9-7

实例文件 for.py 的具体实现代码如下所示。

```
list=[1,2,3,4]              #创建列表 list
it = iter(list)            #创建迭代器对象
for x in it:               #遍历了迭代器中的数据
    print (x, end=" ")     #打印显示迭代结果
```

```
>>>
1 2 3 4
>>>
```

在上述实例代码中，将列表 list 构建成为迭代器，然后使用 for 循环语句遍历了迭代器中的数据内容。执行后的效果如图 9-10 所示。

图 9-10　执行效果

9.4.2　创建并使用迭代器

在 Python 程序中，要想创建一个自己的迭代器，只需要定义一个实现迭代器协议方法的类即可。例如在下面的实例代码中，演示了创建并使用迭代器的过程。

实例 9-8：显示迭代器中的数据元素
源文件路径：daima\9\9-8

实例文件 use.py 的具体实现代码如下所示。

```
class Use:                          #定义迭代器类 Use
    def __init__(self,x=2,max=50):  #定义构造方法，x 的初始值是 2
```

```
        self.__mul,self.__x = x,x              #初始化属性
        self.__max = max                       #初始化属性
    def __iter__(self):                        #定义迭代器协议方法
        return self                            #返回类的自身
    def __next__(self):                        #定义迭代器协议方法
        if self.__x and self.__x != 1:         #如果 x 值不是 1
            self.__mul *= self.__x             #设置 mul 值等于 x
            if self.__mul <= self.__max:       #如果 mul 值小于等于预设的最大值 max
                return self.__mul              #则返回 mul 值
            else:
                raise StopIteration            #当超过参数 max 的值时会引发 StopIteration 异常
        else:
            raise StopIteration
if __name__ == '__main__':
    my = Use()                                 #定义类 Use 的对象实例 my
    for i in my:                               #遍历对象实例 my
        print('迭代的数据元素为: ',i)
```

在上述实例代码中，首先定义了迭代器类 Use，在其构造方法中，初始化两个私有的实例属性，功能是生成序列并设置序列中的最大值。这个迭代器总是返回所给整数的 n 次方，当其最大值超过参数 max 值时就会引发 StopIteration 异常，并且马上结束遍历。最后，实例化迭代器类，并遍历迭代器的值序列，同时输出各个序列值。在本实例中初始化迭代器时使用了默认参数，遍历得到的序列是 2 的 n 次方的值，最大值不超过 50。执行后的效果如图 9-11 所示。

```
e.py ======
迭代的数据元素为:   4
迭代的数据元素为:   8
迭代的数据元素为:   16
迭代的数据元素为:   32
>>>
```

图 9-11　执行效果

注意：在 Python 程序中使用迭代器类时，一定要在某个条件下引发 StopIteration 错误，这样可以结束遍历循环，否则会产生死循环。

9.4.3　使用内置迭代器协议方法 iter()

在 Python 程序中，可以通过如下两种方法使用内置迭代器方法 iter()。

```
iter (iterable)
iter (callable, sentinel)
```

对上述两种使用方法的具体说明如下所示。

➢ 第一种：只有一个参数 iterable，要求参数为可迭代的类型，也可以使用各种序列类型。

➢ 第二种：具有两个参数，第一个参数 callable 表示可调用类型，一般为函数；第二个参数 sentinel 是一个标记，当第一个参数(函数)调用返回值等于第二个参数的值时，迭代或遍历会马上停止。

在本章的实例 9-7 中，已经演示了上述第一种格式的用法。在下面的实例代码中，演示了使用上述第二种格式的过程。

实例 9-9： 显示迭代器中的数据元素
源文件路径：daima\9\9-9

实例文件 er.py 的具体实现代码如下所示。

```
class Counter:                    #定义类 Counter
    def __init__(self,x=0):       #定义构造方法
        self.x = x                #初始化属性 x
counter = Counter()               #实例化类 Counter
def used_iter():                  #定义方法 used_iter()
    counter.x += 2                #修改实例属性的值，加 2
    return counter.x              #返回实例属性 x 的值
for i in iter(used_iter,12):      #迭代遍历方法 iter()产生的迭代器
    print('当前遍历的数值: ',i)
```

在上述实例代码中，首先定义了一个计数的类 Counter，功能是记录当前的值，并实例化这个类作为全局变量。然后定义一个在方法 iter()中调用的函数，并使用 for 循环来遍历方法 iter()产生的迭代器，并输出遍历之后得到的值。运行后，将分别遍历得到 2、4、6、10，当接下来计算得到 12 时，因为 12 与方法 iter()中提供的第二个参数 12 相等，所以将马上停止迭代。执行后的效果如图 9-12 所示。

```
>>>
当前遍历的数值:   2
当前遍历的数值:   4
当前遍历的数值:   6
当前遍历的数值:   8
当前遍历的数值:   10
>>>
```

图 9-12　执行效果

 知识精讲

除了前面介绍的两个方法外，在 Python 程序中，还可以使用其他内置的迭代器方法。具体来说，主要包含两大类迭代器方法，分别是无限迭代器和处理输入序列迭代器。例如，我们可以这样使用方法 key()：如果身高大于 180mm，返回 tall；如果身高低于 160mm，则返回 short，中间的返回身高则 middle。最终，所有身高将分为三个循环器，即分别是 tall、short 和 middle。

9.5　生　成　器

在 Python 程序中，使用关键字 yield 定义的函数被称为生成器(Generator)。通过使用生成器，可以生成一个值的序列用于迭代，并且这个值的序列不是一次性生成的，而是使用一个，再生成一个，这样做最大的好处是可以使程序节约大量内存。在本节的内容中，将详细讲解 Python 生成器的基本知识。

↑扫码看视频

9.5.1　生成器的运行机制

在 Python 程序中，生成器是一个记住上一次返回时在函数体中位置的函数。对生成器函数的第二次(或第 n 次)调用跳转至该函数中间，而上次调用的所有局部变量都保持不变。生成器不仅“记住”了它的数据状态，还“记住”了它在流控制构造(在命令式编程中，这

种构造不只是数据值)中的位置。

概括来说，生成器的特点如下所示。

➤ 生成器是一个函数，而且函数的参数都会保留。

➤ 当迭代到下一次的调用时，所使用的参数都是第一次所保留下的。也就是说，所有函数调用的参数都是第一次所调用时保留的，而不是新创建的。

在 Python 程序中，使用关键字 yield 定义生成器。当向生成器索要一个数时，生成器就会执行，直至出现 yield 语句，生成器把 yield 的参数传给你，之后生成器就不会往下继续运行。当向生成器索要下一个数时，它会从上次的状态开始运行，直至出现 yield 语句时把参数传给你，然后停下。如此反复，直至退出函数为止。

当在 Python 程序中定义一个函数时，如果使用了关键字 yield，那么这个函数就是一个生成器，它的执行会和其他普通的函数有很多不同，函数返回的是一个对象，而不是平常函数所用的 return 语句那样，能得到结果值。如果想取得值，还需要调用 next()函数，例如在下面的演示代码中，每当调用一次迭代器的 next 函数，生成器函数便会运行到 yield 位置，返回 yield 后面的值，并且在这个地方暂停，所有的状态都会被保持住，直到下次 next 函数被调用或者碰到异常循环时才退出。

```
c = h() #h()包含了yield关键字
#返回值
c.next()
```

例如在下面的实例代码中，演示了 yield 生成器的运行机制。

实例 9-10：使用 yield 生成器
源文件路径：daima\9\9-10

实例文件 sheng.py 的具体实现代码如下所示。

```
def fib(max):              #定义方法fib()
    a, b = 1, 1            #为变量a和b赋值为1
    while a < max:         #如果a小于max
        yield a            #当程序运行到yield这行时就不会继续往下执行
        a, b = b, a+b
for n in fib(15):          #遍历15以内的值
    print (n)
```

在上述实例代码中，当程序运行到 yield 这行时就不会继续往下执行，而是返回一个包含当前函数所有参数状态的 iterator 对象。目的就是为了第二次被调用时，能够访问到函数所有的参数值且都是第一次访问时的值，而不是重新赋值。当程序第一次调用时：

```
yield a #这时a,b值分别为1,1，当然，程序也在执行到这时返回
```

当程序第二次调用时，从前面可知，当第一次调用时，"a,b=1,1"，那么第二次调用时(其实就是调用第一次返回的 iterator 对象的 next()方法)程序跳到 yield 语句处，当执行 "a,b = b, a+b" 语句时，此时值变为：a,b = 1, (1+1) => a,b = 1, 2。然后程序继续执行 while 循环，这样会再一次碰到 yield a 语句，也是像第一次那样，保存函数所有参数的状态，返回一个包含这些参数状态的 iterator 对象。然后等待第三次调用⋯⋯执行后的效果如图 9-13 所示。

```
>>>
1
1
2
3
5
8
13
>>>
```

图 9-13 执行效果

9.5.2　创建生成器

根据本章前面内容的学习可知，在 Python 程序中可以使用关键字 yield 将一个函数定义为一个生成器。所以说生成器也是一个函数，能够生成一个值的序列，以便在迭代中使用。例如在下面的实例代码中，演示了 yield 生成器的运行机制。

 实例 9-11：创建一个递减序列生成器

源文件路径：daima\9\9-11

实例文件 dijian.py 的具体实现代码如下所示。

```python
def shengYield(n):              #定义方法 shengYield()
    while n>0:                  #如果 n 大于 0 则开始循环
        print("开始生成...:")
        yield n                 #定义一个生成器
        print("完成一次...:")
        n -= 1                  #生成初始值不断递减的数字序列
if__name__=='__main__':#当模块被直接运行时,以下代码块会运行,当模块是被导入时不被运行
    for i in shengYield(4):  #遍历 4 次
        print("遍历得到的值: ",i)
    print()
    sheng_yield = shengYield(3)
    print('已经实例化生成器对象')
    sheng_yield.__next__()     #直接遍历自己创建的生成器
    print('第二次调用__next__()方法: ')
    sheng_yield.__next__()#手工方式获取生成器产生的数值序列
```

```
>>>
开始生成...:
遍历得到的值: 4
完成一次...:
开始生成...:
遍历得到的值: 3
完成一次...:
开始生成...:
遍历得到的值: 2
完成一次...:
开始生成...:
遍历得到的值: 1
完成一次...:

已经实例化生成器对象
开始生成...:
第二次调用__next__()方法:
开始生成...:
>>>
```

在上述实例代码中，自定义了一个递减数字序列的生成器，每次调用时都会生成一个调用时所提供值为初始值的不断递减的数字序列。生成对象不但可以直接被 for 循环语句遍历，而且也可以进行手工遍历，在上述最后两行代码中便是使用手工遍历方式。第一次使用 for 循环语句时直接遍历自己创建的生成器，第二次用手工方式获取生成器产生的数值序列。执行后的效果如图 9-14 所示。

图 9-14　执行效果

通过上述实例的实现过程可知，当在生成器中包含 yield 语句时，不但可以用 for 直接遍历，也可以使用手工方式调用其方法__next__()进行遍历。在 Python 程序中，yield 语句是生成器中的关键语句，生成器在实例化时并不会立即执行，而是等候其调用方法__next__()才开始运行，并且当程序运行完 yield 语句后就会保持当前状态且停止运行，等待下一次遍历时才恢复运行。

 知识精讲

在上述实例的执行效果中，在空行之后的输出"已经实例化生成器对象"的前面，已经实例化了生成器对象，但是生成器并没有运行(没有输出"开始生成")。当第一次手工调用方法__next__()后，才输出"开始生成"提示，这说明生成器已经开始运行，并且在输出"第二次调用__next__()方法: "文本前并没有输出"完成一次"文本，这说明 yield 语句在运行之后就立即停止了运行。在第二次调用方法__next__()后，才输出"完成一次"的文本提示，这说明从 yield 语句之后开始恢复运行生成器。

9.6 实践案例与上机指导

通过本章的学习，读者基本可以掌握 Python 语言中模块，迭代器和生成器的基础知识。其实 Python 语言中相关的基础知识还有很多，这需要读者通过课外渠道来加深学习。下面通过练习操作，以达到巩固学习、拓展提高的目的。

↑扫码看视频

9.6.1 使用__name__属性

在 Python 程序中，当一个程序第一次引入一个模块时，将会运行主程序。如果想在导入模块时不执行模块中的某一个程序块，可以用__name__属性使该程序块仅在该模块自身运行时执行。

在运行每个 Python 程序时，通过对这个__name__属性值的判断，可以让导入模块和独立运行时的程序都可以正确运行。在 Python 程序中，如果程序作为一个模块被导入，则其__name__属性设置为模块名。如果程序独立运行，则将其__name__属性被设置为__main__。由此可见，可以通过属性__name__来判断程序的运行状态。

例如在下面的实例代码中，演示了使用__name__属性设置程序的过程。

 实例 9-12：使用__name__属性测试模块是否能正常运行
源文件路径：daima\9\9-12

实例文件 using_name.py 的具体实现代码如下所示。

```
if __name__ == '__main__':      #将__name__属性设置为__main__
    print('程序自身在运行')        #仅在该模块自身运行时执行
else:                           #如果程序不是作为一个模块被导入
    print('我来自另一模块')
```

在上述代码中，将模块的主要功能以实例的形式保存在这个 if 语句中，这样可以方便地测试模块是否能够正常运行，或者发现模块的错误。执行后会显示"程序自身在运行"，如果输入"import using_name"，按回车键后则输出"我来自另一模块"。执行效果如图 9-15 所示。

```
>>>
程序自身在运行
>>> import using_name
我来自另一模块
>>>
```

图 9-15 执行效果

知识精讲

如果想了解模块中所提供的功能(变量名、函数名),可以使用内建的函数 dir(模块名)来输出模块中的这些信息,当然也可以不使用模块名参数来列出运行中的模块信息。例如可以通过"dir(using_name)"列出模块 using_name 中的信息,如图 9-16 所示。

```
>>> dir(using_name)
['__builtins__', '__cached__', '__doc__', '__file__', '__loader__', '__name__',
'__package__', '__spec__']
>>>
```

图 9-16　使用内建的函数 dir

9.6.2　从一个模块中导入多个类

在 Python 程序中,可以根据需要在一个程序文件中导入多个(任意数量的)类。例如需要在同一个程序中创建普通汽车和插电式混动汽车,就需要将类 Car 和类 ChadianCar 都导入到文件中。例如在下面的实例代码中,演示了从一个模块中导入多个类的过程。

实例 9-13:从一个模块中同时导入多个类
源文件路径:daima\9\9-13

首先在模块文件 duo.py 中定义了三个类,具体实现代码和实例 9-6 中的一样。然后编写测试文件 test.py,导入模块文件 duo.py 中的类 Car 和类 ChadianCar,具体实现代码如下所示。

```
from duo import Car,ChadianCar        #导入模块 duo 中的类 Car 和 ChadianCar
my_beetle = Car('Benz', 'E300L', 2017)
#定义类 ChadianCar 的对象实例 my_beetle
print(my_beetle.get_car_name())       #显示汽车名字
my_tesla = ChadianCar('aaa', 'sss', 2017)
#定义类 ChadianCar 的对象实例 my_tesla
print(my_tesla.get_car_name())        #显示汽车名字
```

在上述实例代码中,当使用第1行代码从一个模块中导入多个类时,用逗号分隔了各个类。在导入需要的类后,就可根据项目需要创建每个类的实例,并且可以是任意数量的实例。例如在第 2 行代码创建了一辆普通汽车,然后在第 5 行代码创建了一辆插电混动汽车。执行后的效果如图 9-17 所示。

```
>>>
2017 Benz E300L
2017 Aaa Sss
>>>
```

图 9-17　执行效果

9.6.3　使用协程重置生成器序列

在 Python 程序中,可以使用方法 send()重置生成器的生成序列,这被称为协程。协程是一种解决程序并发的基本方法,如果采用一般的方法来实现生产者与消费者这个传统的并发与同步程序设计问题，则需要考虑很多复杂的问题。但是如果通过生成器实现协程这种方式，便可以很好地解决这个问题。例如在下面的实例代码中，演示了使用协程重置生成器序列的过程。

实例 9-14：使用协程重置生成器序列
源文件路径：daima\9\9-14

实例文件 xie.py 的具体实现代码如下所示。

```
def xie():                      #方法 xie()代表生产者模型
    print('等待接收处理任务...')
    while True:                 #每个循环模拟发送一个任务给消费者模型(生成器)
        data = (yield)
        print('收到任务: ',data)

def producer():                 #方法 producer()代表消费者模型
    c = xie()                   #调用函数 xie()来处理任务
    c.__next__()
    for i in range(3):          #遍历 3 个任务
        print('发送一个任务...','任务%d' % i)
        c.send('任务%d' % i)        #发送任务
if __name__ == '__main__':
    producer()
```

在上述实例代码中，演示了一个简单的生产者与消费者编程模型的实现过程。通过定义的两个函数 xie()和 producer()分别代表生产者和消费者模型，而其中消费者模型实际是一个生成器。在生产者模型函数中，每个循环模拟发送一个任务给消费者模型(生成器)，而生成器可以调用相关函数来处理任务。这是通过 yield 语句的"停止"特性来完成的。程序在运行时，每次的发送任务都是通过调用生成器函数 send()实现的，收到任务的生成器会执行相关的函数，调用并完成子任务。执行后的效果如图 9-18 所示。

```
>>>
等待接收处理任务...
发送一个任务... 任务0
收到任务: 任务0
发送一个任务... 任务1
收到任务: 任务1
发送一个任务... 任务2
收到任务: 任务2
>>>
```

图 9-18 执行效果

9.7 思考与练习

本章详细讲解了 Python 模块、迭代器和生成器的知识，循序渐进地讲解了模块架构、使用包、导入类、迭代器和生成器等内容。在讲解过程中，通过具体实例介绍了使用 Python 模块、迭代器和生成器的方法。通过本章的学习，读者应该熟悉使用 Python 模块、迭代器和生成器的知识，掌握它们的使用方法和技巧。

一、选择题

(1) 在 Python 程序中，最简单创建包的方法是放一个空的(　　)文件。

    A. __init__.py   B. __del__.py   C. __final__.py

(2) 当在 Python 程序中定义一个函数时，如果使用了关键字(　　)，那么这个函数就是一个生成器。

    A. yield   B. __main__   C. __name__

二、判断对错

(1) 在 Python 程序中使用包时，需要先使用目录名，然后再使用模块名导入所需要的模块。   (　　)

(2) 迭代器对象从集合的第一个元素开始访问，直到所有的元素被访问完，迭代器既可以往前也可以后退。   (　　)

三、上机练习

(1) 编写一个程序，自定义一个简易的列表容器迭代器。

(2) 编写一个程序，定义并调用定义的生成器。

第 **10** 章

文 件 操 作

本章要点

- 使用 open()函数打开文件
- 使用 File 操作文件
- 使用 OS 对象

本章主要内容

在计算机信息系统中，根据信息存储时间的长短，可以分为临时性信息和永久性信息。简单来说，临时性信息存储在计算机系统临时存储设备中(例如存储在计算机内存)，这类信息随系统断电而丢失。永久性信息存储在计算机的永久性存储设备(例如存储在磁盘和光盘)中。永久性信息的最小存储单元为文件，因此文件管理是计算机系统中的一个重要的问题。在本章的内容中，将详细讲解使用 Python 语言实现文件操作的基本知识，为读者步入本书后面知识的学习打下坚实的基础。

10.1 使用函数 open()打开文件

在计算机世界中，文本文件可存储各种各样的数据信息，例如天气预报、交通信息、财经数据、文学作品，等等。当需要分析或修改存储在文件中的信息时，读取文件工作十分重要。通过文件读取功能，可以获取一个文本文件的内容，并且可以重新设置里面的数据格式并将其写入到文件中，同时可以让浏览器显示文件中的内容。

↑扫码看视频

在读取一个文件的内容之前，需要先打开这个文件。在 Python 程序中，可以通过内置函数 open()来打开一个文件，并用相关的方法读或写文件中的内容供程序处理和使用，而且也可以将文件看作是 Python 中的一种数据类型。使用函数 open()的语法格式如下所示。

```
open(filename, mode='r', buffering=-l, encoding=None, errors=None,
newline=None,closefd=True, opener=None)
```

当使用上述函数 open()打开一个文件后，就会返回一个文件对象。上述格式中主要参数的具体说明如下所示。

➢ filename: 表示要打开的文件名。
➢ mode: 可选参数，文件打开模式。这个参数是非强制的，默认文件访问模式为只读(r)。
➢ buffering: 可选参数，设置缓冲。
➢ encoding: 文件编码类型。
➢ errors: 编码错误处理方法。
➢ newline: 控制通用换行符模式的行为。
➢ closefd: 控制在关闭文件时是否彻底关闭文件。

在上述格式中，参数 mode 表示文件打开模式。在 Python 程序中，常用的文件打开模式如表 10-1 所示。

表 10-1 打开文件模式列表

模　式	描　　述
r	以只读方式打开文件。文件的指针将会放在文件的开头。这是默认模式
rb	以二进制格式打开一个文件用于只读。文件指针将会放在文件的开头
r+	打开一个文件用于读写。文件指针将会放在文件的开头
rb+	以二进制格式打开一个文件用于读写。文件指针将会放在文件的开头
w	打开一个文件只用于写入。如果该文件已存在则将其覆盖，如果该文件不存在则创建新文件

续表

模　式	描　述
wb	以二进制格式打开一个文件只用于写入。如果该文件已存在则将其覆盖。如果该文件不存在，创建新文件
w+	打开一个文件用于读写。如果该文件已存在则将其覆盖，如果该文件不存在则创建新文件
wb+	以二进制格式打开一个文件用于读写。如果该文件已存在则将其覆盖，如果该文件不存在则创建新文件
a	打开一个文件用于追加。如果该文件已存在，文件指针将会放在文件的结尾。也就是说，新的内容将会被写入到已有内容之后。如果该文件不存在，创建新文件进行写入
ab	以二进制格式打开一个文件用于追加。如果该文件已存在，文件指针将会放在文件的结尾。也就是说，新的内容将会被写入到已有内容之后。如果该文件不存在，创建新文件进行写入
a+	打开一个文件用于读写。如果该文件已存在，文件指针将会放在文件的结尾，文件打开时会是追加模式。如果该文件不存在，创建新文件用于读写
ab+	以二进制格式打开一个文件用于追加。如果该文件已存在，文件指针将会放在文件的结尾。如果该文件不存在，创建新文件用于读写

10.2　使用 File 操作文件

在 Python 程序中，当使用函数 open()打开一个文件后，接下来就可以使用 File 对象对这个文件进行操作处理。在本节的内容中，将详细讲解使用 File 对象操作文件的知识。

↑扫码看视频

10.2.1　File 对象介绍

在 Python 程序中，当一个文件被打开后，便可以使用 File 对象得到这个文件的各种信息。File 对象中的属性信息如表 10-2 所示。

表 10-2　File 对象中的属性信息

属　性	描　述
file.closed	返回 True 表示文件已被关闭，否则返回 False
file.mode	返回被打开文件的访问模式
file.name	返回文件的名称

在 Python 程序中，对象 File 是通过内置函数实现对文件操作的，其中常用的内置函数如表 10-3 所示。

表 10-3　File 对象中的内置函数信息

函　数	功　能
file.close()	关闭文件，关闭后文件不能再进行读写操作
file.flush()	刷新文件内部缓冲，直接把内部缓冲区的数据立刻写入文件，而不是被动地等待输出缓冲区写入
file.fileno()	返回一个整型的文件描述符，可以用在如 OS 模块的 read 方法等一些底层操作上
file.isatty()	如果文件连接到一个终端设备，返回 True，否则返回 False
file.next()	返回文件下一行
file.read([size])	从文件读取指定的字节数，如果未给定或为负则读取所有
file.readline([size])	读取整行，包括\n 字符
file.readlines([sizeint])	读取所有行并返回列表，若给定 sizeint>0，返回总和大约为 sizeint 字节的行，实际读取值可能比 sizhint 较大，因为需要填充缓冲区
file.seek(offset[, whence])	设置文件当前位置
file.tell()	返回文件当前位置
file.truncate([size])	截取文件，截取的字节通过 size 指定，默认为当前文件位置
file.write(str)	将字符串写入文件，没有返回值
file.writelines(sequence)	向文件写入一个序列字符串列表，如果需要换行则要自己加入每行的换行符

例如在下面的实例代码中，演示了打开一个文件并使用文件属性的过程。

实例 10-1：打开一个文件并使用文件属性
源文件路径：daima\10\10-1

实例文件 open.py 的具体实现代码如下所示。

```python
# 打开一个文件
fo = open("456.txt", "wb")          #用 wb 格式打开指定文件
print ("文件名: ", fo.name)          #显示文件名
print ("是否已关闭 : ", fo.closed)    #显示文件是否关闭
print ("访问模式 : ", fo.mode)        #显示文件的访问模式
```

在上述代码中，使用函数 open()以 wb 的方式打开了文件 456.txt，然后分别获取了这个文件的 name、closed 和 mode 属性信息。执行后的效果如图 10-1 所示。

```
>>>
文件名: 456.txt
是否已关闭 : False
访问模式 : wb
>>>
```

图 10-1　执行效果

10.2.2　使用方法 close()

在 Python 程序中，方法 close()用于关闭一个已经打开的文件，关闭后的文件不能再进行读写操作，否则会触发 ValueError 错误。在程序中可以多次调用 close()方法，当 File 对象被引用操作另外一个文件时，Python 会自动关闭之前的 File 对象。及时使用方法关闭文件是一个好的编程习惯，使用 close()方法的语法格式如下所示。

```
fileObject.close();
```

方法 close()没有参数，也没有返回值。例如在下面的实例代码中，演示了使用 close()方法关闭文件操作的过程。

 实例 10-2：使用 close()方法关闭文件操作
源文件路径：daima\10\10-2

实例文件 guan.py 的具体实现代码如下所示。

```
fo = open("456.txt", "wb")    #用 wb 格式打开指定文件
print("文件名为: ", fo.name)    #显示打开的文件名
# 关闭文件
fo.close()
```

```
>>>
文件名为:   456.txt
>>> |
```

在上述代码中，使用函数 open()以 wb 的方式打开了文件 456.txt。然后使用 close()方法关闭文件操作，执行后的效果如图 10-2 所示。

图 10-2　执行效果

10.2.3　使用方法 flush()

在 Python 程序中，方法 flush()的功能是刷新缓冲区，即将缓冲区中的数据立刻写入文件，同时清空缓冲区。在一般情况下，文件关闭后会自动刷新缓冲区，但有时需要在关闭之前刷新它，这时就可以使用方法 flush()实现。使用方法 flush()的语法格式如下所示。

```
fileObject.flush();
```

方法 flush()没有参数，也没有返回值。例如在下面的实例代码中，演示了使用 flush()方法刷新缓冲区的过程。

 实例 10-3：使用方法 flush()刷新缓冲区
源文件路径：daima\10\10-3

实例文件 shua.py 的具体实现代码如下所示。

```
#用 wb 格式打开指定文件
fo = open("456.txt", "wb")
print ("文件名为: ", fo.name)    #显示打开文件的文件名
fo.flush()                      #刷新缓冲区
fo.close()                      #关闭文件
```

```
>>>
文件名为:  456.txt
>>> |
```

在上述代码中，首先使用函数 open()以 wb 的方式打开了文件 456.txt，然后使用方法 flush()刷新缓冲区，最后使用方法 close()关闭文件操作，执行后的效果如图 10-3 所示。

图 10-3　执行效果

10.2.4 使用方法 fileno()

在 Python 程序中,方法 fileno()的功能是返回一个整型的文件描述符(file descriptor,FD),可以用于底层操作系统的 I/O 操作。使用方法 fileno()的语法格式如下所示。

```
fileObject.fileno();
```

方法 fileno()没有参数,有返回值,是一个整型文件描述符。例如在下面的实例代码中,演示了使用 fileno()方法返回文件描述符的过程。

 实例 10-4:使用方法 fileno()返回一个文件的描述符
源文件路径:daima\10\10-4

实例文件 zheng.py 的具体实现代码如下所示。

```
#用 wb 格式打开指定文件
fo = open("456.txt", "wb")
print ("文件名是: ", fo.name)          #显示打开文件的文件名
fid = fo.fileno()                      #返回一个整型的文件描述符
print ("文件 456.txt 的描述符是: ", fid) #显示这个文件的描述符
fo.close()                             #关闭文件
```

在上述代码中,首先使用函数 open()以 wb 的方式打开了文件 456.txt,然后使用方法 fileno()返回这个文件的整型描述符,最后使用方法 close()关闭文件操作,执行后的效果如图 10-4 所示。

```
>>>
文件名是:  456.txt
文件456.txt的描述符是:  3
>>>
```

图 10-4 执行效果

10.2.5 使用方法 isatty()

在 Python 程序中,方法 isatty()的功能是检测某文件是否连接到一个终端设备,如果是则返回 True,否则返回 False。使用方法 isatty()的语法格式如下所示。

```
fileObject.isatty();
```

方法 isatty()没有参数,有返回值。如果连接到一个终端设备,返回 True,否则返回 False。例如在下面的实例代码中,演示了使用 isatty()方法返回终端设备连接状态的过程。

 实例 10-5:检测文件是否连接到一个终端设备
源文件路径:daima\10\10-5

实例文件 lian.py 的具体实现代码如下所示。

```
#用 wb 格式打开指定文件
fo = open("456.txt", "wb")
print ("文件名是: ", fo.name)     #显示打开文件的文件名
ret = fo.isatty()                 #检测文件是否连接到一个终端设备
print ("返回值是: ", ret)         #显示连接检测结果
fo.close()                        # 关闭文件
```

在上述代码中,首先使用函数 open()以 wb 的方式打开了文件 456.txt,然后使用方法 isatty()检测这个文件是否连接到一个终端设备,最后使用方法 close()关闭文件操作,执行后的效果如图 10-5 所示。

```
>>>
文件名是:   456.txt
返回值是:   False
>>>
```

图 10-5　执行效果

10.2.6　使用方法 next()

在 Python 3 程序中,内置函数 next()通过迭代器调用方法__next__()返回下一项。在循环中,方法 next()会在每次循环中调用,该方法返回文件的下一行。如果到达结尾(EOF),则触发 StopIteration 异常。使用方法 next()的语法格式如下所示。

```
next(iterator[,default])
```

方法 next()没有参数,有返回值,返回文件的下一行。例如在下面的实例代码中,演示了使用方法 next()返回文件各行内容的过程。

 实例 10-6: 使用方法 next()返回文件各行内容
　　　　　 源文件路径: daima\10\10-6

实例文件 next.py 的具体实现代码如下所示。

```python
#用 r 格式打开指定文件
fo = open("456.txt", "r")
print ("文件名为: ", fo.name)              #显示打开文件的文件名
for index in range(5):                     #遍历文件的内容
    line = next(fo)                        #返回文件中的各行内容
    print ("第 %d 行 - %s" % (index, line)) #显示 5 行文件内容
fo.close()                                 #关闭文件
```

在上述代码中,首先使用函数 open()以 r 的方式打开了文件 456.txt,然后使用方法 next()返回文件中的各行内容,最后使用方法 close()关闭文件操作。文件 456.txt 的内容如图 10-6 所示。实例文件 next.py 执行后的效果如图 10-7 所示。

```
456.txt - 记事本
文件(F)  编辑(E)  格式(O)  查看(V)  帮助(H)
这是第1行
这是第2行
这是第3行
这是第4行
这是第5行
```

图 10-6　文件 456.txt 的内容

```
>>>
文件名为:  456.txt
第 0 行 - 这是第1行

第 1 行 - 这是第2行

第 2 行 - 这是第3行

第 3 行 - 这是第4行

第 4 行 - 这是第5行
>>>
```

图 10-7　执行效果

10.2.7　使用方法 read()

在 Python 程序中,要想使用某个文本文件中的数据信息,首先需要将这个文件的内容读取到内存中,既可以一次性读取文件的全部内容,也可以按照每次一行的方式进行读取。

其中方法 read()的功能是从目标文件中读取指定的字节数，如果没有给定字节数或值为负，则读取所有内容。使用方法 read()的语法格式如下所示。

```
fileObject.read();
```

参数 size 表示从文件中读取的字节数，返回值是从字符串中读取的字节。例如在下面的实例代码中，演示了使用方法 read()返回文件中 3 个字节内容的过程。

实例 10-7： 使用方法 read()读取文件中 3 个字节的内容
源文件路径：daima\10\10-7

实例文件 du.py 的具体实现代码如下所示。

```
#用 r+格式打开指定文件
fo = open("456.txt", "r+")
print ("文件名为: ", fo.name)          #显示打开文件的文件名
line = fo.read(3)                     #读取文件中前 3 个字节的内容
print ("读取的字符串: %s" % (line))    #显示读取的内容
fo.close()                            # 关闭文件
```

在上述代码中，首先使用函数 open()以 r+的方式打开了文件 456.txt，然后使用方法 read()读取了目标文件中前 3 个字节的内容，最后使用方法 close()关闭文件操作。执行后的效果如图 10-8 所示。

```
456.txt - 记事本
文件(F)  编辑(E)  格式(O)  查看(V)  帮助(H)
这是第1行
这是第2行
这是第3行
这是第4行
这是第5行
```
文件 456.txt 的内容

```
>>>
文件名为:  456.txt
读取的字符串: 这是第
>>>
```
执行 Python 程序

图 10-8　执行效果

10.2.8　使用方法 readline()

在 Python 程序中，方法 readline()的功能是从目标文件中读取整行内容，包括\n 字符。如果指定了一个非负数的参数，则返回指定大小的字节数，包括\n 字符。使用方法 readline()的语法格式如下所示。

```
fileObject.readline(size);
```

参数 size 表示从文件中读取的字节数，返回值是从字符串中读取的字节。如果没有指定参数 size，则逐行依次读取各行的内容。例如在下面的实例代码中，演示了使用方法 readline()返回文件各行内容的过程。

实例 10-8： 使用方法 readline()读取文件中的内容
源文件路径：daima\10\10-8

实例文件 hang.py 的具体实现代码如下所示。

```
#用 r+格式打开指定文件
fo = open("456.txt", "r+")
print ("文件名为: ", fo.name)              #显示打开文件的文件名
line = fo.readline()                        #读取文件中第 1 行的内容
print ("读取第 1 行 %s" % (line))          #显示文件中第 1 行的内容
line = fo.readline()                        #读取文件中第 2 行的内容
print ("读取第 2 行 %s" % (line))          #显示文件中第 2 行的内容
line = fo.readline()                        #读取文件中第 3 行的内容
print ("读取第 3 行 %s" % (line))          #显示文件中第 3 行的内容
line = fo.readline(3)                        #读取文件中第 4 行前 3 个字节的内容
print ("读取的字符串为: %s" % (line))      #显示文件中第 4 行前 3 个字节的内容

# 关闭文件
fo.close()
```

在上述代码中，首先使用函数 open()以 r+的方式打开了文件 456.txt，然后 3 次调用方法 readline()依次读取了目标文件中前 3 行内容，在第 4 次调用方法 readline()时读取了文件中第 4 行前 3 个字节的内容，最后使用方法 close()关闭文件操作。执行后的效果如图 10-9 所示。

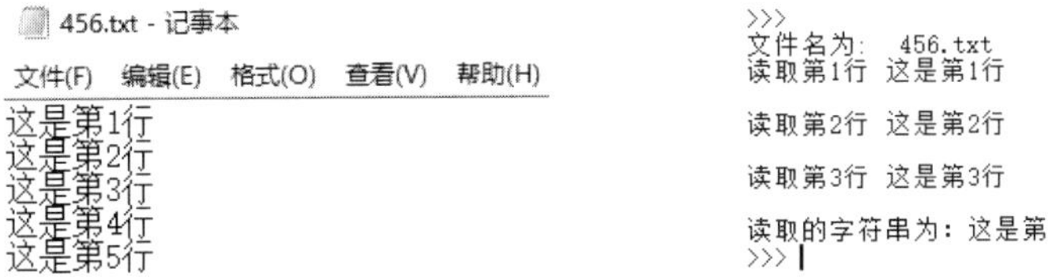

文件 456.txt 的内容 执行 Python 程序

图 10-9　执行效果

10.2.9　使用方法 readlines()

在 Python 程序中，方法 readlines()的功能是读取所有行(直到结束符 EOF)并返回列表。如果指定其参数 sizeint 大于 0，则返回总和大约为 sizeint 个字节的行。实际上读取的值可能比 sizeint 较大，因为需要填充缓冲区，如果碰到结束符 EOF 则返回空字符串。使用方法 readlines()的语法格式如下所示。

```
fileObject.readlines( sizeint );
```

参数 sizeint 表示从文件中读取的字节数，返回值是一个列表，包含所有的行。例如在下面的实例代码中，演示了使用方法 readlines()返回文件中所有行的过程。

实例 10-9：返回文件中的所有行
源文件路径：daima\10\10-9

实例文件 suo.py 的具体实现代码如下所示。

```
#用 r 格式打开指定文件
fo = open("456.txt", "r")
```

```
print ("文件名为: ", fo.name)              #显示打开文件的文件名
line = fo.readlines()                      #读取文件中所有的行
print ("读取的数据为: %s" % (line))        #显示读取的内容
line = fo.readlines(2)
print ("读取的数据为: %s" % (line))
# 关闭文件
fo.close()
```

在上述代码中,首先使用函数 open() 以 r 的方式打开文件 456.txt,然后调用方法 readlines() 读取文件中所有的行。执行后的效果如图 10-10 所示。

456.txt - 记事本
文件(F) 编辑(E) 格式(O) 查看(V) 帮助(H)
这是第1行
这是第2行
这是第3行
这是第4行
这是第5行

```
>>>
文件名为:  456.txt
读取的数据为: ['这是第1行\n', '这是第2行\n', '
这是第3行\n', '这是第4行\n', '这是第5行']
读取的数据为: []
>>>
```

图 10-10　执行效果

10.3　使用 OS 对象

在 Python 程序中,File 对象只能对某个文件进行操作。但有时需要对某个文件夹目录进行操作,此时就需要使用 OS 对象来实现。在本节的内容中,将详细讲解使用 OS 对象操作文件目录的知识,为读者步入本书后面知识的学习打下基础。

↑扫码看视频

10.3.1　OS 对象介绍

在计算机系统中对文件进行操作时,就免不了要与文件夹目录打交道。对一些比较烦琐的文件和目录操作,可以使用 Python 提供的 OS 模块对象来实现。在 OS 模块中包含了很多操作文件和目录的函数,可以方便地实现文件重命名、添加/删除目录、复制目录/文件等操作。

在 Python 语言中,OS 对象主要包含了 63 个内置函数,其中常用的如下所示。

➢ os.access(path, mode): 检验权限模式。

➢ os.chdir(path): 改变当前的工作目录。

➢ os.getcwd(): 返回当前工作目录。

➢ os.getcwdu(): 返回一个当前工作目录的 Unicode 对象。

➢ os.isatty(fd): 如果文件描述符 fd 是打开的,同时与 tty(-like)设备相连,则返回 True, 否则 False。

➢ os.lchflags(path, flags)：设置路径的标记为数字标记，类似函数 chflags()，但是没有软链接。

➢ os.lchmod(path, mode)：修改连接文件权限。

➢ os.lchown(path, uid, gid)：更改文件所有者，类似函数 chown()，但是不追踪链接。

➢ os.link(src, dst)：创建硬链接，参数 dst 用于设置文件名字，这个文件指向参数 src 设置的地址。

➢ os.listdir(path)：返回 path 指定的文件夹包含的文件或文件夹的名字的列表。

➢ os.lseek(fd, pos, how)：设置文件偏移位置，文件由文件描述符 fd 指示。这个函数依据参数 how 来确定文件偏移的起始位置，参数 pos 指定位置的偏移量。

➢ os.mkdir(path[, mode])：以数字 mode 的模式创建一个名为 path 的文件夹，默认的 mode 是 0777 (八进制)。

➢ os.open(file, flags[, mode])：打开一个文件，并且设置需要的打开选项，参数 mode 是可选的。

10.3.2 使用方法 access()

在 Python 程序中，方法 access() 的功能是检验对当前文件的操作权限模式。方法 access() 使用当前的 uid/gid 尝试访问指定路径。使用方法 access() 的语法格式如下所示。

```
os.access(path, mode);
```

参数 path 表示检测是否有访问权限的路径，参数 mode 表示测试当前路径的模式，主要包括如下 4 种取值。

➢ os.F_OK：测试 path 是否存在。

➢ os.R_OK：测试 path 是否可读。

➢ os.W_OK：测试 path 是否可写。

➢ os.X_OK：测试 path 是否可执行。

方法 access() 有返回值，如果允许访问则返回 True，否则返回 False。例如在下面的实例代码中，演示了使用方法 access() 获取文件操作权限的过程。

 实例 10-10：获取文件操作权限
源文件路径： daima\10\10-10

实例文件 quan.py 的具体实现代码如下所示。

```
import os, sys
# 假定 123/456.txt 文件存在，并设置有读写权限
ret = os.access("123/456.txt", os.F_OK)
print ("F_OK - 返回值 %s"% ret)      #显示文件是否存在
ret = os.access("123/456.txt", os.R_OK) #检测文件是否可读
print ("R_OK - 返回值 %s"% ret)      #显示文件是否可读
ret = os.access("123/456.txt", os.W_OK) #检测文件是否可写
print ("W_OK - 返回值 %s"% ret)      #显示文件是否可写
ret = os.access("123/456.txt", os.X_OK) #检测文件是否可执行
print ("X_OK - 返回值 %s"% ret)      #显示文件是否可执行
```

在运行上述实例代码之前，需要在实例文件 quan.py 的同目录下创建一个名为 123 的文件夹，然后在里面创建一个文本文件 456.txt。在上述代码中，使用方法 access()获取了对文件 123/456.txt 的操作权限。执行后的效果如图 10-11 所示。

```
>>>
F_OK - 返回值 True
R_OK - 返回值 True
W_OK - 返回值 True
X_OK - 返回值 True
>>>
```

图 10-11 执行效果

10.3.3 使用方法 chdir()

在 Python 程序中，方法 chdir()的功能是修改当前工作目录到指定的路径。使用方法 chdir()的语法格式如下所示。

```
os.chdir(path)
```

参数 path 表示要切换到的新路径。方法 chdir()有返回值，如果允许修改则返回 True，否则返回 False。例如在下面的实例代码中，演示了使用方法 chdir()修改当前工作目录到指定路径的过程。

实例 10-11： 修改当前工作目录到指定的路径
源文件路径： daima\10\10-11

实例文件 gai.py 的具体实现代码如下所示。

```
import os, sys
path = "123"                    #设置目录变量的初始值
retval = os.getcwd()            #获取当前文件的工作目录
print ("当前工作目录为 %s" % retval) #显示当前文件的工作目录
# 修改当前工作目录
os.chdir( path )
# 查看修改后的工作目录
retval = os.getcwd()            #再次获取当前文件的工作目录
print ("目录修改成功 %s" % retval)
```

在上述实例代码中，首先使用方法 getcwd()获取了当前文件的工作目录，然后使用方法 chdir()修改当前工作目录到指定路径 123。执行后的效果如图 10-12 所示。

```
>>>
当前工作目录为 C:\Users\apple0\Desktop
目录修改成功 C:\Users\apple0\Desktop\123
>>>
```

图 10-12 执行效果

10.3.4 使用方法 chmod()

在 Python 程序中，方法 chmod()的功能是修改文件或目录的权限。使用方法 chmod()的语法格式如下所示。

```
os.chmod(path, mode)
```

方法 chmod()没有返回值，上述格式中两个参数的具体说明如下所示。

(1) path：文件名路径或目录路径。

(2) flags：表示不同的权限级别，可用如下所示的选项按位或操作生成(注意，目录的读权限表示可以获取目录里文件名列表，执行权限表示可以把工作目录切换到此目录，删除添加目录里的文件必须同时有写和执行权限，文件权限以用户 id→组 id→其他顺序进行检验，最先匹配的允许或禁止权限被应用)。

➢ stat.S_IXOTH：其他用户有执行权 0o001。

➢ stat.S_IWOTH：其他用户有写权限 0o002。

➢ stat.S_IROTH：其他用户有读权限 0o004。

➢ stat.S_IRWXO：其他用户有全部权限(权限掩码)0o007。

➢ stat.S_IXGRP：组用户有执行权限 0o010。

➢ stat.S_IWGRP：组用户有写权限 0o020。

➢ stat.S_IRGRP：组用户有读权限 0o040。

➢ stat.S_IRWXG：组用户有全部权限(权限掩码)0o070。

➢ stat.S_IXUSR：拥有者具有执行权限 0o100。

➢ stat.S_IWUSR：拥有者具有写权限 0o200。

➢ stat.S_IRUSR：拥有者具有读权限 0o400。

➢ stat.S_IRWXU：拥有者有全部权限(权限掩码)0o700。

➢ stat.S_ISVTX：目录里文件目录只有拥有者才可删除更改 0o1000。

➢ stat.S_ISGID：执行此文件其进程有效组为文件所在组 0o2000。

➢ stat.S_ISUID：执行此文件其进程有效用户为文件所有者 0o4000。

➢ stat.S_IREAD：Windows 下设为只读。

➢ stat.S_IWRITE：Windows 下取消只读。

例如在下面的实例代码中，演示了使用方法 chmod()修改文件或目录权限的过程。

 实例 10-12：修改文件或目录的权限
源文件路径：daima\10\10-12

实例文件 xiu.py 的具体实现代码如下所示。

```python
import os, sys, stat
# 假设 123/456.txt 文件存在，设置文件可以通过用户组执行
os.chmod("123/456.txt", stat.S_IXGRP)
# 设置文件可以被其他用户写入
os.chmod("123/456.txt", stat.S_IWOTH)
print ("修改成功!!")
```

在上述实例代码中，使用方法 chmod()将文件 123/456.txt 的权限修改为 stat.S_IWOTH。执行后的效果如图 10-13 所示。

```
>>>
修改成功!!
>>> |
```

图 10-13 执行效果

10.3.5 打开、写入和关闭

在 Python 程序中，当想要操作一个文件或目录时，首先需要打开这个文件，然后才能执行写入或读取等操作,在操作完毕后一定要及时关闭操作。其中打开操作是通过方法 open()

实现的，写入操作是通过方法 write()实现的，关闭操作是通过方法 close()实现的。

1. 方法 open()

在 Python 程序中，方法 open()的功能是打开一个文件，并且设置需要的打开选项。使用方法 open()的语法格式如下所示。

```
os.open(file, flags[, mode]);
```

方法 open()有返回值，返回新打开文件的描述符。上述格式中各个参数的具体说明如下所示。

(1) 参数 file：要打开的文件。

(2) 参数 mode：可选参数，默认为 0777。

(3) 参数 flags：可以是如下所示的选项值，多个选项之间使用"|"隔开。

➢ os.O_RDONLY：*以只读的方式打开。*

➢ os.O_WRONLY：*以只写的方式打开。*

➢ os.O_RDWR：*以读写的方式打开。*

➢ os.O_NONBLOCK：*打开时不阻塞。*

➢ os.O_APPEND：*以追加的方式打开。*

➢ os.O_CREAT：*创建并打开一个新文件。*

➢ os.O_TRUNC：*打开一个文件并截断它的长度为零(必须有写权限)。*

➢ os.O_EXCL：*如果指定的文件存在，返回错误。*

➢ os.O_SHLOCK：*自动获取共享锁。*

➢ os.O_EXLOCK：*自动获取独立锁。*

➢ os.O_DIRECT：*消除或减少缓存效果。*

➢ os.O_FSYNC：*同步写入。*

➢ os.O_NOFOLLOW：*不追踪软链接。*

2. 方法 write()

在 Python 程序中，方法 write()的功能是写入字符串到描述符为 fd 的文件中，返回实际写入的字符串长度。方法 write()在 Unix 系统中也是有效的，使用方法 write()的语法格式如下所示。

```
os.write(fd, str)
```

➢ 参数 fd：表示文件描述符。

➢ 参数 str：表示写入的字符串。

方法 write()有返回值，返回写入的实际位数。

3. 方法 close()

在 Python 程序中，方法 close()的功能是关闭指定描述符 fd 的文件。使用方法 close()的语法格式如下所示。

```
os.close(fd)
```

方法 close()没有返回值，参数 fd 表示文件描述符。

例如在下面的实例代码中，演示了使用方法 open()、write()和 close()的过程。

实例 10-13：文件的打开、写入和关闭
源文件路径：daima\10\10-13

实例文件 da.py 的具体实现代码如下所示。

```
import os, sys
# 打开文件
fd = os.open("456.txt",os.O_RDWR|os.O_CREAT)
# 设置写入字符串变量
str = "www.baidu.com"
ret = os.write(fd,bytes(str, 'UTF-8'))
# 输入返回值
print ("写入的位数为: ")        #显示提示文本
print (ret)                     #显示写入的位数
print ("写入成功")              #显示提示文本
os.close(fd)                    #关闭文件
print ("关闭文件成功!!")        #显示提示文本
```

在上述实例代码中，首先使用方法 open()创建并打开了一个名为 456.txt 的文件，然后使用方法 write()向这个文件中写入了文本"www.baidu.net"，最后通过方法 close()关闭了文件操作。执行效果如图 10-14 所示。

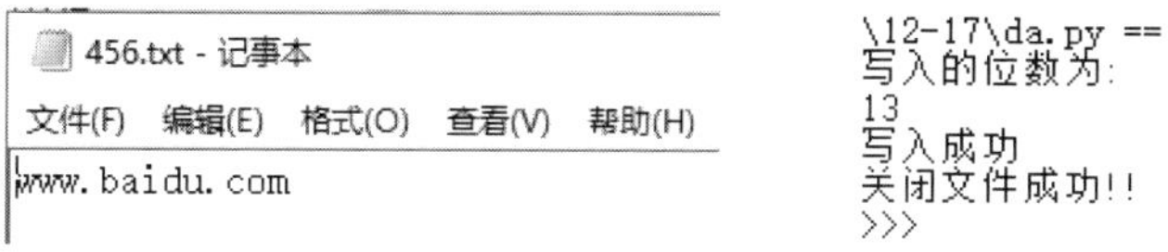

图 10-14 执行效果

10.3.6 读取操作

在 Python 程序中，方法 read()的功能是从描述符为 fd 的文件中读取最多 n 个字节，返回包含读取字节的字符串，若文件描述符 fd 对应文件已达到结尾，返回一个空字符串。使用方法 read()的语法格式如下所示。

```
os.read(fd,n)
```

方法 read()有返回值，返回包含读取字节的字符串。上述格式中各个参数的具体说明如下所示。

➢ 参数 fd: 文件描述符。
➢ 参数 n: 读取的字节。

例如在下面的实例代码中，演示了使用方法 read()读取文件中指定字符的过程。

实例 10-14：读取文件中的指定字符
源文件路径：daima\10\10-14

实例文件 du.py 的具体实现代码如下所示。

```
import os, sys
fd = os.open("456.txt",os.O_RDWR)      #以读写方式打开文件
ret = os.read(fd,10)                    #读取文件中的 10 个字符
print (ret)                             #打印显示读取的内容
os.close(fd)                            # 关闭文件
print ("关闭文件成功!!")
```

```
>>>
b'aaaaaaaaaa'
关闭文件成功!!
>>>
```

图 10-15　执行效果

在上述实例代码中，首先使用方法 open()打开了一个名为 456.txt 的文件，然后使用方法 read()读取文件中的 10 个字符，最后通过方法 close()关闭了文件操作。执行效果如图 10-15 所示。

10.3.7　使用方法 mkdir()

在 Python 程序中，方法 mkdir()的功能是以数字权限模式创建目录，默认的模式为 0777 (八进制)。使用方法 mkdir()的语法格式如下所示。

```
os.mkdir(path[, mode])
```

方法 mkdir()有返回值，返回包含读取字节的字符串。上述格式中各个参数的具体说明如下所示。

➢ 参数 path：表示要创建的目录。
➢ 参数 mode：表示要为目录设置的权限数字模式。

例如在下面的实例代码中，演示了使用方法 mkdir()创建一个目录的过程。

实例 10-15：使用方法 mkdir()创建一个目录
源文件路径： daima\10\10-15

实例文件 mu.py 的具体实现代码如下所示。

```
import os, sys
#设置变量 path 表示创建的目录
path = "top"
os.mkdir( path )            #执行创建目录操作
print ("目录已创建")
```

```
top
mu.py
```

```
>>>
目录已创建
>>>
```

图 10-16　执行效果

在上述实例代码中，使用方法 mkdir()在实例文件 mu.py 的同级目录下新建一个目录 top。执行效果如图 10-16 所示。

10.4　实践案例与上机指导

通过本章的学习，读者基本可以掌握 Python 语言的文件操作知识。其实 Python 语言的文件操作知识还有很多，这需要读者通过课外渠道来加深学习。下面通过练习操作，以达到巩固学习、拓展提高的目的。

↑扫码看视频

10.4.1　使用方法 makedirs()创建新的目录

在 Python 程序中，方法 makedirs()的功能是递归创建目录。其功能和方法 mkdir()类似，但是可以创建包含子目录的文件夹目录。使用方法 makedirs()的语法格式如下所示。

```
os.makedirs(path, mode=0o777)
```

方法 makedirs()有返回值，返回包含读取字节的字符串。上述格式中各个参数的具体说明如下所示。

➤ 参数 path：表示要递归创建的目录。

➤ 参数 mode：表示要为目录设置的权限数字模式。

例如在下面的实例代码中，演示了使用方法 makedirs()创建一个目录的过程。

实例 10-16：使用方法 makedirs()创建一个目录
源文件路径：daima\10\10-16

实例文件 cmu.py 的具体实现代码如下所示。

```
import os, sys
#设置变量 path 表示创建的目录
path = "tmp/home/123"
os.makedirs( path );          #执行创建操作
print ("路径被创建")
```

在上述实例代码中，使用方法 makedirs()在实例文件 cmu.py 的同级目录下新建包含子目录的目录 tmp/home/123。执行效果如图 10-17 所示。

```
tmp              >>>
                 路径被创建
cmu.py           >>>
```

图 10-17　执行效果

10.4.2　使用方法 listdir()获取目录下的信息

在 Python 程序中，方法 listdir()的功能是返回指定文件夹中包含的文件或文件夹的名字的列表，这个列表以字母顺序进行排列，不包括点 "."和双点 ".."，即使它在文件夹中。使用方法 listdir()的语法格式如下所示。

```
os.listdir(path)
```

方法 listdir()有返回值，返回指定路径下的文件和文件夹列表。参数 path 表示需要列出的目录路径。例如在下面的实例代码中，演示了使用方法 listdir()返回某个目录中子文件夹列表的过程。

实例 10-17：返回某个目录中子文件夹列表
源文件路径：daima\10\10-17

实例文件 lie.py 的具体实现代码如下所示。

```
import os, sys
# 设置变量 path 表示要打开的目录
```

```
path = "123"
dirs = os.listdir( path )     #获取目录中的文件信息
for file in dirs:             #输出所有文件和文件夹
    print (file)              #显示目录中的文件信息
```

```
>>>
456
789
>>>
```

在上述实例代码中,使用方法 listdir()返回了目录 123 中的子文件夹列表。执行效果如图 10-18 所示。

图 10-18　执行效果

10.4.3　使用方法 walk()获取目录下的信息

在 Python 程序中,方法 walk()的功能是遍历显示目录下所有的文件名,向上进行遍历或者向下遍历。执行后将会得到一个三元组 tupple(dirpath, dirnames, filenames),其中第 1 个参数表示起始路径,第 2 个参数表示起始路径下的文件夹,第 3 个参数表示起始路径下的文件。使用方法 walk()的语法格式如下所示。

```
os.walk(top[, topdown=True[, onerror=None[, followlinks=False]]])
```

各个参数的具体说明如下所示。

➢ top: 将要遍历的目录,可以是根目录下的每一个文件夹。

➢ topdown: 可选参数,为 True 时上下遍历。

➢ onerror: 可选参数,错误处理函数。

➢ followlinks: 设置为 true,则通过软链接访问目录。

例如在下面的实例代码中,演示了使用方法 walk()遍历显示某个目录中所有文件夹和文件列表的过程。

 实例 10-18: 遍历显示某个目录中所有文件夹和文件列表
源文件路径: daima\10\10-18

实例文件 bian.py 的具体实现代码如下所示。

```
import os                                    #导入 os 模块
for root, dirs, files in os.walk(".", topdown=False):
                                             #遍历目录中所有文件夹和文件列表
    for name in files:                       #遍历文件
        print(os.path.join(root, name))
    for name in dirs:                        #遍历目录
        print(os.path.join(root, name))
```

在上述实例代码中,使用方法 walk()遍历显示当前所在目录中所有的文件夹和文件列表。执行效果如图 10-19 所示。

```
>>>
.\123\456
.\123\789
.\bian.py
.\123
>>>
```

图 10-19　执行效果

10.5　思考与练习

本章详细讲解了 Python 文件操作的知识，循序渐进地讲解了使用 open()函数打开文件、使用 File 操作文件和使用 OS 对象等内容。在讲解过程中，通过具体实例介绍了使用 Python 文件操作的方法。通过本章的学习，读者应该熟悉使用 Python 文件操作的知识，掌握它们的使用方法和技巧。

一、选择题

(1) 能够返回文件当前位置的函数是(　　　)。
　　A. file.tell()　　　　　　B. file.next()　　　　　　C. file.fileno()

(2) 读取文件中的所有行并返回列表的函数是(　　　)。
　　A. file.tell()　　　　　　B. file.next()　　　　　　C. file.readlines()

二、判断对错

(1) w+模式能够打开一个文件用于读写，如果该文件已存在则将其覆盖，如果该文件不存在则创建新文件。　　　　　　　　　　　　　　　　　　　　　　　(　　　)

(2) wb+模式能够以二进制格式打开一个文件用于读写，如果该文件已存在则将其覆盖，如果该文件不存在则创建新文件。　　　　　　　　　　　　　　　　　　(　　　)

三、上机练习

(1) 编写一个程序，读取某个记事本文件中的内容。
(2) 编写一个程序，读取某个记事本文件中的前 6 个字符的内容。

第 11 章

异常处理

本章要点

- 📖 最常见的语法错误
- 📖 处理异常
- 📖 抛出异常
- 📖 内置异常类

本章主要内容

异常是指程序在运行过程中发生的错误或者不正常的情况。俗话说人无完人，在编写 Python 程序过程中，发生异常是难以避免的事情。异常对程序员来说是一件很麻烦的事情，需要程序员来进行检测和处理。但 Python 语言非常人性化，它可以自动检测异常，并对异常进行捕获，并且通过程序可以对异常进行处理。在本章将详细讲解 Python 处理异常的知识，为读者步入本书后面知识的学习打下基础。

11.1 最常见的语法错误

在编写 Python 程序的过程中，语法错误是最为常见的一种错误，通常是指程序的写法不符合编程语言的规定。在本节的内容中，将详细讲解 Python 语言中常见语法错误的知识。

↑扫码看视频

在 Python 程序中，最为常见的语法错误如下所示。

(1) 代码拼写错误

在编写 Python 程序的过程中，可能将关键字、变量名或函数名书写错误。当书写关键字错误时会提示 SyntaxError(语法错误)，当书写变量名、函数名错误时会在运行时给出 NameError 的错误提示。例如下面的实例代码中，演示了一个常见的代码拼写错误。

 实例 11-1：代码拼写错误
源文件路径：daima\11\11-1

实例文件 pin.py 的具体实现代码如下所示。

```
for i in range(3):        #遍历操作
    prtnt(i)              #print 被错误地写成了 prtnt
```

在上述代码中，Python 中的打印输出函数名 print 被错误地写成了 **prtnt**。执行后会显示 NameError 错误提示，并同时指出错误所在的具体行数等。执行后的效果如图 11-1 所示。

```
\daima\11\11-1\pin.py", line 2, in <module>
    prtnt(i)
NameError: name 'prtnt' is not defined
>>>
```

图 11-1 执行效果

(2) 程序不符合 Python 语法规范

在编写 Python 程序的过程中，经常会发生程序不符合 Python 语法规范的情形。例如少写了括号或冒号，以及写错了表达式等。请看下面的输入过程。

```
>>> while True print('Hello world')
  File "<stdin>", line 1, in ?
    while True print('Hello world')
                   ^
SyntaxError: invalid syntax
```

在上述例子中，函数 print()部分被检查到有错误，出错的原因是在 print 前面缺少了一个冒号 ":"。在执行界面指出了出错的行数，并且在最先找到错误的位置标记了一个小的箭头。

(3) 缩进错误

Python 语言的语法比较特殊，其中最大特色是将缩进作为程序的语法。Python 并没有像其他语言一样采用大括号或者 "begin…end" 分隔代码块，而是采用代码缩进和冒号来区分代码之间的层次。虽然缩进的空白数量是可变的，但是所有代码块语句必须包含相同的缩进空白数量，这个规则必须严格执行。

 知识精讲

例如下面是一段合法缩进的演示代码：

```
if True:
  print("Hello girl!")    #缩进一个 tab 的占位
else:                     #与 if 对齐
  print("Hello boy!")     #缩进一个 tab 的占位
```

Python 语言对代码缩进的要求非常严格，如果不采用合理的代码缩进，将会抛出 SyntaxError 异常。请看图 11-2 所示的代码，这是一段错误缩进代码。

```
>>> if True:
        print("Hello girl!")
else:
        print("Hello boy!")
    print("end")
SyntaxError: unindent does not match any outer indentation level
```

图 11-2 错误缩进

上述错误表明当前使用的缩进方式不一致，有的是 Tab 键缩进的，有的是用空格键缩进的，只需改为一致即可。

11.2 处 理 异 常

在软件开发过程中，异常表示程序在运行过程中引发的错误。如果在程序中引发了未处理的异常，程序就会因为异常而终止运行。只有在程序中捕获这些异常并进行相关的处理，才不会中断程序的正常运行。在本节的内容中，将详细讲解 Python 语言中异常处理的基本知识。

↑扫码看视频

11.2.1 使用 try…except 处理异常

在 Python 程序中，可以使用 try…except 语句处理异常。在处理时需要检测 try 语句块中的错误，从而让 except 语句捕获异常信息并处理。如果不想在异常发生时结束你的程序，只需在 try 里面捕获它即可。使用 try…except 语句处理异常的基本语法格式如下所示。

```
try:
    <语句>                    #可能产生异常的代码
except <名字>:                #要处理的异常
    <语句>                    #异常处理语句
```

上述 try…except 语句的工作原理是，当开始一个 try 语句后，Python 就在当前程序的上下文中作一个标记，这样当异常出现时就可以回到这里。先执行 try 子句，接下来会发生什么依赖于执行时是否出现异常。具体说明如下所示:

➤ 如果执行 try 后的语句时发生异常，Python 就跳回到 try 并执行第一个匹配该异常的 except 子句。异常处理完毕后，控制流通过整个 try 语句(除非在处理异常时又引发新的异常)。

➤ 如果在 try 后的语句里发生了异常，却没有匹配的 except 子句，异常将被递交到上层的 try，或者到程序的最上层(这样将结束程序，并打印默认的出错信息)。

再看下面的演示代码:

```
while True
    try:
        x = int(input("Please enter a number: "))
        break
    except ValueError:
        print("Oops!  That was no valid number.  Try again  ")
```

在上述代码中，try 语句将按照如下所示的方式运行。

(1) 首先，执行 try 子句(在关键字 try 和关键字 except 之间的语句)。

(2) 如果没有异常发生，将会忽略 except 子句，try 子句执行后结束。

(3) 如果在执行 try 子句的过程中发生了异常，那么 try 子句余下的部分将被忽略。如果异常的类型和 except 之后的名称相符，那么对应的 except 子句将被执行。最后执行 try 语句之后的代码。

(4) 如果一个异常没有与任何的 except 匹配，那么这个异常将会传递给上层的 try 中。

例如下面的实例代码中，演示了使用 try…except 语句处理异常的过程。

实例 11-2: 使用 try…except 语句处理异常

源文件路径: daima\11\11-2

实例文件 yi.py 的具体实现代码如下所示。

```
s = 'Hello girl!'        #设置变量 s 的初始值
try:
 print (s[100])          #错误代码
except IndexError:       #处理异常
 print ('error...')      #定义的异常提示信息
print ('continue')       #定义的异常提示信息
```

在上述代码中，第 3 行代码是错误的。当程序执行到第 2 句时会发现 try 语句，进入 try 语句块执行时会发生异常(第 3 行)，程序接下来会回到 try 语句层，寻找后面是否有 except 语句。当找到 except 语句后，会调用这个自定义的异常处理器。except 将异常处理完毕后，程序会继续往下执行。在这种情况下，最后两个 print 语句都会执行。执行后的效果如图 11-3 所示。

```
>>>
error...
continue
>>>
```

图 11-3　执行效果

在 Python 程序中，一个 try 语句可能包含多个 except 子句，分别用来处理不同的特定异常，最多只有一个分支会被执行。处理程序将只针对对应的 try 子句中的异常进行处理，而不是其他的 try 处理程序中的异常。在一个 except 子句中可以同时处理多个异常，这些异常将被放在一个括号里成为一个元组。例如下面的实例代码中，演示了一个 try 语句包含多个 except 子句的过程。

 实例 11-3：一个 try 语句包含多个 except 子句
源文件路径：daima\11\11-3

实例文件 duo.py 的具体实现代码如下所示。

```python
import sys                    #导入 sys 模块
try:
    f = open('456.txt')       #打开指定的文件
    s = f.readline()          #读取文件的内容
    i = int(s.strip())        #将读取到的数据转换为整数
except OSError as err:        #开始处理异常
    print("OS error: {0}".format(err))
except ValueError:            # ValueError 异常
    print("Could not convert data to an integer.")
except:                       #未知异常
    print("Unexpected error:", sys.exc_info()[0])
    raise
```

因为上述代码将会出现 ValueError 错误，所以执行后的效果如图 11-4 所示。

```
>>>
Could not convert data to an integer.
>>>
```

图 11-4　执行效果

11.2.2　使用 try…except…else 处理异常

在 Python 程序中，可以使用 try…except…else 语句处理异常。使用 try…except…else 语句的语法格式如下所示。

```python
try:
    <语句>                    #可能发生异常的代码
except <名字 1>:             #要处理的异常 1
    <语句>                    #异常处理语句
except <名字 2>,             #要处理的异常 2
    <语句>                    #异常处理语句
...
else:
<语句>                        #如果没有异常发生，则执行这行语句
```

在上述格式中，和 try…except 语句相比，如果在执行 try 子句时没有发生异常，Python 将执行 else 语句后的语句(如果有 else 的话)，然后控制流通过整个 try 语句。例如下面的实例代码中，演示了使用 try…except…else 处理异常的过程。

 实例 11-4：使用 try…except…else 处理异常
源文件路径：daima\11\11-4

实例文件 else.py 的具体实现代码如下所示。

```python
def test(index,flag=False):          #定义测试函数
    stulst = ["AAA","BBB","CCC"]      #定义列表
    if flag:                         #当 flag 是 True 时开始捕获异常
        try:
            astu = stulst[index]     #列表索引位置
        except IndexError:           # IndexError 错误
            print("IndexError")
        return "测试完成！"
    else:                            #当 flag 是 False 时不捕获异常
        astu =stulst[index]          #列表索引位置
        return "放弃！"
print("正确参数测试...")
print(test(1,True))                  #不是越界参数，异常捕获
print(test(1))                       #不是越界参数，不异常捕获
print("错误参数测试...")
print(test(4,True))                  #是越界参数，异常捕获
print(test(4))                       #是越界参数，不异常捕获
```

在上述实例代码中，定义了一个可以测试捕获异常的函数 test()。当 flag 为 True 时，函数 test()运行后捕获异常，反之，函数 test()运行时不捕获异常。当传入的参数 index 正确时(不越界)，测试结果都是正常运行的。当传入 index 错误(越界)时，如果不捕获异常，则程序中断运行。执行后的效果如图 11-5 所示。

```
>>>
正确参数测试...
测试完成！
放弃！
错误参数测试...
IndexError
测试完成！
Traceback (most recent call last):
  File "C:\Users\apple0\Desktop\else.py", line 17, in <module>
    print(testTry(4))
  File "C:\Users\apple0\Desktop\else.py", line 10, in testTry
    astu =stulst[index]
IndexError: list index out of range
>>>
```

图 11-5　执行效果

11.2.3　使用 try…except…finally 处理异常

在 Python 程序中，可以使用 try…except…finally 语句处理异常。使用 try…except…finally 语句的语法格式如下所示。

```
try:
    <语句>                    #可能发生异常的代码
except <名字 1>:               #要处理的异常 1
    <语句>                    #异常处理语句
except <名字 2>,              #要处理的异常 2
finally                       #异常处理语句
    <语句>
```

在上述格式中，except 部分可以省略。无论异常发生与否，finally 中的语句都要执行。例如在下面的演示代码中，省略了 except 部分，使用了 finally。

```
s = 'Hello girl!'
try:
 print (s[100])
finally:
 print ('error...')
print ('continue')
```

在上述代码中，finally 语句表示无论异常发生与否，其中的语句都要执行。但是由于没有 except 处理器，所以 finally 执行完毕后程序便中断。在这种情况下，第 2 个 print 会执行，第 1 个 print 不会执行。如果 try 语句中没有异常，则 3 个 print 都会执行。

例如下面的实例代码中，演示了使用 try…except…finally 处理异常的过程。

实例 11-5：使用 finally 确保使用文件后能关闭这个文件

源文件路径：daima\11\11-5

实例文件 fi.py 的具体实现代码如下所示。

```
def test1(index):                      #定义测试函数 test1()
    stulst = ["AAA","BBB","CCC"]        #定义并初始化列表 stulst
    af = open("my.txt",'wt+')           #打开指定的文件
    try:
        af.write(stulst[index])        #写入操作
    except:                            #抛出异常
        pass
    finally:                           #加入 finally 功能
        af.close()                     #不管是否越界，都会关闭这个文件
        print("文件已经关闭!")          #提示文件已经关闭
print('没有 IndexError...')
test1(1)                               #没有发生越界异常，关闭这个文件
print('IndexError...')
test1(4)                               #发生越界异常，关闭这个文件
```

```
>>>
没有IndexError...
文件已经关闭!
IndexError...
文件已经关闭!
>>>
```

在上述实例代码中，定义了一个异常测试函数 test1()，在异常捕获代码中加入了 finally 代码块，代码块的功能是关闭文件，并输出一行提示信息。无论传入的 index 参数值是否导致发生运行时异常(越界)，总是可以正常关闭已经打开的文本文件(my.txt)。执行后的效果如图 11-6 所示。

图 11-6　执行效果

11.3　抛　出　异　常

　　　　程序员在编写 Python 程序时，还可以使用 raise 语句来抛出指定的异常，并向异常传递数据。还可以自定义新的异常类型，例如特意对用户输入文本的长度进行要求，并借助于 raise 引发异常，这样可以实现某些软件程序的特殊要求。在本节的内容中，将详细讲解在 Python 程序中抛出异常的知识。

↑扫码看视频

11.3.1　使用 raise 抛出异常

　　在 Python 程序中，可以使用 raise 语句抛出一个指定的异常。使用 raise 语句的语法格式如下：

```
raise [Exception [, args [, traceback]]]
```

　　在上述格式中，参数 Exception 是异常的类型，例如 NameError。参数 args 是可选的，如果没有提供异常参数，则其值是 None。最后一个参数 traceback 是可选的(在实践中很少使用)，如果存在则表示跟踪异常对象。

　　在 Python 程序中，通常有如下三种使用 raise 抛出异常的方式。

➤　raise 异常名

➤　raise 异常名，附加数据

➤　raise 类名

　　例如下面的实例代码中，演示了使用 raise 抛出异常的过程。

　实例 11-6：使用代码抛出异常
　源文件路径：daima\11\11-6

实例文件 pao.py 的具体实现代码如下所示。

```
def testRaise():                    #定义函数 testRaise()
    for i in range(5):              #实现 for 循环遍历
        if i==2:                    #当循环变量 i 为 2 时抛出 NameError 异常
            raise NameError
        print(i)                    #打印显示 i 的值
    print('end...')
testRaise()                         #调用执行函数 testRaise()
```

　　在上述实例代码中定义了函数 testRaise()，在函数中实现了一个 for 循环，设置当循环变量 i 为 2 时抛出 NameError 异常。因在程序中没有处理该异常，所以会导致程序运行中断，后面的所有输出都不会执行。执行后的效果如图 11-7 所示。

```
>>>
0
1
Traceback (most recent call last):
  File "C:\Users\apple0\Desktop\pao.py", line 8, in <module>
    testRaise()
  File "C:\Users\apple0\Desktop\pao.py", line 4, in testRaise
    raise NameError
NameError
>>>
```

图 11-7　执行效果

11.3.2　使用 assert 语句

在 Python 程序中，assert 语句被称为断言表达式。断言 assert 的主要功能是检查一个条件，如果为真就不做任何事，如果为假则会抛出 AssertError 异常，并且包含错误信息。使用 assert 的语法格式如下：

```
assert<条件测试>,<异常附加数据>    #其中异常附加数据是可选的
```

智慧锦囊

　　其实 assert 语句是简化的 raise 语句，它引发异常的前提是其后面的条件测试为假。例如在下面的演示代码中，会先判断 assert 后面紧跟的语句是 True 还是 False，如果是 True 则继续执行后面的 print，如果是 False 则中断程序，调用默认的异常处理器，同时输出 assert 语句逗号后面的提示信息。在下面代码中，因为 assert 后面跟的是 False，所以程序中断，提示 error，后面的 print 部分不执行。

```
assert False,'error...'
print ('continue')
```

例如下面的实例代码中，演示了使用 assert 语句抛出异常的过程。

实例 11-7：使用 assert 语句抛出异常
源文件路径：daima\11\11-7

实例文件 duan.py 的具体实现代码如下所示。

```
def testAssert():              #定义函数 testAssert()
    for i in range(3):         #实现 for 循环遍历
        try:
            assert i<2         #当循环变量 i 的值为 2 时
        except AssertionError: #抛出 AssertionError 异常
            print('抛出一个异常!') #执行后面的语句
        print(i)               #执行后面的语句
    print('end...')            #执行后面的语句
testAssert()
```

```
>>>
0
1
抛出一个异常!
2
end...
>>>
```

在上述实例代码中定义了函数 testAssert()，在函数中设置了一个 for 循环，当循环变量 i 的值为 2 时，assert 后面的条件测试会变为 False。此时虽然会抛出 AssertionError 异常，但是这个异常会被捕获处理，程序不会中断，后面的所有输出语句都会得到执行。执行后的效果如图 11-8 所示。

图 11-8　执行效果

11.3.3 自定义异常

在 Python 程序中，开发者可以具有很大的灵活性，甚至可以自己定义异常。在定义异常类时需要继承类 Exception，这个类是 Python 中常规错误的基类。定义异常类的方法和定义其他类没有区别，最简单的自定义异常类甚至可以只继承类 Exception，类体为 pass(空语句)，例如：

```
class MyError (Exception):        #继承 Exception 类
    pass
```

如果想在自定义的异常类中带有一定的提示信息，也可以重载__init__()和__str__()这两个方法。例如下面的实例代码中，演示了自定义一个异常类的过程。

 实例 11-8： 自定义一个异常类
源文件路径： daima\11\11-8

实例文件 zi.py 的具体实现代码如下所示。

```
#自定义继承于类 Exception 的异常类 RangeError
class RangeError(Exception):
    def __init__(self,value):                #重载方法__init__()
        self.value = value
    def __str__(self):                       #重载方法__str__()
        return self.value
raise RangeError('Range 错误!')              #抛出自定义异常
```

在上述实例代码中，首先自定义了一个继承于类 Exception 的异常类，并重载了方法__init__()和方法__str__()，然后使用 raise 抛出这个自定义的异常。执行后的效果如图 11-9 所示。

```
>>>
Traceback (most recent call last):
  File "C:\Users\apple0\Desktop\zi.py", line 9, in <module>
    raise RangeError('Range错误!')
RangeError: Range错误!
>>>
```

图 11-9　执行效果

11.4　内置异常类

在 Python 语言中内置定义了几个重要的异常类，开发过程中常见的异常都已经预定义好了，在交互式环境中，可以使用 dir(__builtins__)命令显示出所有的预定义异常。在本节的内容中，将详细讲解 Python 内置的异常类的知识。

↑扫码看视频

11.4.1　常用的异常类

在 Python 程序中，常用的内置预定异常类如表 11-1 所示。

表 11-1　常用的内置预定异常类

异常名	描　述
AttributeError	调用不存在的方法引发的异常
EOFError	遇到文件末尾引发的异常
ImportError	导入模块出错引发的异常
IndexError	列表越界引发的异常
IOError	I/O 操作引发的异常，如打开文件出错等
KeyError	使用字典中不存在的关键字引发的异常
NameError	使用不存在的变量名引发的异常
TabError	语句块缩进不正确引发的异常
ValueError	搜索列表中不存在的值引发的异常
ZeroDivisionError	除数为零引发的异常
FileNotFoundError	找不到文件所发生的异常

11.4.2　处理 ZeroDivisionError 异常

在 Python 程序中，ZeroDivisionError 异常是指除数为零引发的异常。例如下面的实例代码中，演示了处理 ZeroDivisionError 异常的过程。

 实例 11-9：处理 ZeroDivisionError 异常
源文件路径：daima\11\11-9

实例文件 chu.py 的具体实现代码如下所示。

```
print("输入两个数字：")          #提示文本
print("按下'q' 退出程序！")     #提示文本
while True:
    first_number = input("\n输入第 1 个数字：")
    if first_number == 'q':
        break
    second_number = input("输入第 2 个数字：")
    try:
        answer = int(first_number) / int(second_number)
    except ZeroDivisionError:
        print("除数不能为 0！")
    else:
        print(answer)
```

当在 Python 程序中引发 ZeroDivisionError 异常时，Python 将停止运行程序，并指出引发了哪种异常，开发者可以根据这些信息对程序进行修改。例如在本实例代码中，当认为可能会发生错误时，特意编写了一个 try…except 语句来处理可能引发的异常。如果 try 代码块中的代码能够正确运行，那么 Python 将跳过 except 代码块。如果 try 代码块中的代码有错误，Python 将查找这样的 except 代码块，并运行里面的代码，也就是其中指定的错误与引发的错误相同。在上述实例代码中，如果 try 代码块中的代码引发了 ZeroDivisionError 异常，Python 会运行其中的代码，输出"除数不能为 0！"的提示。

```
>>>
输入两个数字：
按下'q' 退出程序！

输入第1个数字：  2
输入第2个数字：  0
除数不能为0!
```

图 11-10 　执行效果

在运行上述实例代码中，如果输入的第 2 个数字是 0，将会引发 ZeroDivisionError 异常。执行后的效果如图 11-10 所示。

11.5　实践案例与上机指导

通过本章的学习，读者基本可以掌握 Python 语言异常处理的基础知识。其实 Python 语言中异常处理的知识还有很多，这需要读者通过课外渠道来加深学习。下面通过练习操作，以达到巩固学习、拓展提高的目的。

↑扫码看视频

11.5.1　FileNotFoundError 异常

在 Python 程序中，FileNotFoundError 异常是因为找不到要操作的文件而引发的异常。当在编程过程中使用文件时，一种常见的错误情形是找不到文件，例如你要查找的文件可能在其他地方，文件名可能不正确或者这个文件根本就不存在。这时可以使用 try…except 语句以直观的方式来处理 FileNotFoundError 异常。例如下面的实例代码中，尝试读取一个不存在的文件，演示了处理 FileNotFoundError 异常的过程。

实例 11-10： 处理 FileNotFoundError 异常
源文件路径： daima\11\11-10

实例文件 wencuo.py 的具体实现代码如下所示。

```python
filename = '456.txt'
try:
    with open(filename) as f_obj:
        contents = f_obj.read()
except FileNotFoundError as e:
    msg = "对不起，文件" + filename + "根本不存在！"
    print(msg)
else:
    # Count the approximate number of words in the file.
    words = contents.split()
    num_words = len(words)
    print("文件" + filename + "包含" + str(num_words) + "个 word！")
```

在运行上述代码时，如果尝试读取一个不存在的文件 456.txt 时，Python 会输出 FileNotFoundError 异常，这是 Python 找不到要打开的文件时创建的异常。在上述实例代码中，因为这个错误是由文件打开函数 open() 导致的，所以要想处理这个错误，必须将 try 语句放在包含 open() 的代码行之前。

在运行上述实例代码中，如果文件 456.txt 不存在则会引发 FileNotFoundError 异常。如果文件 456.txt 存在则统计文件中的单词个数。执行后的效果如图 11-11 所示。

```
>>>
对不起，文件456.txt根本不存在！
>>> |

        文件 456.txt 不存在时
```

```
>>>
文件456.txt包含3个word！
>>>

        文件 456.txt 存在时
```

图 11-11　执行效果

11.5.2　except 捕获方式

在 Python 程序中，except 语句可以通过如下 5 种方式捕获异常。

➤ except：捕获所有异常。

➤ except<异常名>：捕获指定异常。

➤ except(异常名 1，异常名 2)：捕获异常名 1 或者异常名 2。

➤ except<异常名>as<数据>：捕获指定异常及其附加的数据。

➤ except(异常名 1，异常名 2) as <数据>：捕获异常名 1 或者异常名 2 及异常的附加数据。

例如下面的实例代码中，演示了使用 except 捕获所有异常的过程。

 实例 11-11：使用 except 捕获所有的异常
源文件路径：daima\11\11-11

实例文件 all.py 的具体实现代码如下所示。

```python
def test2(index,i):        #定义一个除法运算函数 test2()
    stulst = ["AAA","BBB","CCC","DDD"]
    try:                   #异常处理
        print(len(stulst[index])/i)
    except:                #捕获了所有的异常
        print("Error, 出错了！")
print('都正确吗？')
test2(3,2)                 #正确
print('一个 Error')
test2(3,0)                 #错误
print('两个 Error')
test2(4,0)                 #错误
```

```
>>>
都正确吗？
1.5
一个Error
Error，出错了！
两个Error
Error，出错了！
>>>
```

图 11-12　执行效果

在上述实例代码中定义了一个除法运算函数 test2()，在 try 语句中捕获了所有的异常。其中在第 3 次调用测试中，同时发生了越界异常和除 0 异常，但是程序不会中断，因为 try 语句中的 except 捕获了所有的异常。执行后的效果如图 11-12 所示。

11.6　思考与练习

本章详细讲解了 Python 异常处理的知识，循序渐进地讲解了最常见的语法错误、处理异常、抛出异常和内置异常类等内容。在讲解过程中，通过具体实例介绍了使用 Python 异常处理机制的方法。通过本章的学习，读者应该熟悉使用 Python 异常处理机制的知识，掌握它们的使用方法和技巧。

一、选择题

(1) 在 Python 程序中有三种使用 raise 抛出异常的方式，其中不正确的是(　　)。

A. raise 异常名　　　　　　　B. raise 类名　　　　　　　C. raise 方法名

(2) 在 Python 程序中，内置的找不到文件异常是(　　)。

A. FileNotFoundError　　　　B. NotFoundFileError　　　　C. FoundNotFileError

二、判断对错

(1) 如果一个异常没有与任何的 except 匹配，那么这个异常不会被传递给上层的 try 中。

(　　)

(2) finally 语句表示无论异常发生与否，finally 中的语句都要执行。　　　　(　　)

三、上机练习

(1) 编写一个程序，使用 try…except 语句处理异常。

(2) 编写一个程序，使用 try…except…finally 语句处理异常。

第 **12** 章

标准库函数

- 字符串处理函数
- 数字处理函数
- 日期和时间函数

本章主要内容

为了帮助开发者快速实现软件开发功能，在 Python 程序中提供了大量内置的标准库，例如文件操作库、正则表达式库、数学运算库和网络操作库等。在这些标准库中都提供了大量的内置函数，这些函数是 Python 程序实现软件项目功能的最有力工具。在本章的内容中，将详细讲解 Python 语言中常用标准库函数的核心知识，为读者步入本书后面知识的学习打下基础。

12.1　字符串处理函数

　　在 Python 的内置模块中，提供了大量的处理字符串函数，通过这些函数可以帮助开发者快速处理字符串。在本节的内容中，将详细讲解使用 Python 内置函数实现字符串处理的知识。

↑扫码看视频

12.1.1　分割字符串

(1)　使用内置模块 string 中的函数 split()

在内置模块 string 中，函数 split()的功能是通过指定的分隔符对字符串进行切片，如果参数 num 有指定值，则只分隔 num 个子字符串。使用函数 split()的语法格式如下所示。

```
str.split(str="", num=string.count(str));
```

➤　参数 str: 是一个分隔符，默认为所有的空字符，包括空格、换行符\n、制表符\t 等。

➤　参数 num: 分割次数。

 实例 12-1: 使用函数 split()分割指定的字符串
源文件路径: daima\12\12-1

在下面的实例文件 fenge.py 中，使用函数 split()分割了指定的字符串。

```
str = "this is string example....wow!!!"
print (str.split( ))
print (str.split('i',1))
print (str.split('w'))
import re
print (re.split('w'))
```

在上述代码中，分别三次调用内置函数 str.split( )对字符串 str 进行了分割，执行后输出:

```
['this', 'is', 'string', 'example....wow!!!']
['th', 's is string example....wow!!!']
['this is string example....', 'o', '!!!!']
```

(2)　使用内置模块 re 中的函数 split()

在内置模块 re 中，函数 split()的功能是进行字符串分割操作。其语法格式如下所示:

```
re.split(pattern, string[, maxsplit])
```

上述语法格式的功能是按照能够匹配的子串将 string 分割，然后返回分割列表。参数

maxsplit 用于指定最大的分割次数，不指定则全部分割。

 实例 12-2：使用函数 re.split()分割指定的字符串
源文件路径：daima\12\12-2

例如在下面的实例文件 refenge.py 中，演示了使用函数 re.split()分割指定字符串的过程。

```
import re
line = 'asdf fjdk; afed, fjek,asdf,      foo'
# 根据空格、逗号和分号进行拆分
①parts = re.split(r'[;,\s]\s*', line)
print(parts)

#根据捕获组进行拆分
②fields = re.split(r'(;|,|\s)\s*', line)
print(fields)
```

①　使用的分隔符是逗号、分号或者是空格符，后面可跟着任意数量的额外空格。

②　根据捕获组进行分割，在使用 re.split()时需要注意正则表达式模式中的捕获组是否包含在括号中。如果用到了捕获组，那么匹配的文本也会包含在最终结果中。

执行后会输出：

```
['asdf', 'fjdk', 'afed', 'fjek', 'asdf', 'foo']
['asdf', ' ', 'fjdk', ';', 'afed', ',', 'fjek', ',', 'asdf', ',', 'foo']
```

12.1.2　字符串开头和结尾处理

在内置模块 string 中，函数 startswith()的功能是检查字符串是否是以指定的子字符串开头，如果是则返回 True，否则返回 False。如果参数 beg 和 end 指定了具体的值，则会在指定的范围内进行检查。使用函数 startswith()的语法格式如下所示：

```
str.startswith(str, beg=0,end=len(string));
```

➢　参数 str：要检测的字符串。
➢　参数 beg：可选参数，用于设置字符串检测的起始位置。
➢　参数 end：可选参数，用于设置字符串检测的结束位置。

在内置模块 string 中，函数 endswith()的功能是判断字符串是否以指定后缀结尾，如果以指定后缀结尾返回 True，否则返回 False。其中的可选参数 start 与 end 分别表示检索字符串的开始与结束位置。使用函数 endswith()的语法格式如下所示。

```
str.endswith(suffix[, start[, end]])
```

➢　参数 suffix：可以是一个字符串或者是一个元素。
➢　参数 start：字符串中的开始位置。
➢　参数 end：字符中的结束位置。

 实例 12-3：使用函数 startswith()和 endswith()对指定的字符串进行处理
源文件路径：daima\12\12-3

在下面的实例文件 qianhou.py 中，分别使用函数 startswith()和 endswith()对指定的字符串进行处理。

```
str = "this is string example...wow!!!"
print (str.startswith( 'this' ))
print (str.startswith( 'string', 8 ))
print (str.startswith( 'this', 2, 4 ))

suffix='!!!'
print (str.endswith(suffix))
print (str.endswith(suffix,20))
suffix='run'
print (str.endswith(suffix))
print (str.endswith(suffix, 0, 19))
```

由此可见，函数 startswith()和 endswith()提供了一种非常方便的方式，对字符串的前缀和后缀实现了基本的检查。执行后会输出：

```
True
True
False
True
True
False
False
```

12.1.3 实现字符串匹配处理

在内置模块 fnmatch 中，函数 fnmatch()的功能是采用大小写区分规则和底层文件相同(根据操作系统而区别)的模式进行匹配。其语法格式如下所示：

```
fnmatch.fnmatch(name, pattern)
```

上述语法格式的功能是测试 name 是否匹配 pattern，是则返回 True，否则返回 False。

在内置模块 fnmatch 中，函数 fnmatchcase()的功能是根据所提供的大小写进行匹配，用法和上面的函数 fnmatch()类似。

 知识精讲

函数 fnmatch()和 fnmatchcase()的匹配样式是 UnixShell 风格的，其中 "*" 表示匹配任何单个或多个字符，"?" 表示匹配单个字符，[seq]表示匹配单个 seq 中的字符，[!seq]表示匹配不在 seq 中的单个字符。

 实例 12-4：使用函数 fnmatch()和 fnmatchcase()实现字符串匹配
源文件路径：daima\12\12-4

在下面的实例文件 pipeizifu.py 中，演示了分别使用函数 fnmatch()和 fnmatchcase()实现字符串匹配的过程。

```
from fnmatch import fnmatchcase as match
import fnmatch
# 匹配以.py 结尾的字符串
①print(fnmatch.fnmatch('py','.py'))

②print(fnmatch.fnmatch('tlie.py','*.py'))

# On OS X (Mac)
③#print(fnmatch.fnmatch('123.txt', '*.TXT'))
# On Windows
④print(fnmatch.fnmatch('123.txt', '*.TXT'))
⑤print(fnmatch.fnmatchcase('123.txt', '*.TXT'))

⑥addresses = [
    '5000 A AAA FF',
    '1000 B BBB',
    '1000 C CCC',
    '2000 D DDD NN',
    '4234 E EEE NN',
]

⑦a = [addr for addr in addresses if match(addr, '* FF')]
print(a)

⑧b = [addr for addr in addresses if match(addr, '42[0-9][0-9] *NN*')]
print(b)
```

①～②演示了函数 fnmatch()的基本用法，可以匹配以.py 结尾的字符串，用法和函数 fnmatchcase()相似。

③和④演示了函数 fnmatch()的匹配模式所采用的大小写区分规则和底层文件系统相同，根据操作系统的不同而有所不同。

⑤使用函数 fnmatchcase()根据提供的大小写方式进行匹配。

⑥演示了在处理非文件名式的字符串时的作用，定义了保存一组联系地址的列表 addresses。

⑦和⑧使用 match()进行推导。

由此可见，fnmatch 所实现的匹配操作介乎于简单的字符串方法和正则表达式之间。如果只想在处理数据时提供一种简单的机制以允许使用通配符，那么通常这都是合理的解决方案。本实例执行后会输出：

```
False
True
True
False
['5000 A AAA FF']
['4234 E EEE NN']
```

12.1.4 文本查找和替换

在 Python 程序中，如果只是想实现简单的文本替换功能，只需使用内置模块 string 中的函数 replace()即可。函数 replace()的语法格式如下所示：

```
str.replace(old, new[, max])
```

➢ old: 将被替换的子字符串。

➢ new: 新字符串，用于替换 old 子字符串。

➢ max: 可选字符串，替换不超过 max 次。

函数 replace()能够把字符串中的 old(旧字符串)替换成 new(新字符串)，如果指定第三个参数 max，则替换不超过 max 次。

实例 12-5：使用函数 replace()实现文本替换
源文件路径：daima\12\12-5

例如在下面的实例文件 tihuan.py 中，演示了使用函数 replace()实现文本替换的过程。

```python
str = "www.toppr.net"
print ("玲珑科技新地址: ", str)
print ("玲珑科技新地址: ", str.replace("chubanbook.com", "www.w3cschool.cc"))

str = "this is string example...hehe!!!"
print (str.replace("is", "was", 3))
```

执行后会输出：

```
玲珑科技新地址:  www.toppr.net
玲珑科技新地址:  www.toppr.net
thwas was string example...hehe!!!
```

12.2 数字处理函数

在 Python 的内置模块中，提供了大量的数字处理函数，通过这些函数可以帮助开发者灵活高效地处理数字。在本节的内容中，将详细讲解使用 Python 内置函数实现数字处理的知识。

↑扫码看视频

在 Python 语言中，模块 math 提供了一些实现基本数学运算功能的函数，例如求正弦、求根、求对数等。在下面的内容中，将详细讲解 math 模块中常用内置函数的知识。

(1) 函数 abs()：功能是计算一个数字的绝对值，其语法格式如下所示.

```
abs( x )
```

参数 x 是一个数值表达式，如果参数 x 是一个复数，则返回它的模。

 实例 12-6：使用函数 abs()返回数字绝对值
源文件路径：daima\12\12-6

例如在下面的实例文件 juedui.py 中，演示了使用函数 abs()返回数字绝对值的过程。

```
print ("abs(-40) : ", abs(-40))
print ("abs(100.10) : ", abs(100.10))
```

执行后会输出：

```
abs(-40) :  40
abs(100.10) :  100.1
```

(2) 函数 ceil(x)：功能是返回一个大于或等于 x 的最小整数，其语法格式如下所示。

```
math.ceil( x )
```

参数 x 是一个数值表达式。

在 Python 程序中，函数 ceil()是不能直接访问的，在使用时需要导入 math 模块，通过静态对象调用该函数。

 实例 12-7：使用函数 ceil()返回最小整数值
源文件路径：daima\12\12-7

例如在下面的实例文件 zuixiaozheng.py 中，演示了使用函数 ceil()返回最小整数值的过程。

```
import math    # 导入 math 模块

print ("math.ceil(-45.17) : ", math.ceil(-45.17))
print ("math.ceil(100.12) : ", math.ceil(100.12))
print ("math.ceil(100.72) : ", math.ceil(100.72))
print ("math.ceil(math.pi) : ", math.ceil(math.pi))
```

执行后会输出：

```
math.ceil(-45.17) :  -45
math.ceil(100.12) :  101
math.ceil(100.72) :  101
math.ceil(math.pi) :  4
```

在上述代码中，如果删除了头文件 import math，则后面的代码会提示错误。

(3) 函数 exp()：返回参数 x 的指数值 e^x，其语法格式如下所示。

```
math.exp( x )
```

在 Python 程序中，函数 exp()是不能直接访问的，在使用时需要导入 math 模块，通过静态对象调用该函数。

实例 12-8： 使用函数 exp()返回指数值
源文件路径： daima\12\12-8

例如在下面的实例文件 zhishu.py 中，演示了使用函数 exp()返回参数指数值的过程。

```python
import math   # 导入 math 模块

print ("math.exp(-45.17) : ", math.exp(-45.17))
print ("math.exp(100.12) : ", math.exp(100.12))
print ("math.exp(100.72) : ", math.exp(100.72))
print ("math.exp(math.pi) : ", math.exp(math.pi))
```

执行后会输出：

```
math.exp(-45.17) :  2.41500621326294006e-20
math.exp(100.12) :  3.0308436120742566e+43
math.exp(100.72) :  5.522557130248187e+43
math.exp(math.pi) :  23.120692632779267
```

(4) 函数 fabs()：功能是返回数字的绝对值，如 math.fabs(-10)返回 10.0。其语法格式如下所示：

```python
math.fabs(x)
```

函数 fabs()类似于 abs()函数，两者主要有如下所示的两点区别。

➢ abs()是内置标准函数，而 fabs()函数在 math 模块中定义。
➢ 函数 fabs()只对浮点型跟整型数值有效，而函数 abs()还可以被运用在复数中。

在 Python 程序中，函数 fabs()是不能直接访问的，在使用时需要导入 math 模块，通过静态对象调用该函数。

实例 12-9： 使用函数 fabs()返回参数的绝对值
源文件路径： daima\12\12-9

例如在下面的实例文件 juedui1.py 中，演示了使用函数 fabs()返回参数的绝对值的过程。

```python
import math    # 导入 math 模块

print ("math.fabs(-45.17) : ", math.fabs(-45.17))
print ("math.fabs(100.12) : ", math.fabs(100.12))
print ("math.fabs(100.72) : ", math.fabs(100.72))
print ("math.fabs(math.pi) : ", math.fabs(math.pi))
```

执行后会输出：

```
math.fabs(-45.17) :  45.17
math.fabs(100.12) :  100.12
math.fabs(100.72) :  100.72
math.fabs(math.pi) :  3.121592653589793
```

(5) 函数 floor(x)：功能是返回参数 x 的下舍整数，返回值小于或等于 x。其语法格式如下所示：

```python
math.floor( x )
```

在 Python 程序中，函数 floor(x)是不能直接访问的，在使用时需要导入 math 模块，通过静态对象调用该函数。

 实例 12-10：使用函数 floor(x)返回指定数字的下舍整数
源文件路径：daima\12\12-10

例如在下面的实例文件 xiaode.py 中，演示了使用函数 floor(x)返回指定数字的下舍整数的过程。

```python
import math   # 导入 math 模块

print ("math.floor(-45.17) : ", math.floor(-45.17))
print ("math.floor(100.12) : ", math.floor(100.12))
print ("math.floor(100.72) : ", math.floor(100.72))
print ("math.floor(math.pi) : ", math.floor(math.pi))
```

执行后会输出：

```
math.floor(-45.17) :  -46
math.floor(100.12) :  100
math.floor(100.72) :  100
math.floor(math.pi) :  3
```

(6) 函数 log()：功能是返回参数 x 的自然对数，x > 0。其语法格式如下所示：

```python
math.log( x )
```

在 Python 程序中，函数 log()是不能直接访问的，在使用时需要导入 math 模块，通过静态对象调用该函数。

 实例 12-11：使用函数 log()计算指定数字的自然对数
源文件路径：daima\12\12-11

例如在下面的实例文件 zirandui.py 中，演示了使用函数 log()计算指定数字自然对数的过程。

```python
import math   # 导入 math 模块

print ("math.log(100.12) : ", math.log(100.12))
print ("math.log(100.72) : ", math.log(100.72))
print ("math.log(math.pi) : ", math.log(math.pi))
```

执行后会输出：

```
math.log(100.12) :  4.60636946665635735
math.log(100.72) :  4.612344389736092
math.log(math.pi) :  1.1247298858494002
```

(7) 函数 log10()：功能是返回以 10 为基数的参数 x 的对数，x>0。其语法格式如下所示：

```python
math.log10( x )
```

在 Python 程序中，函数 log10()是不能直接访问的，在使用时需要导入 math 模块，通过静态对象调用该函数。

 实例 12-12：使用函数 log10()计算以 10 为基数的对数值
源文件路径：daima\12\12-12

例如在下面的实例文件 shidedui.py 中，演示了使用函数 log10() 计算以 10 为基数的对数值的过程。

```
import math   # 导入 math 模块

print ("math.log10(100.12) : ", math.log10(100.12))
print ("math.log10(100.72) : ", math.log10(100.72))
print ("math.log10(119) : ", math.log10(119))
print ("math.log10(math.pi) : ", math.log10(math.pi))
```

执行后会输出：

```
math.log10(100.12) :  2.0005208409361854
math.log10(100.72) :  2.003115717099806
math.log10(119) :  2.0755469613925306
math.log10(math.pi) :  0.49712987269413385
```

(8) 函数 max()：功能是返回指定参数的最大值，参数可以是序列。其语法格式如下所示：

```
max( x, y, z, ... )
```

参数 x、y 和 z 都是一个数值表达式。

 实例 12-13：使用函数 max() 获取参数中的最大值
源文件路径：daima\12\12-13

例如在下面的实例文件 zuidazhi.py 中，演示了使用函数 max() 获取参数中最大值的过程。

```
print ("max(80, 100, 1000) : ", max(80, 100, 1000))
print ("max(-20, 100, 400) : ", max(-20, 100, 400))
print ("max(-80, -20, -10) : ", max(-80, -20, -10))
print ("max(0, 100, -400) : ", max(0, 100, -400))
```

执行后会输出：

```
max(80, 100, 1000) :  1000
max(-20, 100, 400) :  400
max(-80, -20, -10) :  -10
max(0, 100, -400) :  100
```

(9) 函数 min()：功能是返回给定参数的最小值，参数是一个序列。其语法格式如下所示：

```
min( x, y, z, ... )
```

 实例 12-14：使用函数 min() 获取参数中的最小值
源文件路径：daima\12\12-14

例如在下面的实例文件 zuixiaozhi.py 中，演示了使用函数 min() 获取参数中最小值的过程。

```
print ("min(80, 100, 1000) : ", min(80, 100, 1000))
print ("min(-20, 100, 400) : ", min(-20, 100, 400))
print ("min(-80, -20, -10) : ", min(-80, -20, -10))
print ("min(0, 100, -400) : ", min(0, 100, -400))
```

执行后会输出：

```
min(80, 100, 1000) :  80
min(-20, 100, 400) :  -20
min(-80, -20, -10) :  -80
min(0, 100, -400) :  -400
```

(10) 函数 modf()：功能是分别返回参数 x 的整数部分和小数部分，两部分的数值符号与参数 x 相同，整数部分以浮点型表示。其语法格式如下所示：

```
math.modf( x )
```

在 Python 程序中，函数 modf()是不能直接访问的，在使用时需要导入 math 模块，通过静态对象调用该函数。

 实例 12-15：使用函数 modf()获取参数的整数部分和小数部分
源文件路径：daima\12\12-15

例如在下面的实例文件 zhengxiao.py 中，演示了使用函数 modf()获取参数的整数部分和小数部分的过程。

```
import math   # 导入 math 模块
print ("math.modf(100.12) : ", math.modf(100.12))
print ("math.modf(100.72) : ", math.modf(100.72))
print ("math.modf(119) : ", math.modf(119))
print ("math.modf(math.pi) : ", math.modf(math.pi))
```

执行后会输出：

```
math.modf(100.12) :  (0.12000000000000455, 100.0)
math.modf(100.72) :  (0.7199999999999989, 100.0)
math.modf(119) :  (0.0, 119.0)
math.modf(math.pi) :  (0.14159265358979312, 3.0)
```

(11) 函数 pow()：功能是返回 x^y(x 的 y 次方)的结果值。在 Python 程序中，有两种语法格式的 pow()函数。其中在 math 模块中，函数 pow()的语法格式如下所示。

```
math.pow( x, y )
```

Python 内置的标准函数 pow()的语法格式如下所示。

```
pow(x, y[, z])
```

函数 pow()的功能是计算 x 的 y 次方，如果 z 存在，则再对结果进行取模，其结果等效于 pow(x,y) %z。

如果通过 Python 内置函数的方式直接调用 pow()，内置函数 pow()会把其本身的参数作为整型。而在 math 模块中，则会把参数转换为 float 型。

 实例 12-16：使用两种格式的 pow()函数
源文件路径：daima\12\12-16

例如在下面的实例文件 cifang.py 中，演示了使用两种格式 pow()函数的过程。

```
import math   # 导入 math 模块
print ("math.pow(100, 2) : ", math.pow(100, 2))
```

```
# 使用内置函数, 查看输出结果区别
print ("pow(100, 2) : ", pow(100, 2))
print ("math.pow(100, -2) : ", math.pow(100, -2))
print ("math.pow(2, 4) : ", math.pow(2, 4))
print ("math.pow(3, 0) : ", math.pow(3, 0))
```

执行后会输出:

```
math.pow(100, 2) : 10000.0
pow(100, 2) : 10000
math.pow(100, -2) : 0.0001
math.pow(2, 4) : 16.0
math.pow(3, 0) : 1.0
```

(12) 函数 round(): 功能是返回浮点数 x 的四舍五入值, 其语法格式如下所示:

```
round( x [, n] )
```

参数 x 和 n 都是一个数值表达式。

12.3　日期和时间函数

在 Python 的内置模块中, 提供了大量的日期和时间函数, 通过这些函数可以帮助开发者快速实现日期和时间功能。在本节的内容中, 将详细讲解使用 Python 时间和日期函数的知识。

↑扫码看视频

12.3.1　使用时间模块

在 Python 程序中, 时间 time 模块中的常用内置函数如下所示。

(1) 函数 time.altzone: 功能是返回格林威治西部的夏令时地区的偏移秒数, 如果该地区在格林威治东部会返回负值(如西欧, 包括英国)。只有对夏令时启用地区才能使用此函数。例如下面演示过程展示了函数 altzone() 的使用方法:

```
>>> import time
>>> print ("time.altzone %d " % time.altzone)
time.altzone -28800
```

(2) 函数 time.asctime([tupletime]): 功能是接收时间元组并返回一个可读的形式为 Tue Dec 11 18:07:12 2020(2020 年 12 月 11 日 周二 18 时 07 分 12 秒)的 24 个字符的字符串。例如下面的演示过程展示了函数 asctime() 的使用方法:

```
>>> import time
>>> t = time.localtime()
```

```
>>> print ("time.asctime(t): %s " % time.asctime(t))
time.asctime(t): Thu Apr  7 10:36:20 2020
```

(3) 函数 time.clock()：以浮点数计算的秒数返回当前的 CPU 时间，用来衡量不同程序的耗时。读者需要注意，函数 time.clock()在不同操作系统中的含义不同。在 Unix 系统中，它返回的是进程时间，是用秒表示的浮点数(时间戳)。当在 Windows 系统中第一次调用时，返回的是进程运行的实际时间，而在第二次之后调用的是自第一次调用以后到现在的运行时间(实际上是以 Win 32 上 QueryPerformanceCounter()为基础，它比毫秒表示更为精确)。

 知识精讲

在第一次调用函数 time.clock()的时候，返回的是程序运行的实际时间。第二次之后的调用，返回的是自第一次调用后到这次调用的时间间隔。在 Win32 系统下，这个函数返回的是真实时间，而在 Unix/Linux 下返回的是 CPU 时间。

 实例 12-17：使用函数 time.clock()实现事件处理
源文件路径：daima\12\12-17

例如在下面的实例文件 shijian01.py 中，演示了使用函数 time.clock()实现事件处理的过程。

```
import time

def procedure():
    time.sleep(2.5)

# time.clock
t0 = time.clock()
procedure()
print (time.clock() - t0)

# time.time
t0 = time.time()
procedure()
print (time.time() - t0)
```

在不同机器的执行效果不同，在笔者机器中执行后会输出：

```
2.50022311225581215
2.5006518363952637
```

(4) 函数 time.ctime([secs])：其功能相当于 asctime(localtime(secs))函数，如果没有参数则相当于 asctime()函数。例如下面的演示过程展示了函数 time.ctime()的使用方法：

```
>>> import time
>>> print ("time.ctime() : %s" % time.ctime())
time.ctime() : Thu Apr  7 10:51:58 2020
```

(5) 函数 time.gmtime([secs])：接收时间辍(1970 纪元后经过的浮点秒数)并返回格林威治天文时间下的时间元组 t。读者需要注意，t.tm_isdst 始终为 0。例如下面的演示过程展示了函数 gmtime()的使用方法：

```
>>> import time
>>> print ("gmtime :", time.gmtime(1255508609.34375))
gmtime : time.struct_time(tm_year=2016, tm_mon=2, tm_mday=15, tm_hour=3,
tm_min=56, tm_sec=49, tm_wday=0, tm_yday=46, tm_isdst=0)
```

(6) 函数 time.localtime([secs]): 接收时间辍(1970 纪元后经过的浮点秒数)并返回当地时间下的时间元组 t(t.tm_isdst 可以取 0 或 1, 取决于当地当时是不是夏令时)。例如下面的演示过程展示了函数 localtime()的使用方法:

```
>>> import time
>>> print ("localtime(): ", time.localtime(1255508609.34375))
localtime():       time.struct_time(tm_year=2016,   tm_mon=2,   tm_mday=15,
tm_hour=11, tm_min=56, tm_sec=49, tm_wday=0, tm_yday=46, tm_isdst=0)
```

(7) 函数 time.mktime(tupletime): 接收时间元组并返回时间辍(1970 纪元后经过的浮点秒数)。函数 mktime(tupletime)执行与 gmtime()、localtime()相反的操作,能够接收 struct_time 对象作为参数,返回用秒数表示时间的浮点数。如果输入的值不是一个合法的时间,将会触发 OverflowError 或 ValueError 错误。参数 tupletime 是结构化的时间或者完整的 9 位元组元素。

实例 12-18:使用函数 mktime(tupletime)实现时间操作
源文件路径:daima\12\12-18

例如在下面的实例文件 shijian02.py 中,演示了使用函数 mktime(tupletime)实现时间操作的过程。

```
import time

t = (2020, 2, 17, 17, 3, 38, 1, 48, 0)
secs = time.mktime( t )
print ("time.mktime(t) : %f" % secs)
print ("asctime(localtime(secs)):%s" % time.asctime(time.localtime(secs)))
```

执行后会输出:

```
time.mktime(t) : 1518858218.000000
asctime(localtime(secs)): Sat Feb 17 17:03:38 2020
```

(8) 函数 time.sleep(secs): 功能是推迟调用线程的运行,参数 secs 指秒数。例如下面的演示过程展示了函数 time.sleep(secs)的使用方法:

```
import time
print ("Start : %s" % time.ctime())
time.sleep( 5 )
print ("End : %s" % time.ctime())
```

(9) 函数 time.strftime(fmt[,tupletime]): 接收时间元组,并返回以可读字符串表示的当地时间,格式由 fmt 决定。例如下面的演示过程展示了 strftime()函数的使用方法:

```
>>> import time
>>> print (time.strftime("%Y-%m-%d %H:%M:%S", time.localtime()))
2020-12-07 11:18:05
```

(10) 函数 time.strptime(str,fmt='%a %b %d %H:%M:%S %Y'): 根据 fmt 的格式把一个时

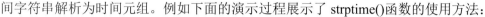

间字符串解析为时间元组。例如下面的演示过程展示了 strptime()函数的使用方法：

```
>>> import time
>>> struct_time = time.strptime("30 Nov 00", "%d %b %y")
>>> print ("返回元组: ", struct_time)
返回元组: time.struct_time(tm_year=2000, tm_mon=11, tm_mday=30, tm_hour=0,
tm_min=0, tm_sec=0, tm_wday=3, tm_yday=335, tm_isdst=-1)
```

(11) 函数 time.time( )：返回当前时间的时间戳(1970 纪元后经过的浮点秒数)。例如下面的演示过程展示了 time()函数的使用方法：

```
>>> import time
>>> print(time.time())
1259999336.1963577
```

(12) 函数 time.tzset()：根据环境变量 TZ 重新初始化时间相关设置，不能在 Windows 系统下使用此函数。标准 TZ 环境变量的语法格式如下所示：

```
std offset [dst [offset [,start[/time], end[/time]]]]
```

➢ std 和 dst：表示三个或者多个时间的缩写字母，传递给 time.tzname。

➢ offset：距 UTC 的偏移，格式是 [+|-]hh[:mm[:ss]] {h=0-23, m/s=0-59}。

➢ start[/time], end[/time]: DST 开始生效时的日期，格式 m.w.d 分别代表日期的月份、周数和日期。w=1 指月份中的第一周，而 w=5 指月份的最后一周。start 和 end 可以是以下格式之一。

　● n: 儒略日 (0 ≤ n ≤ 365)，闰年日(2 月 29)计算在内。

　● mm.n.d: 日期的月份、周数和日期，w=1 指月份中的第一周，而 w=5 指月份的最后一周。

➢ time: (可选)DST 开始生效时的时间(24 小时制)，默认值为 02:00(指定时区的本地时间)。

 实例 12-19： 使用函数 time.tzset()实现时间操作
源文件路径： daima\12\12-19

例如在下面的实例文件 shijian03.py 中，演示了使用函数 time.tzset()实现时间操作的过程。

```
import time
import os

os.environ['TZ'] = 'EST+05EDT,M4.1.0,M10.5.0'
time.tzset()
print(time.strftime('%X %x %Z'))

os.environ['TZ'] = 'AEST-10AEDT-11,M10.5.0,M3.5.0'
time.tzset()
print(time.strftime('%X %x %Z'))
```

执行后会输出：

```
23:25:45 04/06/18 EDT
13:25:45 04/07/18 AEST
```

智慧锦囊

在模块 time 中，包含了以下两个非常重要的属性。

(1) 属性 time.timezone：是当地时区(未启动夏令时)距离格林威治的偏移秒数 (>0，美洲；≤0，大部分欧洲，亚洲，非洲)。

(2) 属性 time.tzname：包含一对根据情况的不同而不同的字符串，分别是带夏令时的和不带夏令时的本地时区名称。

12.3.2 使用 calendar 日历模块

在 Python 程序中，日历 calendar 模块中的常用内置函数如下所示。

(1) 函数 calendar.calendar(year,w=2,l=1,c=6)：返回一个多行字符串格式的 year 年年历，3 个月一行，间隔距离为 c。每日宽度间隔为 w 字符，每行长度为 21×W+18+2×C。1 代表每星期行数。

(2) 函数 calendar.firstweekday( )：返回当前每周起始日期的设置。在默认情况下，首次载入 caendar 模块时返回 0，即表示星期一。

(3) 函数 calendar.isleap(year)：是闰年则返回 True，否则为 false。

(4) 函数 calendar.leapdays(y1,y2)：返回在 Y1 和 Y2 两年之间的闰年总数。

(5) 函数 calendar.month(year,month,w=2,l=1)：返回一个多行字符串格式的 year 年 month 月日历，两行标题，一周一行。每日宽度间隔为 w 字符，每行的长度为 7×w+6。1 表示每星期的行数。

(6) 函数 calendar.monthcalendar(year,month)：返回一个整数的单层嵌套列表，每个子列表装载代表一个星期的整数，year 年 month 月外的日期都设为 0。范围内的日子都由该月第几日表示，从 1 开始。

(7) 函数 calendar.weekday(year,month,day)：返回给定日期的日期码，0(星期一)~6(星期日)，月份为 1(1 月)~12(12 月)。

实例 12-20：使用 calendar 模块函数实现日期操作

源文件路径：daima\12\12-20

例如在下面的实例文件 rili.py 中，演示了使用上述 calendar 模块函数实现日期操作的过程。

```
import calendar

calendar.setfirstweekday(calendar.SUNDAY)
print(calendar.firstweekday())
c = calendar.calendar(2020)
# c = calendar.TextCalendar()
# c = calendar.HTMLCalendar()
print(c)
print(calendar.isleap(2020))
print(calendar.leapdays(2010, 2020))
```

```
m = calendar.month(2020, 7)
print(m)
print(calendar.monthcalendar(2020, 7))
print(calendar.monthrange(2020, 7))
print(calendar.timegm((2020, 7, 24, 11, 19, 0, 0, 0, 0)))#定义有9组数字的元组
print(calendar.weekday(2020, 7, 23))
```

执行后会输出：

```
6
                                    2020

        January               February                 March
Su Mo Tu We Th Fr Sa    Su Mo Tu We Th Fr Sa    Su Mo Tu We Th Fr Sa
       1  2  3  4  5  6                    1  2                     1  2  3
 7  8  9 10 11 12 13     4  5  6  7  8  9 10     4  5  6  7  8  9 10
14 15 16 17 18 19 20    11 12 13 14 15 16 17    11 12 13 14 15 16 17
21 22 23 24 25 26 27    18 19 20 21 22 23 24    18 19 20 21 22 23 24
28 29 30 31             25 26 27 28             25 26 27 28 29 30 31

         April                   May                     June
Su Mo Tu We Th Fr Sa    Su Mo Tu We Th Fr Sa    Su Mo Tu We Th Fr Sa
       1  2  3  4  5                    1  2                        1  2
 6  7  8  9 10 11 12     3  4  5  6  7  8  9     7  8  9 10 11 12 13
13 14 15 16 17 18 19    10 11 12 13 14 15 16    14 15 16 17 18 19 20
20 21 22 23 24 25 26    17 18 19 20 21 22 23    21 22 23 24 25 26 27
27 28 29 30 31          24 25 26 27 28 29 30    28 29 30

         July                   August               September
Su Mo Tu We Th Fr Sa    Su Mo Tu We Th Fr Sa    Su Mo Tu We Th Fr Sa
       1  2  3  4  5                       1           1  2  3  4  5
 5  6  7  8  9 10 11     2  3  4  5  6  7  8     6  7  8  9 10 11 12
12 13 14 15 16 17 18     9 10 11 12 13 14 15    13 14 15 16 17 18 19
19 20 21 22 23 24 25    16 17 18 19 20 21 22    20 21 22 23 24 25 26
26 27 28 29 30 31       23 24 25 26 27 28 29    27 28 29 30
                        30
        October                November               December
Su Mo Tu We Th Fr Sa    Su Mo Tu We Th Fr Sa    Su Mo Tu We Th Fr Sa
             1  2  3  4                    1  2                     1  2  3
 5  6  7  8  9 10 11     3  4  5  6  7  8  9     4  5  6  7  8  9 10
12 13 14 15 16 17 18    10 11 12 13 14 15 16    11 12 13 14 15 16 17
19 20 21 22 23 24 25    17 18 19 20 21 22 23    18 19 20 21 22 23 24
26 27 28 29 30 31       24 25 26 27 28 29 30    25 26 27 28 29 30 31
                                               30 31

False
2
        July 2018
Su Mo Tu We Th Fr Sa
 1  2  3  4  5  6  7
 8  9 10 11 12 13 14
15 16 17 18 19 20 21
22 23 24 25 26 27 28
29 30 31

False
2
      July 2020
Su Mo Tu We Th Fr Sa
 1  2  3  4  5  6  7

 8  9 10 11 12 13 12

15 16 17 18 19 20 21

22 23 24 25 26 27 28

29 30 31

[[1, 2, 3, 4, 5, 6, 7], [8, 9, 10, 11, 12, 13, 12], [15, 16, 17, 18, 19, 20,
21], [22, 23, 24, 25, 26, 27, 28], [29, 30, 31, 0, 0, 0, 0]]
(6, 31)
1532431120
0
```

12.4 实践案例与上机指导

通过本章的学习，读者基本可以掌握 Python 语言的常用内置库函数的知识。其实 Python 语言的内置库函数还有很多，这需要读者通过课外渠道来加深学习。下面通过练习操作，以达到巩固学习、拓展提高的目的。

↑扫码看视频

12.4.1 使用 decimal 模块实现精确运算

在 Python 程序中，模块 decimal 的功能是实现定点数和浮点数的数学运算。decimal 实例可以准确地表示任何数字，对其上取整或下取整，还可以对有效数字个数加以限制。当在程序中需要对小数进行精确计算，不希望因为浮点数天生存在的误差带来影响时，decimal 模块是开发者的最佳选择。

 实例 12-21：使用误差运算和精确运算
源文件路径：daima\12\12-21

例如在下面的实例文件 wucha.py 中，演示了误差运算和精确运算的过程。

```
①a = 4.2
b = 2.1
②print(a + b)
print((a + b) == 6.3)

from decimal import Decimal
③a = Decimal('4.2')
b = Decimal('2.1')
print(a + b)
print(Decimal('6.3'))
print(a + b)
④print((a + b) == Decimal('6.3'))
from decimal import localcontext
⑤a = Decimal('1.3')
b = Decimal('1.7')
print(a / b)

with localcontext() as ctx:
  ctx.prec = 3               #设置 3 位精度
  print(a / b)
with localcontext() as ctx:
  ctx.prec = 50              #设置 50 位精度
⑥ print(a / b)
```

①~②展示浮点数一个尽人皆知的问题：无法精确表达出所有的十进制小数位。从原理上讲，这些误差是底层 CPU 的浮点运算单元和 IEEE 754 浮点数算术标准的一种"特性"。因为 Python 使用原始表示形式保存浮点数类型数据，所以如果在编写的代码用到了 float 实例，那么就无法避免类似的误差。

③~④使用 decimal 模块解决浮点数误差，将数字以字符串的形式进行指定。decimal 对象能以任何期望的方式来工作，能够支持所有常见的数学操作。如果要将它们打印出来或在字符串格式化函数中使用，看起来就和普通的数字一样。

⑤~⑥使用 decimal 模块设置运算数字的小数位数，在实现时需要创建一个本地的上下文环境，然后修改其设定。

执行后会输出：

```
6.300000000000001
False
6.3
6.3
6.3
True
0.76470588235294117647058823 53
0.765
0.76470588235294117647058823529411764705882352941176
```

12.4.2　使用类 date 的实例方法和属性实现日期操作

 实例 12-22：使用类 date 的实例方法和属性实现日期操作
　　　源文件路径：daima\12\12-22

实例文件 datetime02.py 演示了使用类 date 的实例方法和属性实现日期操作的过程。

```python
from datetime import *
import time
now = date(2020,4,6 )
tomorrow = now.replace(day = 7 )
print('now:' , now,  ', tomorrow:' , tomorrow)
print( 'timetuple():' , now.timetuple())
print('weekday():' , now.weekday())
print('isoweekday():' , now.isoweekday())
print('isocalendar():' , now.isocalendar())
print('isoformat():' , now.isoformat())
```

执行后会输出：

```
now: 2020-12-06 , tomorrow: 2020-12-07
timetuple(): time.struct_time(tm_year=2020, tm_mon=4, tm_mday=6, tm_hour=0,
tm_min=0, tm_sec=0, tm_wday=4, tm_yday=96, tm_isdst=-1)
weekday(): 4
isoweekday(): 5
isocalendar(): (2020, 12, 5)
isoformat(): 2020-12-06
```

12.5　思考与练习

本章详细讲解了常用 Python 库函数的知识，循序渐进地讲解了字符串处理函数、数字处理函数以及日期和时间函数等内容。在讲解过程中，通过具体实例介绍了使用常用 Python 库函数的方法。通过本章的学习，读者应该熟悉使用常用 Python 库函数的知识，掌握它们的使用方法和技巧。

一、选择题

(1)　下面返回数字绝对值的函数是(　　　)。
A. ceil(x)　　　　　　　　B. abs()　　　　　　　　C. modf()

(2)　下面返回一个大于或等于 x 的最小整数的函数是(　　　)。
A. ceil(x)　　　　　　　　B. abs()　　　　　　　　C. modf()

二、判断对错

(1)　函数 floor(x)的功能是返回参数 x 的下舍整数，返回值小于或等于 x。　　　　(　　)

(2)　函数 max()的功能是返回指定参数的最大值，参数可以是序列。　　　　　　　(　　)

三、上机练习

编写一个程序，实现文本替换功能。提示，可以使用正则表达式函数 sub()实现，正则表达式的知识在本书后面的内容中进行讲解。

第 13 章

正则表达式

本章要点

📖 基本语法

📖 使用 re 模块

📖 使用 Pattern 对象

本章主要内容

正则表达式又被称为规则表达式，英语名称是 Regular Expression，在代码中常简写为 regex、regexp 或 RE，是计算机科学中的一个概念。正则表达式描述了一种字符串匹配的模式，可以用来检查一个串是否含有某个子串，将匹配的子串做替换，或者从某个串中取出符合某个条件的子串等。在本章的内容中，将详细讲解在 Python 程序中使用正则表达式的知识，为读者步入本书后面知识的学习打下坚实的基础。

13.1 正则表达式的基本语法

　　正则表达式是由普通字符(例如字符 a 到 z)以及特殊字符(称为"元字符")组成的文字模式。模式描述在搜索文本时要匹配的一个或多个字符串。正则表达式作为一个模板,将某个字符模式与所搜索的字符串进行匹配。在本节的内容中,将详细讲解正则表达式的基本语法知识。

↑扫码看视频

13.1.1 普通字符

　　正则表达式是包含文本和特殊字符的字符串,该字符串描述一个可以识别各种字符串的模式。对于通用文本,用于正则表达式的字母表是所有大小写字母及数字的集合。普通字符包括没有显式指定为元字符的所有可打印和不可打印字符。所以它包括所有大写和小写字母、所有数字、所有标点符号和一些其他符号。

　　例如下面所介绍的正则表达式都是最基本、最普通的普通字符。它们仅仅用一个简单的字符串就构造成一个匹配字符串的模式:该字符串由正则表达式定义。表 13-1 中所示为几个正则表达式和它们所匹配的字符串。

表 13-1　普通字符正则表达式

正则表达式模式	匹配的字符串
foo	foo
Python	Python
abc123	abc123

　　表 13-1 中的第一个正则表达式模式是 foo,该模式没有使用任何特殊符号去匹配其他符号,而只是匹配所描述的内容。所以,能够匹配这个模式的只有包含 foo 的字符串。同理,对于字符串 Python 和 abc123 也一样。正则表达式的强大之处在于引入特殊字符来定义字符集、匹配子组和重复模式。正是由于这些特殊符号,使得正则表达式可以匹配字符串集合,而不仅仅只是匹配某单个字符串。由此可见,普通字符表达式是最简单的正则表达式形式。

13.1.2 非打印字符

　　非打印字符也可以是正则表达式的组成部分,在表 13-2 中列出了表示非打印字符的转义序列。

表 13-2　非打印字符正则表达式

字　符	描　述
\cx	匹配由 x 指明的控制字符。例如，\cM 匹配一个 Control-M 或回车符。x 的值必须为 A～Z 或 a～z 之一。否则，将 c 视为一个原义的'c'字符
\f	匹配一个换页符。等价于\x0c 和\cL
\n	匹配一个换行符。等价于\x0a 和\cJ
\r	匹配一个回车符。等价于\x0d 和\cM
\s	匹配任何空白字符，包括空格、制表符、换页符等。等价于[\f\n\r\t\v]
\S	匹配任何非空白字符。等价于[^\f\n\r\t\v]
\t	匹配一个制表符。等价于\x09 和\cI
\v	匹配一个垂直制表符。等价于\x0b 和\cK

13.1.3　特殊字符

所谓特殊字符，就是一些有特殊含义的字符，如上面说的"*.txt"中的星号，简单地说就是表示任何字符串的意思。如果要查找文件名中有"*"的文件，则需要对"*"进行转义，即在其前加一个斜杠"\"，即"*.txt"。许多元字符要求在试图匹配它们时特别对待，如果要匹配这些特殊字符，必须首先使字符进行转义，即将斜杠"\"放在它们前面。表 13-3 只列出了正则表达式中的特殊字符。

表 13-3　特殊字符正则表达式

特殊字符	描　述
$	匹配输入字符串的结尾位置。如果设置了 RegExp 对象的 Multiline 属性，则$也匹配\n 或\r。要匹配$字符本身，请使用\$
( )	标记一个子表达式的开始和结束位置。子表达式可以获取供以后使用。要匹配这些字符，请使用\(和\)
*	匹配前面的子表达式零次或多次。要匹配*字符，请使用*
+	匹配前面的子表达式一次或多次。要匹配+字符，请使用\+
.	匹配除换行符\n 之外的任何单字符。要匹配.，请使用\.
[	标记一个中括号表达式的开始。要匹配[，请使用\[
?	匹配前面的子表达式零次或一次，或指明一个非贪婪限定符。要匹配?字符，请使用\?
\	将下一个字符标记为或特殊字符、或原义字符、或向后引用、或八进制转义符。例如，n 匹配字符 n。\n 匹配换行符。序列\\匹配\，而\(则匹配 (
^	匹配输入字符串的开始位置，除非在方括号表达式中使用，此时它表示不接收该字符集合。要匹配^字符本身，请使用\^
{	标记限定符表达式的开始。要匹配{，请使用\{
|	指明两项之间的一个选择。要匹配|，请使用\\|

1. 使用择一匹配符号匹配多个正则表达式模式

在上表中，竖线"|"表示择一匹配的管道符号，也就是键盘上的竖线，表示一个"从

多个模式中选择其一"的操作，用于分割不同的正则表达式。例如在表 13-4 中，左边是一些运用择一匹配的模式，右边是左边相应的模式所能够匹配的字符。

表 13-4　"从多个模式中选择其一"的操作

正则表达式模式	匹配的字符串
at | home	at、home
r2d2 | c3po	r2d2、c3po
bat | bet | bit	bat、bet、bit

有了这个符号，就能够增强正则表达式的灵活性，使得正则表达式能够匹配多个字符串而不仅仅只是一个字符串。择一匹配有时候也称作并(union)或者逻辑或(logical OR)。

2. 匹配任意单个字符

点符号"."可以匹配除了换行符\n 以外的任何字符(Python 正则表达式有一个编译标记 [S 或者 DOTALL]，该标记能够推翻这个限制，使点号能够匹配换行符)。无论字母、数字、空格(并不包括\n 换行符)、可打印字符、不可打印字符，还是一个符号，使用点号都能够匹配它们。例如表 13-5 中的演示信息。

表 13-5　匹配任意单个字符演示信息

正则表达式模式	匹配的字符串
f.o	匹配在字母 f 和 o 之间的任意一个字符；例如 fao、f9o、f#o 等
..	任意两个字符
.end	匹配在字符串 end 之前的任意一个字符

要想显式匹配一个句点符号本身，必须使用反斜线转义句点符号的功能，例如"\."。

3. 从字符串起始、结尾或者单词边界匹配

还有一些符号和相关的特殊字符用于在字符串的起始和结尾部分指定用于搜索的模式。如果要匹配字符串的开始位置，就必须使用脱字符^或者特殊字符\A(反斜线和大写字母 A)。后者主要用于那些没有脱字符的键盘(例如，某些国际键盘)。同样，美元符号$或\Z 将用于匹配字符串的末尾位置。

知识精讲

在本书讲解和字符串中模式相关的正则表达式时，会用术语"匹配"(matching)进行剖析。在 Python 语言的术语中，主要有两种方法完成模式匹配。

(1) 搜索(searching)：即在字符串任意部分中搜索匹配的模式。

(2) 匹配(matching)：是指判断一个字符串能否从起始处全部或者部分地匹配某个模式。搜索通过 search()函数或方法来实现，而匹配通过调用 match()函数或方法实现。总之，当涉及模式时，全部使用术语"匹配"。

我们一般按照 Python 如何完成模式匹配的方式来区分"搜索"和"匹配"。

使用这些符号的模式与其他大多数模式是不同的，因为这些模式指定了位置或方位。例如表 13-6 中是一些表示"边界绑定"的正则表达式搜索模式的演示。

表 13-6　"边界绑定"的正则表达式

正则表达式模式	匹配的字符串
^From	任何以 From 作为起始的字符串
/bin/tcsh$	任何以/bin/tcsh 作为结尾的字符串
^Subject: hi$	任何由单独的字符串 Subject: hi 构成的字符串

如果想要逐字匹配这些字符中的任何一个或者全部，就必须使用反斜线进行转义。例如想要匹配任何以美元符号结尾的字符串，一个可行的正则表达式方案就是使用模式".*\$$"。

特殊字符\b 和\B 可以用来匹配字符边界。而两者的区别在于\b 将用于匹配一个单词的边界，这意味着如果一个模式必须位于单词的起始部分，就不管该单词前面(单词位于字符串中间)是否有任何字符(单词位于行首)。同样，\B 将匹配出现在一个单词中间的模式(即，不是单词边界)。表 13-7 只是一些演示实例。

表 13-7　匹配字符边界

正则表达式模式	匹配的字符串
the	任何包含 the 的字符串
\bthe	任何以 the 开始的字符串
\bthe\b	仅仅匹配单词 the
\Bthe	任何包含但并不以 the 作为起始的字符串

13.1.4　限定符

限定符用来指定正则表达式的一个给定组件必须要出现多少次才能满足匹配，有*或+或?或{n}或{n,}或{n,m}共 6 种。正则表达式中的限定符信息如表 13-8 所示。

表 13-8　正则表达式中的限定符信息

字符	描　述
*	匹配前面的子表达式零次或多次。例如，zo*能匹配 z 以及 zoo。*等价于{0,}
+	匹配前面的子表达式一次或多次。例如，zo+能匹配 zo 以及 zoo，但不能匹配 z。+等价于{1,}
?	匹配前面的子表达式零次或一次。例如，do(es)?可以匹配 do 或 does 中的 do。?等价于{0,1}
{n}	n 是一个非负整数，匹配确定的 n 次。例如，o{2}不能匹配 Bob 中的 o，但是能匹配 food 中的两个 o
{n,}	n 是一个非负整数，至少匹配 n 次。例如，o{2,}不能匹配 Bob 中的 o，但能匹配 foooood 中的所有 o。o{1,}等价于 o+。o{0,}则等价于 o*

续表

字符	描 述
{n,m}	m 和 n 均为非负整数,其中 n≤m。最少匹配 n 次且最多匹配 m 次。例如,o{1,3}将匹配 fooooood 中的前三个 o。o{0,1}等价于 o?。请注意在逗号和两个数之间不能有空格。

13.1.5 定位符

定位符的功能是将正则表达式固定到行首或行尾。另外还可以帮助我们创建这样的正则表达式,这些正则表达式出现在一个单词内、在一个单词的开头或者一个单词的结尾。定位符用来描述字符串或单词的边界,^和$分别指字符串的开始与结束,\b 描述单词的前或后边界,\B 表示非单词边界。常用的正则表达式的限定符如表 13-9 所示。

表 13-9 常用的正则表达式的限定符

字符	描 述
^	匹配输入字符串开始的位置。如果设置了 RegExp 对象的 Multiline 属性,^ 还会与 \n 或 \r 之后的位置匹配
$	匹配输入字符串结尾的位置。如果设置了 RegExp 对象的 Multiline 属性,$ 还会与 \n 或 \r 之前的位置匹配
\b	匹配一个字边界,即字与空格间的位置
\B	非字边界匹配

如果要在搜索章节标题时使用定位点,下面的正则表达式匹配一个章节标题,该标题只包含两个尾随数字,并且出现在行首:

`/^Chapter [1-9][0-9]{0,1}/`

真正的章节标题不仅应出现行的开始处,而且它还是该行中仅有的文本。它即出现在行首又出现在同一行的结尾。下面的表达式能确保指定的匹配只匹配章节而不匹配交叉引用。通过创建只匹配一行文本的开始和结尾的正则表达式,就可做到这一点。

`/^Chapter [1-9][0-9]{0,1}$/`

匹配字边界稍有不同,但向正则表达式添加了很重要的能力。字边界是单词和空格之间的位置,非字边界是任何其他位置。下面的表达式匹配单词 Chapter 的开头三个字符,因为这三个字符出现字边界后面:

`/\bCha/`

\b 字符的位置是非常重要的。如果它位于要匹配的字符串的开始,它在单词的开始处查找匹配项。如果它位于字符串的结尾,它在单词的结尾处查找匹配项。例如,下面的表达式匹配单词 Chapter 中的字符串 ter,因为它出现在字边界的前面:

`/ter\b/`

下面的表达式匹配 Chapter 中的字符串 apt，但是不匹配 aptitude 中的字符串 apt：

/\Bapt/

字符串 apt 出现在单词 Chapter 中的非字边界处，但出现在单词 aptitude 中的字边界处。对于\B 非字边界运算符，位置并不重要，因为匹配不关心究竟是单词的开头还是结尾。

13.1.6　运算符优先级

正则表达式从左到右进行计算，并遵循优先级顺序，这与算术表达式非常类似。相同优先级的从左到右进行运算，不同优先级的运算先高后低。表 13-10 从最高到最低说明了各种正则表达式运算符的优先级顺序。

表 13-10　正则表达式运算符的优先级

运算符	描　　述
\	转义符
(), (?:), (?=), []	圆括号和方括号
*, +, ?, {n}, {n,}, {n,m}	限定符
^, $, \任何元字符、任何字符	定位点和序列(即：位置和顺序)
|	替换，或操作字符具有高于替换运算符的优先级，使得 m|food 匹配 m 或 food。若要匹配 mood 或 food，请使用括号创建子表达式，从而产生 (m|f)ood

13.2　使用 re 模块

在 Python 语言中，是使用 re 模块提供的内置标准库函数来处理正则表达式的。在这个模块中，既可以直接匹配正则表达式的基本函数，也可以通过编译正则表达式对象，并使用其方法来使用正则表达式。在本节的内容中，将详细讲解使用 re 模块的基本知识。

↑扫码看视频

13.2.1　re 模块库函数介绍

在表 13-11 中列出了来自 re 模块中常用的内置库函数和方法，它们中的大多数函数也与已经编译的正则表达式对象(regex object)和正则匹配对象(regex match object)的方法同名并且具有相同的功能。

新起点 电脑教程 **Python 程序设计基础入门与实战(微课版)**

表 13-11　re 模块中常用的内置库函数和方法

函数/方法	描　述
compile(pattern,flags = 0)	使用任何可选的标记来编译正则表达式的模式，然后返回一个正则表达式对象
match(pattern,string,flags=0)	尝试使用带有可选标记的正则表达式的模式来匹配字符串。如果匹配成功，就返回匹配对象；如果失败，就返回 None
search(pattern,string,flags=0)	使用可选标记搜索字符串中第一次出现的正则表达式模式。如果匹配成功，则返回匹配对象；如果失败，则返回 None
findall(pattern,string [, flags])	查找字符串中所有(非重复)出现的正则表达式模式，并返回一个匹配列表
finditer(pattern,string [, flags])	与 findall()函数相同，但返回的不是一个列表，而是一个迭代器。对于每一次匹配，迭代器都返回一个匹配对象
split(pattern,string,max=0)	根据正则表达式的模式分隔符，split 函数将字符串分割为列表，然后返回成功匹配的列表，分割最多操作 max 次(默认分割所有匹配成功的位置)
sub(pattern,repl,string,count=0)	使用 repl 替换所有正则表达式的模式在字符串中出现的位置，除非定义 count，否则就将替换所有出现的位置(另见 subn()函数，该函数返回替换操作的数目)
purge()	清除隐式编译的正则表达式模式
group(num=0)	返回整个匹配对象，或者编号为 num 的特定子组
groups(default=None)	返回一个包含所有匹配子组的元组(如果没有成功匹配，则返回一个空元组)
groupdict(default=None)	返回一个包含所有匹配的命名子组的字典，所有的子组名称作为字典的键(如果没有成功匹配，则返回一个空字典)

在表 13-12 中列出了来自 re 模块中常用的属性信息。

表 13-12　re 模块中常用的属性信息

属　性	说　明
re.I、re.IGNORECASE	不区分大小写的匹配
re.L、re.LOCALE	根据所使用的本地语言环境通过\w、\W、\b、\B、\s、\S 实现匹配
re.M、re.MULTILINE	^和$分别匹配目标字符串中行的起始和结尾，而不是严格匹配整个字符串本身的起始和结尾
re.S、rer.DOTALL	"."(点号)通常匹配除了\n(换行符)之外的所有单个字符；该标记表示"."(点号)能够匹配全部字符
re.X、re.VERBOSE	通过反斜线转义，否则所有空格加上#(以及在该行中所有后续文字)都被忽略，除非在一个字符类中允许注释并且提高可读性

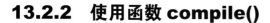

13.2.2　使用函数 compile()

在 Python 程序中，函数 compile()的功能是编译正则表达式。使用函数 compile()的语法如下所示。

```
compile(source, filename, mode[, flags[, dont_inherit]])
```

通过使用上述格式，能够将 source 编译为代码或者 AST 对象。代码对象能够通过 exec 语句来执行或者通过 eval()进行求值。各个参数的具体说如下所示。

➢ 参数 source：字符串或者 AST(Abstract Syntax Trees)对象。

➢ 参数 filename：代码文件名称，如果不是从文件读取代码则传递一些可辨认的值。

➢ 参数 mode：指定编译代码的种类，可以指定为 exec、eval 和 single。

➢ 参数 flags 和 dont_inherit：可选参数，极少使用。

13.2.3　使用函数 match()

在 Python 程序中，函数 match()的功能是在字符串中匹配正则表达式，如果匹配成功则返回 MatchObject 对象实例。使用函数 match()的语法格式如下所示。

```
re.match(pattern, string, flags=0)
```

➢ 参数 pattern：匹配的正则表达式。

➢ 参数 string：要匹配的字符串。

➢ 参数 flags：标志位，用于控制正则表达式的匹配方式，例如是否区分大小写、多行匹配，等等。参数 flags 的选项值信息如表 13-13 所示。

表 13-13　参数 flags 的选项值

参　　数	含　　义
re.I	忽略大小写
re.L	根据本地设置而更改\w.\w.\b.\B.\s，以及\S 的匹配内容
re.M	多行匹配模式
re.S	使". "元字符也匹配换行符
re.U	匹配 Unicode 字符
re.X	忽略 pattem 中的空格，并且可以使用#注释

匹配成功后，函数 re.match()会返回一个匹配的对象，否则返回 None。我们可以使用函数 group(num) 或函数 groups()匹配对象函数来获取匹配表达式，具体如表 13-14 所示。

表 13-14　获取匹配表达式

匹配对象方法	描　　述
group(num=0)	匹配的整个表达式的字符串，group() 可以一次输入多个组号，在这种情况下它将返回一个包含那些组所对应值的元组
groups()	返回一个包含所有小组字符串的元组，从 1 到所含的小组号

例如下面是如何运用 match()以及 group()的一个示例:

```
>>> m = re.match('foo', 'foo') # 模式匹配字符串
>>> if m is not None: # 如果匹配成功，就输出匹配内容
...    m.group()
...
'foo'
```

模式 foo 完全匹配字符串 foo，也能够确认 m 是交互式解释器中匹配对象的示例。

```
>>> m # 确认返回的匹配对象
<re.MatchObject instance at 80ebf48>
```

例如下面是一个失败的匹配示例，会返回 None。

```
>>> m = re.match('foo', 'bar')# 模式并不能匹配字符串
>>> if m is not None: m.group() # (单行版本的 if 语句)
...
>>>
```

因为上面的匹配失败，所以 m 被赋值为 None，而且以此方法构建的 if 语句没有指明任何操作。对于剩余的示例，为了简洁起见，将省去 if 语句块。但是在实际操作中，最好不要省去以避免 AttributeError 异常(None 是返回的错误值，该值并没有 group()方法)。

只要模式从字符串的起始部分开始匹配，即使字符串比模式长，匹配也仍然能够成功。例如，模式 foo 将在字符串 food on the table 中找到一个匹配，因为它是从字符串的起始部分进行匹配的。

```
>>> m = re.match('foo', 'food on the table') # 匹配成功
>>> m.group()
'foo'
```

此时可以看到，尽管字符串比模式要长，但从字符串的起始部分开始匹配就会成功。子串 foo 是从那个比较长的字符串中抽取出来的匹配部分。甚至可以充分利用 Python 原生的面向对象特性，忽略保存中间过程产生的结果。

```
>>> re.match('foo', 'food on the table').group()
'foo'
```

例如在下面的实例代码中，演示了使用函数 match()进行匹配的过程。

实例 13-1：使用函数 match()进行匹配

源文件路径：daima\13\13-1

实例文件 sou.py 的具体实现代码如下所示。

```
import re                               #导入模块 re
print(re.match('www', 'www.toopr.net').span())#在起始位置匹配
print(re.match('com', 'www.toppr.net'))#不在起始位置匹配
```

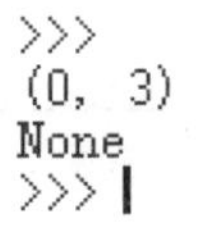

```
>>>
(0, 3)
None
>>> |
```

执行后的效果如图 13-1 所示。

图 13-1　执行效果

13.2.4　使用函数 search()

在 Python 程序中，函数 search()的功能是扫描整个字符串并返回第一个成功的匹配。事实上，要搜索的模式出现在一个字符串中间部分的概率，远大于出现在字符串起始部分的概率。这也就是将函数 search()派上用场的时候。函数 search()的工作方式与函数 match()完全一致，不同之处在于函数 search()会用它的字符串参数，在任意位置对给定正则表达式模式搜索第一次出现的匹配情况。如果搜索到成功的匹配，就会返回一个匹配对象。否则，返回 None。

使用函数 search()的语法格式如下所示。

```
re.search(pattern, string, flags=0)
```

➢ 参数 pattern：匹配的正则表达式。
➢ 参数 string：要匹配的字符串。
➢ 参数 flags：标志位，用于控制正则表达式的匹配方式，例如是否区分大小写、多行匹配，等等。

匹配成功后，re.match 方法会返回一个匹配的对象，否则返回 None。我们可以使用函数 group(num) 或函数 groups()匹配对象函数来获取匹配表达式。

例如在下面的实例代码中，演示了使用函数 search()进行匹配的过程。

实例 13-2：使用函数 search()进行匹配
源文件路径：daima\13\13-2

实例文件 ser.py 的具体实现代码如下所示。

```
import re                              #导入模块 re
print(re.search('www', 'www.toppr.net').span())#在起始位置匹配
print(re.search('net', 'www.toppr.net').span())#不在起始位置匹配
```

```
>>>
(0, 3)
(10, 13)
>>>
```

执行后的效果如图 13-2 所示。

图 13-2　执行效果

13.3　使用 Pattern 对象

在 Python 程序中，Pattern 对象是一个编译好的正则表达式，通过 Pattern 提供的一系列方法可以对文本进行匹配查找。Pattern 不能直接实例化，必须使用函数 re.compile()进行构造。在本节的内容中，将详细讲解使用 Pattern 对象的知识。

↑扫码看视频

在 Pattern 对象中，提供了如下 4 个可读属性来获取表达式的相关信息。

➢ pattern：编译时用的表达式字符串。

➢ flags：编译时用的匹配模式，数字形式。

➢ groups：表达式中分组的数量。

➢ groupindex：以表达式中有别名的组的别名为键、以该组对应的编号为值的字典，没有别名的组不包含在内。

例如在下面的实例代码中，演示了使用 Pattern 对象函数 compile()进行处理的过程。

实例 13-3：使用 Pattern 对象函数 compile()
源文件路径：daima\13\13-3

实例文件 pp.py 的具体实现代码如下所示。

```python
import re                                    #导入模块
#下面使用函数 re.compile()进行构造
p = re.compile(r'(\w+) (\w+)(?P<sign>.*)', re.DOTALL)
print ("p.pattern:", p.pattern)              #表达式字符串
print ("p.flags:", p.flags)                  #编译匹配模式
print ("p.groups:", p.groups)                #分组的数量
print ("p.groupindex:", p.groupindex)        #别名和编号字典
```

执行后的效果如图 13-3 所示。

```
>>>
p.pattern: (\w+) (\w+)(?P<sign>.*)
p.flags: 48
p.groups: 3
p.groupindex: {'sign': 3}
>>>
```

图 13-3　执行效果

13.4　实践案例与上机指导

　　通过本章的学习，读者基本可以掌握 Python 语言中正则表达式的基础知识。其实 Python 正则表达式的知识还有很多，这需要读者通过课外渠道来加深学习。下面通过练习操作，以达到巩固学习、拓展提高的目的。

↑扫码看视频

13.4.1　使用函数 findall()

　　在 Python 程序中，函数 findall()的功能是在字符串中查找所有符合正则表达式的字符串，并返回这些字符串的列表。如果在正则表达式中使用了组，则返回一个元组。函数

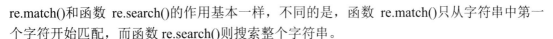

re.match()和函数 re.search()的作用基本一样，不同的是，函数 re.match()只从字符串中第一个字符开始匹配，而函数 re.search()则搜索整个字符串。

使用函数 findall()的语法格式如下所示。

```
re.findall(pattern, string, flags=0)
```

例如在下面的实例代码中，演示了使用函数 findall()进行匹配的过程。

 实例 13-4：使用函数 findall()进行匹配
源文件路径：daima\13\13-4

实例文件 fi.py 的具体实现代码如下所示。

```
import re                              #导入模块 re
#定义一个要操作的字符串变量 s
s = "adfad asdfasdf asdfas asdfawef asd adsfas "
reObj1 = re.compile('((\w+)\s+\w+)')  #将正则表达式的字符串形式编译为 Pattern 实例
print(reObj1.findall(s))              #第 1 次调用函数 findall()
reObj2 = re.compile('(\w+)\s+\w+')    #将正则表达式的字符串形式编译为 Pattern 实例
print(reObj2.findall(s))              #第 2 次调用函数 findall()
reObj3 = re.compile('\w+\s+\w+')      #将正则表达式的字符串形式编译为 Pattern 实例
print(reObj3.findall(s))              #第 3 次调用函数 findall()
```

因为函数 findall()返回的总是正则表达式在字符串中所有匹配结果的列表，所以此处主要讨论列表中"结果"的展现方式，即 findall 返回列表中每个元素包含的信息。在上述代码中调用了三次函数 findall()，具体说明如下所示。

➤ 第 1 次调用：当给出的正则表达式中带有多个括号时，列表的元素为多个字符串组成的 tuple，tuple 中字符串个数与括号对数相同，字符串内容与每个括号内的正则表达式相对应，并且排放顺序是按括号出现的顺序。

➤ 第 2 次调用：当给出的正则表达式中带有一个括号时，列表的元素为字符串，此字符串的内容与括号中的正则表达式相对应(不是整个正则表达式的匹配内容)。

➤ 第 3 次调用：当给出的正则表达式中不带括号时，列表的元素为字符串，此字符串为整个正则表达式匹配的内容。

执行后的效果如图 13-4 所示。

```
>>>
[('adfad asdfasdf', 'adfad'), ('asdfas asdfawef', 'asdfas'), ('asd adsfas', 'asd')]
['adfad', 'asdfas', 'asd']
['adfad asdfasdf', 'asdfas asdfawef', 'asd adsfas']
>>>
```

图 13-4　执行效果

13.4.2　sub()和 subn()函数

在 Python 程序中，有两个函数用于实现搜索和替换功能，这两个函数是 sub()和 subn()。两者几乎一样，都是将某字符串中所有匹配正则表达式的部分进行某种形式的替换。用来替换的部分通常是一个字符串，但它也可能是一个函数，该函数返回一个用来替换的字符串。函数 subn()和函数 sub()的用法类似，但是函数 subn()还可以返回一个表示替换的总数，替换后的字符串和表示替换总数的数字一起作为一个拥有两个元素的元组返回。

在 Python 程序中，使用函数 sub()和函数 subn()的语法格式如下所示。

```
re.sub( pattern, repl, string[, count])
re.subn( pattern, repl, string[, count])
```

各个参数的具体说明如下所示。

➤ pattern：正则表达式模式。

➤ repl：要替换成的内容。

➤ string：进行内容替换的字符串。

➤ count：可选参数，最大替换次数。

例如在下面的实例代码中，演示了使用函数 sub()实现替换功能的过程。

实例 13-5：使用函数 sub()替换字符串
源文件路径：daima\13\13-5

实例文件 subbb.py 的具体实现代码如下所示。

```
import re                              #导入模块 re
print(re.sub('[abc]', 'o', 'Mark'))   #找出字母 a、b 或者 c
print(re.sub('[abc]', 'o', 'rock'))   #将 rock 变成 rook
print(re.sub('[abc]', 'o', 'caps'))   #将 caps 变成 oops
```

在上述实例代码中，首先在 Mark 中找出字母 a、b 或者 c，并以字母 o 替换，Mark 就变成了 Mork 了。然后将 rock 变成 rook。重点看最后一行代码，有的读者可能认为可以将 caps 变成 oaps，但事实并非如此。函数 re.sub()能够替换所有的匹配项，并且不只是第一个匹配项。因此正则表达式将会把 caps 变成 oops，因为 c 和 a 都被转换为 o。执行后的效果如图 13-5 所示。

```
>>>
Mork
rook
oops
>>>
```

图 13-5 执行效果

13.5 思考与练习

本章详细讲解了 Python 正则表达式的知识，循序渐进地讲解了基本语法、使用 re 模块和使用 Pattern 对象等知识。在讲解过程中，通过具体实例介绍了使用 Python 正则表达式的方法。通过本章的学习，读者应该熟悉使用 Python 正则表达式的知识，掌握它们的使用方法和技巧。

一、选择题

(1) 匹配输入字符串的结尾位置的符号是(　　)。

    A. $ B. ( )   C. {}

(2) 标记一个子表达式的开始和结束位置的符号是(　　)。

    A. $ B. ( )   C. {}

二、判断对错

(1)　在 Python 程序中，函数 findall() 的功能是在字符串中查找所有符合正则表达式的字符串，并返回这些字符串的列表。　　　　　　　　　　　　　　　　　　　（　　）

(2)　在 Python 程序中，有两个函数用于实现搜索和替换功能，这两个函数是 sub() 和 pub()。　　　　　　　　　　　　　　　　　　　　　　　　　　　　　　　　（　　）

三、上机练习

(1)　编写一个 Python 程序，使用正则表达式检测某个字符串是是否是电话号码。

(2)　编写一个 Python 程序，使用正则表达式找到以小写字母开头的单词和单词数量。

第 14 章

开发网络程序

本章主要内容

互联网改变了人们的生活方式，生活在当今社会中的人们已经越来越离不开网络。Python 语言在网络通信方面的优点特别突出，远远领先其他语言。在本章的内容中，将详细讲解使用 Python 语言开发网络项目的基本知识，为读者步入本书后面知识的学习打下基础。

14.1 Socket 套接字编程

Socket 又被称为"套接字",应用程序通常通过"套接字"向网络发出请求或者应答网络请求,使主机间或者一台计算机上的进程间可以通信。本节,将首先讲解通过 Socket 对象实现网络编程的知识。

↑扫码看视频

14.1.1 库 Socket 内置函数和属性

在 Python 程序中,库 Socket 针对服务器端和客户端进行打开、读写和关闭操作。在库 Socket 中,用于创建 socket 对象的内置函数如下所示。

(1) 函数 socket.socket()

在 Python 语言标准库中,通过使用 socket 模块提供的 socket 对象,可以在计算机网络中建立可以相互通信的服务器与客户端。在服务器端需要建立一个 socket 对象,并等待客户端的连接。客户端使用 socket 对象与服务器端进行连接,一旦连接成功,客户端和服务器端就可以进行通信了。

在 Python 语言的 socket 对象中,函数 socket()能够创建套接字对象。此函数是 socket 网络编程的基础对象,具体语法格式如下所示。

```
socket.socket(family=AF_INET, type=SOCK_STREAM, proto=0, fileno=None)
```

➢ 参数 family 是 AF_UNIX 或 AF_INET。
➢ 参数 type 是 SOCK_STREAM 或 SOCK_DGRAM。
➢ 参数 proto 通常省略,默认为 0。
➢ 如果指定 fileno 则忽略其他参数,从而导致具有指定文件描述器的套接字返回。fileno 将返回相同的套接字,而不是重复,这有助于使用 socket.close()函数关闭分离的套接字。

在 Python 程序中,为了创建 TCP/IP 套接字,可以用下面的代码调用 socket.socket()。

```
tcpSock = socket.socket(socket.AF_INET, socket.SOCK_STREAM)
```

同样原理,在创建 UDP/IP 套接字时需要执行如下所示的代码。

```
udpSock = socket.socket(socket.AF_INET, socket.SOCK_DGRAM)
```

因为有很多 socket 模块属性,所以此时可以使用 from module import 这种导入方式,但是这只是其中的一个例外。如果使用 from socket import 导入方式,那么就把 socket 属性引入到了命名空间中。这样,虽然这看起来有些麻烦,但是通过这种方式能够大大缩短代码的编写量，例如下面所示的代码。

```
tcpSock = socket(AF_INET, SOCK_STREAM)
```

一旦有了一个套接字对象，那么使用套接字对象的方法可以进行进一步的交互工作。

(2)　函数 socket.socketpair([family[, type[, proto]]])

函数 socket.socketpair()的功能是使用所给的地址族、套接字类型和协议号创建一对已连接的 socket 对象地址列表，类型 type 和协议号 proto 的含义与前面的 socket()函数相同。

(3)　函数 socket.create_connection(address[, timeout[, source_address]])

功能是连接到互联网上侦听的 TCP 服务地址 2 元组(主机，　端口) 并返回套接字对象。这使得编写与 IPv4 和 IPv6 兼容的客户端变得容易。传递可选参数 timeout 将在尝试连接之前设置套接字实例的超时。如果未提供超时，则使用 getdefaulttimeout()返回的全局默认超时设置。如果提供了参数 source_address，则这个参数必须是一个 2 元组(主机，端口)。如果主机或端口分别为"或 0，将使用操作系统默认行为。

除此之外，在库 Socket 中还包含了如下所示的内置函数。

(1)　函数 socket.getaddrinfo(host, port, family=0, type=0, proto=0, flags=0)

功能是将"主机/端口"参数转换为包含创建连接到该服务的套接字所需的所有参数的5 元组序列。

➢　参数 host: 是域名、IPv4、v6 地址或 None 的字符串表示形式。

➢　参数 port: 是字符串服务名称，例如 http。数字端口号或 None。通过将 None 作为主机和端口的值，可以将 Null 传递给底层 C 语言编写的 API。

➢　可选参数 type 和 proto: 以缩小返回的地址列表，将零作为这些参数中的每一个的值传递，当然开发者也可以选择完整范围的结果。

➢　参数 flags: 可以是一个或多个 AI_*常量，并且会影响如何计算和返回结果。例如，AI_NUMERICHOST 将禁用域名解析，如果 host 是域名，则会引发错误。

函数 socket.getaddrinfo()会返回具有以下结构的 5 元组列表:

```
(family, type, proto, canonname, sockaddr) / t0>
```

在这些元组中，family、type 和 proto 都是整数并且传递给 socket()，如果AI_CANONNAME 是 flags 参数的一部分,则 canonname 将是表示主机的规范名称的字符串，否则 canonname 为空。例如在下面的演示过程中，为端口 80 上的 example.org 获取假想的TCP 连接的地址信息(如果未启用 IPv6，结果可能会有所不同):

```
>>> socket.getaddrinfo("example.org", 80, proto=socket.IPPROTO_TCP)
[(<AddressFamily.AF_INET6: 10>, <SocketType.SOCK_STREAM: 1>,
 6, '', ('2606:2800:220:1:248:1893:25c8:1946', 80, 0, 0)),
 (<AddressFamily.AF_INET: 2>, <SocketType.SOCK_STREAM: 1>,
 6, '', ('93.184.2114.34', 80))]
socket.getfqdn([name])
```

上述代码执行后会返回目标地址名称的完全限定域名。如果省略名称或将其解释为本地主机。要查找完全限定名，将检查 gethostbyaddr()返回的主机名，后面是主机的别名(如果可用)。选择包含句点的名字。如果没有完全限定的域名可用，将返回 gethostname()返回的主机名。

(2) 函数 socket.gethostbyname(hostname)

功能是将主机名转换为 IPv4 地址格式。IPv4 地址以字符串形式返回,例如 100.50.200.5。如果主机名是 IPv4 地址本身,则返回不变。

(3) 函数 socket.gethostbyname_ex(hostname)

功能是将主机名转换为 IPv4 地址格式或扩展接口。返回 3 个值,分别是主机名、别名列表和 ipaddrlist。其中主机名响应给定 ip_address,别名列表的主机名是同一地址的替代主机名(可能为空)列表,ipaddrlist 是同一主机上相同接口的 IPv4 地址列表(通常但不总是单个地址)。gethostbyname_ex()不支持 IPv6 名称解析,而应使用 getaddrinfo()代替 IPv4/v6 双栈支持。

(4) 函数 socket.gethostname()

功能是返回一个字符串,其中包含 Python 解释器当前正在执行的机器的主机名。

(5) 函数 socket.gethostbyaddr(ip_address)

功能是返回 3 个地址信息,分别是主机名、别名列表和 ipaddrlist。其中主机名响应给 ip_addrcss,别名列表的主机名是同一地址的替代主机名(可能为空)列表,ipaddrlist 是同一主机上同一接口的 IPv4/v6 地址列表(很可能只包含一个地址)。要想查找完全限定的域名,请使用函数 getfqdn()。

 实例 14-1:创建 socket 服务器端和客户端
源文件路径:daima\14\14-1

例如在下面的实例文件 jiandanfuwu.py 中,演示了创建一个简单 socket 服务器端的过程。

```python
import socket
sk = socket.socket()
sk.bind(("127.0.0.1",8080))
sk.listen(5)
conn,address = sk.accept()
sk.sendall(bytes("Hello world",encoding="utf-8"))
```

在下面的实例文件 jiandankehu.py 中,演示了创建一个简单 socket 客户端的过程。

```python
import socket

obj = socket.socket()
obj.connect(("127.0.0.1",8080))

ret = str(obj.recv(1024),encoding="utf-8")
print(ret)
```

14.1.2 对象 Socket 的内置函数和属性

在库 Socket 中,对象 Socket 提供了如表 14-1 所示的内置函数。

表 14-1 Socket 对象的内置函数

函　数	功　能
服务器端套接字函数	
bind()	绑定地址(host,port)到套接字,在 AF_INET 下,以元组(host,port)的形式表示地址

函　数	功　能
listen()	开始 TCP 监听。backlog 指定在拒绝连接之前，操作系统可以挂起的最大连接数量。该值至少为1，大部分应用程序设为5就可以了
accept()	被动接收 TCP 客户端连接，(阻塞式)等待连接的到来
客户端套接字函数	
connect()	主动初始化 TCP 服务器连接，一般 address 的格式为元组(hostname，port)，如果连接出错，返回 socket.error 错误
connect_ex()	connect()函数的扩展版本，出错时返回出错码，而不是抛出异常
公共用途的套接字函数	
recv()	接收 TCP 数据，数据以字符串形式返回，bufsize 指定要接收的最大数据量。flags 提供有关消息的其他信息，通常可以忽略
send()	发送 TCP 数据，将 string 中的数据发送到连接的套接字。返回值是要发送的字节数量，该数量可能小于 string 的字节大小
sendall()	完整发送 TCP 数据。将 string 中的数据发送到连接的套接字，但在返回之前会尝试发送所有数据。成功返回 None，失败则抛出异常
recvform()	接收 UDP 数据，与 recv()类似，但返回值是(data, address)。其中 data 是包含接收数据的字符串，address 是发送数据的套接字地址
sendto()	发送 UDP 数据，将数据发送到套接字，address 是形式为(ipaddr, port)的元组，指定远程地址。返回值是发送的字节数
close()	关闭套接字
getpeername()	返回连接套接字的远程地址。返回值通常是元组(ipaddr, port)
getsockname()	返回套接字自己的地址。通常是一个元组(ipaddr, port)
setsockopt(level,optname,value)	设置给定套接字选项的值
getsockopt(level,optname[,buflen])	返回套接字选项的值
settimeout(timeout)	设置套接字操作的超时期，timeout 是一个浮点数，单位是秒，值为 None 表示没有超时期。一般，超时期应该在刚创建套接字时设置，因为它们可能用于连接的操作(如 connect())
gettimeout()	返回当前超时期的值，单位是秒，如果没有设置超时期，则返回 None
fileno()	返回套接字的文件描述符
setblocking(flag)	如果 flag 为0，则将套接字设为非阻塞模式,否则将套接字设为阻塞模式(默认值)。非阻塞模式下，如果调用 recv()没有发现任何数据，或 send()调用无法立即发送数据，那么将引起 socket.error 异常
makefile()	创建一个与该套接字相关联的文件

除了上述内置函数之外，在 socket 模块中还提供了很多和网络应用开发相关的属性和异常。例如在表 14-2 中列出了一些比较常用的属性和异常。

表 14-2　socket 模块的属性和异常信息

属性名称	描　述
数据属性	
AF_UNIX、AF_INET、AF_INET6、AF_NETLINK、AF_TIPC	Python 中支持的套接字地址家族
SOCK_STREAM、SOCK_DGRAM	套接字类型(TCP=流，UDP=数据报)
socket.AF_UNIX	只能够用于单一的 Unix 系统进程间通信
socket.AF_INET	服务器之间网络通信
socket.AF_INET6	IPv6
socket.SOCK_STREAM	流式 socket，为 TCP 服务的
socket.SOCK_DGRAM	数据报式 socket，为 UDP 服务的
socket.SOCK_RAW	原始套接字，普通的套接字无法处理 ICMP、IGMP 等网络报文，而 SOCK_RAW 可以；其次，SOCK_RAW 也可以处理特殊的 IPv4 报文；此外，利用原始套接字，可以通过 IP_HDRINCL 套接字选项由用户构造 IP 头
socket.SOCK_SEQPACKET	可靠的连续数据包服务
has_ipv6	指示是否支持 IPv6 的布尔标记
异常	
error	套接字相关错误
herror	主机和地址相关错误
gaierror	地址相关错误
timeout	超时时间

14.1.3　使用 socket 建立 TCP "客户端/服务器" 连接

在 Python 程序中创建 TCP 服务器时，下面是一段创建通用 TCP 服务器的一般演示代码。读者需要记住的是，这仅仅是设计服务器的一种方式。一旦熟悉了服务器设计，就可以按照自己的要求修改下面的代码来操作服务器。

```
ss = socket()              #创建服务器套接字
ss.bind()                  #套接字与地址绑定
ss.listen()                #监听连接
inf_loop:                  #服务器无限循环
    cs = ss.accept()       #接受客户端连接
comm_loop:                 #通信循环
        cs.recv()/cs.send()  #对话(接收/发送)
    cs.close()             #关闭客户端套接字
ss.close()                 #关闭服务器套接字# (可选)
```

在 Python 程序中，所有套接字都是通过 socket.socket()函数创建的。因为服务器需要占用一个端口并等待客户端的请求，所以它们必须绑定到一个本地地址。因为 TCP 是一种面向连接的通信系统，所以在 TCP 服务器开始操作之前，必须安装一些基础设施。特别地，TCP 服务器必须监听传入的连接。一旦这个安装过程完成，服务器就可以开始它的无限循环。在调用 accept()函数之后，就开启了一个简单的单线程服务器，它会等待客户端的连接。在默认情况下，accept()函数是阻塞的，这说明执行操作会被暂停，直到一个连接到达为止。一旦服务器接受了一个连接，就会利用 accept()方法返回一个独立的客户端套接字，用来与即将到来的消息进行交换。

例如在下面的实例代码中，演示了 socket 建立 TCP "客户端/服务器" 连接的过程，这是一个可靠的、相互通信的 "客户端/服务器"。

 实例 14-2：使用 socket 建立 TCP "客户端/服务器" 连接
源文件路径：daima\14\14-2

(1) 实例文件 ser.py 的功能是以 TCP 连接方式建立一个服务器端程序，能够将收到的信息直接发回到客户端。文件 ser.py 的具体实现代码如下所示。

```python
import socket                        #导入 socket 模块
HOST = ''                           #定义变量 HOST 的初始值
PORT = 10000                        #定义变量 PORT 的初始值
#创建 socket 对象 s，参数分别表示地址和协议类型
s = socket.socket(socket.AF_INET, socket.SOCK_STREAM)
s.bind((HOST, PORT))                #将套接字与地址绑定
s.listen(1)                         #监听连接
conn, addr = s.accept()             #接受客户端连接
print('客户端地址', addr)            #打印显示客户端地址
while True:                         #连接成功后
    data = conn.recv(1024)          #实行对话操作(接收/发送)
    print("获取信息：",data.decode('utf-8'))     #打印显示获取的信息
    if not data:                    #如果没有数据
        break                       #终止循环
    conn.sendall(data)              #发送数据信息
conn.close()                        #关闭连接
```

在上述实例代码中，建立 TCP 连接之后使用 while 语句多次与客户端进行数据交换，直到收到数据为空时会终止服务器的运行。因为这只是一个服务器端程序，所以运行之后程序不会立即返回交互信息，还等待和客户端建立连接，在和客户端建立连接后才能看到具体的交互效果。

(2) 实例文件 cli.py 的功能是建立客户端程序，在此需要创建一个 socket 实例，然后调用这个 socket 实例的 connect()函数来连接服务器端。函数 connect()的语法格式如下所示。

```
connect (address)
```

 智慧锦囊

在函数 connect()中，参数 address 通常也是一个元组(由一个主机名/IP 地址，端口构成)，如果要连接本地计算机的话，主机名可直接使用 localhost，函数 connect()能够将 socket 连接到远程地址为 address 的计算机。

```
import socket                          #导入 socket 模块
HOST = 'localhost'                     #定义变量 HOST 的初始值
PORT = 10000                           #定义变量 PORT 的初始值
#创建 socket 对象 s，参数分别表示地址和协议类型
s = socket.socket(socket.AF_INET, socket.SOCK_STREAM)
s.connect((HOST, PORT))                #建立和服务器端的连接
data = "你好！"                         #设置数据变量
while data:
    s.sendall(data.encode('utf-8'))        #发送数据"你好"
    data = s.recv(512)                     #实行对话操作(接收/发送)
    print("获取服务器信息：\n",data.decode('utf-8'))  #打印显示接收到的服务器信息
    data = input('请输入信息：\n')           #信息输入
s.close()                              #关闭连接
```

上述代码使用 socket 以 TCP 连接方式建立了一个简单的客户端程序，基本功能是将键盘录入的信息发送给服务器，并从服务器接收信息。因为服务器端是建立在本地 localhost 的 10000 端口上，所以上述代码作为其客户端程序，连接的就是本地 localhost 的 10000 端口。当连接成功之后，向服务器端发送了一个默认的信息"你好！"之后，便要从键盘录入信息向服务器端发送，直到录入空信息(按回车键)时退出 while 循环，关闭 socket 连接。先运行 ser.py 服务器端程序，然后运行 cli.py 客户端程序，除了发送一个默认的信息外，从键盘中录入的信息都会发送给服务器，服务器收到后显示并再次转发回客户端进行显示。执行效果如图 14-1 所示。

获取服务器信息：
　你好！
请输入信息：
　京津冀

服务器端

获取服务器信息：
　你好！
请输入信息：
　你好
获取服务器信息：
　你好

客户端

图 14-1　执行效果

14.1.4　使用 socket 建立 UDP "客户端/服务器"连接

在 Python 程序中，当使用 socket 应用传输层的 UDP 协议建立服务器与客户端程序时，整个实现过程要比使用 TCP 协议简单一点。基于 UDP 协议的服务器与客户端在进行数据传送时，不是先建立连接，而是直接进行数据传送。

在 socket 对象中，使用方法 recvfrom()接收数据，具体语法格式如下所示。

```
recvfrom(bufsize[, flags])    #bufsize 用于指定缓冲区大小
```

方法 recvfrom()主要用来从 socket 接收数据，可以连接 UDP 协议。

在 socket 对象中，使用方法 sendto()发送数据，具体语法格式如下所示。

```
sendto (bytes, address)
```

参数 bytes 表示要发送的数据，参数 address 表示发送信息的目标地址；由目标 IP 地址和端口构成的元组，主要用来通过 UDP 协议将数据发送到指定的服务器端。

在 Python 程序中，UDP 服务器不需要 TCP 服务器那么多的设置，因为它们不是面向连接的。除了等待传入的连接之外，几乎不需要做其他工作。例如下面是一段通用的 UDP 服务器端代码。

```
ss = socket()                      #创建服务器套接字
ss.bind()                          #绑定服务器套接字
infloop:                           #服务器无限循环
    cs = ss.recvfrom()/ss.sendto() #实现对话操作(接收/发送)
ss.close()                         #关闭服务器套接字
```

从上述演示代码中可以看到，除了普通的创建套接字并将其绑定到本地地址(主机名/端口号对)外，并没有额外的工作。无限循环包含接收客户端消息、打上时间戳并返回消息，然后回到等待另一条消息的状态。再次，close()调用是可选的，并且由于无限循环的缘故，它并不会被调用，但它提醒我们，它应该是优雅或智能退出方案的一部分。

知识精讲

UDP 和 TCP 服务器之间的另一个显著差异是，因为数据报套接字是无连接的，所以就没有为了成功通信而使一个客户端连接到一个独立的套接字"转换"的操作。这些服务器仅仅接受消息并有可能回复数据。

例如在下面的实例代码中，演示了 socket 建立 UDP "客户端/服务器"连接的过程，UDP 是一个不可靠的、相互通信的"客户端/服务器"。

实例 14-3：使用 socket 建立 UDP "客户端/服务器" 连接
源文件路径：daima\14\14-3

(1)　实例文件 serudp.py 的功能是使用 UDP 连接方式建立一个服务器端程序，将收到的信息直接发回到客户端。文件 serudp.py 的具体实现代码如下所示。

```
import socket                #导入 socket 模块
HOST = ''                    #定义变量 HOST 的初始值
PORT = 10000                 #定义变量 PORT 的初始值
#创建 socket 对象 s，参数分别表示地址和协议类型
s = socket.socket(socket.AF_INET, socket.SOCK_DGRAM)
s.bind((HOST, PORT))         #将套接字与地址绑定
data = True                  #设置变量 data 的初始值
while data:                  #如果有数据
    data,address = s.recvfrom(1024)        #实现对话操作(接收/发送)
    if data==b'zaijian':     #当接收的数据是 zaijian 时
        break                #停止循环
    print('接收信息: ',data.decode('utf-8')) #显示接收到的信息
    s.sendto(data,address)   #发送信息
s.close()                    #关闭连接
```

在上述实例代码中，建立 UDP 连接之后使用 while 语句多次与客户端进行数据交换。设置上述服务器程序建立在本机的 10000 端口，当收到 zaijian 信息时退出 while 循环，然后关闭服务器。

(2) 实例文件 cliudp.py 的具体实现代码如下所示。

```
import socket                              #导入 socket 模块
HOST = 'localhost'                         #定义变量 HOST 的初始值
PORT = 10000                               #定义变量 PORT 的初始值
#创建 socket 对象 s，参数分别表示地址和协议类型
s = socket.socket(socket.AF_INET, socket.SOCK_DGRAM)
data = "你好！"                             #定义变量 data 的初始值
while data:                                #如果有 data 数据
    s.sendto(data.encode('utf-8'),(HOST,PORT))        #发送数据信息
    if data=='zaijian':                    #如果 data 的值是'zaijian '
        break                              #停止循环
    data,addr = s.recvfrom(512) #读取数据信息
    print("从服务器接收信息:\n",data.decode('utf-8'))  #显示从服务器端接收的信息
    data = input('输入信息:\n')  #信息输入
s.close()                                  #关闭连接
```

上述代码使用 socket 以 UDP 连接方式建立了一个简单的客户端程序，当在客户端创建 socket 后，会直接向服务器端(本机的 10000 端口)发送数据，而没有进行连接。当用户输入 zaijian 时退出 while 循环，关闭本程序。运行效果与 TCP 服务器与客户端实例的基本相同，如图 14-2 所示。

从服务器接收信息:
你好！
输入信息:
你好啊
从服务器接收信息:
你好啊
输入信息:

接收信息: 你好！

服务器端　　　　　　　　　　　　　客户端

图 14-2　执行效果

14.2　socketserver 编程

　　Python 语言提供了高级别的网络服务模块 socketserver，在里面提供了服务器中心类，可以简化网络服务器的开发步骤。在本节的内容中，将详细讲解使用 socketserver 对象实现网络编程的知识。

↑扫码看视频

14.2.1　socketserver 模块基础

socketserver 是 Python 标准库中的一个高级模块，在 Python 3 以前的版本中被命名为 SocketServer，推出 socketserver 的目的是简化程序代码。

在 Python 程序中，虽然使用前面介绍的 socket 模块可以创建服务器，但是开发者要对网络连接等进行管理和编程。为了更加方便地创建网络服务器，在 Python 标准库中提供了一个创建网络服务器的模块 socketserver。socketserver 框架将处理请求划分为两个部分，分别对应服务器类和请求处理类。服务器类处理通信问题，请求处理类处理数据交换或传送。这样，更加容易进行网络编程和程序的扩展。同时，该模块还支持快速的多线程或多进程的服务器编程。

在 socketserver 模块中使用的服务器类主要有 TCPServer、UDPServer、ThreadingTCPServer、ThreadingUDPServer、ForkingTCPServer、ForkingUDPServer 等。其中有 TCP 字符的就是使用 TCP 协议的服务器类，有 UDP 字符的就是使用 UDP 协议的服务器类，有 Threading 字符的是多线程服务器类，有 Forking 字符的是多进程服务器类。要创建不同类型的服务器程序，只需继承其中之一或直接实例化，然后调用服务器类方法 serve_forever() 即可。

14.2.2 使用 socketserver 创建 TCP "客户端/服务器" 程序

例如在下面的实例代码中，演示了 socketserver 建立 TCP "客户端/服务器" 连接的过程，本实例使用 socketserver 创建了一个可靠的、相互通信的 "客户端/服务器"。

 实例 14-4：使用 socketserver 创建 TCP "客户端/服务器" 程序
源文件路径：daima\14\14-4

(1) 实例文件 ser.py 的功能是使用 socketserver 模块创建基于 TCP 协议的服务器端程序，能够将收到的信息直接发回到客户端。文件 socketserverser.py 的具体实现代码如下所示。

```
#定义类 StreamRequestHandler 的子类 MyTcpHandler
class MyTcpHandler(socketserver.StreamRequestHandler):
    def handle(self):                          #定义函数 handle()
while True:
        data = self.request.recv(1024)    #返回接收到的数据
if not data:
            Server.shutdown()              #关闭连接
            break                          #停止循环
        print('接收信息：',data.decode('utf-8')) #显示接收信息
        self.request.send(data)           #发送信息
return
#定义类 TCPServer 的对象实例
Server = socketserver.TCPServer((HOST,PORT),MyTcpHandler)
Server.serve_forever()                         #循环并等待其停止
```

在上述实例代码中，自定义了一个继承自 StreamRequestHandler 的处理器类，并覆盖了方法 handle() 以实现数据处理。然后直接实例化了类 TCPServer，调用方法 serve_forever() 启动服务器。

(2) 客户端实例文件 socketservercli.py 的代码比较简单，在本书中不再列出，本实例的最终执行效果如图 14-3 所示。

获取服务器信息:
　你好!
请输入信息:
都好
获取服务器信息:
　都好
请输入信息:

接收信息: 你好!

接收信息: 都好

服务器端　　　　　　　　客户端

图 14-3　执行效果

14.3　使用 select 模块实现多路 I/O 复用

I/O 多路复用指通过一种机制可以监视多个描述符(socket),一旦某个描述符就绪(一般是读就绪或者写就绪),就能够通知程序进行相应的读写操作。

↑扫码看视频

14.3.1　select 模块介绍

在 Python 语言中,select 模块专注于实现 I/O 多路复用功能,提供了 select()、poll()和 epoll()三个功能方法。其中后两个方法在 Linux 系统中可用,Windows 系统仅支持 select() 方法,另外也提供了 kqueue()方法供 freeBSD 系统使用。

在 select 模块中,核心功能方法是 select(),其语法格式如下所示。

```
select.select(rlist, wlist, xlist[, timeout])
```

其中前三个参数是"等待对象"的序列,使用名为 fileno()的无参数方法表示文件描述器或对象的整数返回下列整数。

➤ rlist: 等待准备读取。

➤ wlist: 等待准备写入。

➤ xlist: 等待"异常条件"。

➤ timeout: 将超时指定为浮点数,以秒为单位。当省略 timeout 参数时,该功能阻塞,直到至少一个文件描述符准备就绪。超时值零指定轮询并从不阻止。

select 方法用来监视文件描述符(当文件描述符条件不满足时,select 会阻塞),当某个文件描述符状态改变后,会返回返回值——三个列表,这是前三个参数的子集。具体说明如下所示。

➤ 当参数 rlist 序列中的 fd 满足"可读"条件时,则获取发生变化的 fd 并添加到 fd_r_list 中。

➢　当参数 wlist 序列中含有 fd 时，则将该序列中所有的 fd 添加到 fd_w_list 中。

➢　当参数 xlist 序列中的 fd 发生错误时，则将该发生错误的 fd 添加到 fd_e_list 中。

➢　当超时时间 timeout 为空，则 select 会一直阻塞，直到监听的句柄发生变化。

例如在下面的实例代码中，演示了使用 select 同时监听多个端口的过程。

 实例 14-5：使用 select 同时监听多个端口
源文件路径：daima\14\14-5

(1)　首先看文件 duoser.py，实现了服务器端的功能，具体实现代码如下所示。

```
import socket
import select

sk1 = socket.socket()
sk1.bind(("127.0.0.1",8000))
sk1.listen()

sk2 = socket.socket()
sk2.bind(("127.0.0.1",8002))
sk2.listen()

sk3 = socket.socket()
sk3.bind(("127.0.0.1",8003))
sk3.listen()

li = [sk1,sk2,sk3]

while True:
    r_list,w_list,e_list = select.select(li,[],[],1) # r_list 可变化的
    for line in r_list:
        conn,address = line.accept()
        conn.sendall(bytes("Hello World !",encoding="utf-8"))
```

说明如下。

➢　select 内部会自动监听 sk1、sk2 和 sk3 三个对象，监听三个句柄是否发生变化，把发生变化的元素放入 r_list 中。

➢　如果有人连接 sk1，则 r_list = [sk1]；如果有人连接 sk1 和 sk2，则 r_list = [sk1,sk2]。

➢　select 中第 1 个参数表示 inputs 中发生变化的句柄放入 r_list。

➢　select 中第 2 个参数表示[]中的值原封不动地传递给 w_list。

➢　select 中第 3 个参数表示 inputs 中发生错误的句柄放入 e_list。

➢　参数 1 表示 1 秒监听一次。

➢　当有用户连接时，r_list 里面的内容为[<socket.socket fd=220, family=AddressFamily. AF_INET, type=SocketKind.SOCK_STREAM, proto=0, laddr=('0.0.0.0', 8001)>]。

(2)　再看文件 duocli.py，实现了客户端的功能，实现代码非常简单，例如通过如下相似的代码建立和两个端口的通信。

```
import socket

obj = socket.socket()
obj.connect(('127.0.0.1', 8001))

content = str(obj.recv(1024), encoding='utf-8')
```

```
    print(content)

    obj.close()

    # 客户端 c2.py
    import socket

    obj = socket.socket()
    obj.connect(('127.0.0.1', 8002))

    content = str(obj.recv(1024), encoding='utf-8')
    print(content)

    obj.close()
```

14.3.2 I/O 多路复用并实现读写分离

例如在下面的实例代码中，演示了使用 select 模拟多线程并实现读写分离的过程。

实例 14-6：使用 select 模拟多线程并实现读写分离

源文件路径：daima\14\14-6

(1) 首先看文件 fenliser.py，实现了服务器端的功能，具体实现代码如下所示。

```
#使用 socket 模拟多线程，使多用户可以同时连接
import socket
import select

sk1 = socket.socket()
sk1.bind(('0.0.0.0', 8000))
sk1.listen()

inputs = [sk1, ]
outputs = []
message_dict = {}

while True:
    r_list, w_list, e_list = select.select(inputs, outputs, inputs, 1)
    print('正在监听的 socket 对象%d' % len(inputs))
    print(r_list)
    for sk1_or_conn in r_list:
        #每一个连接对象
        if sk1_or_conn == sk1:
            # 表示有新用户来连接
            conn, address = sk1_or_conn.accept()
            inputs.append(conn)
            message_dict[conn] = []
        else:
            # 有老用户发消息了
            try:
                data_bytes = sk1_or_conn.recv(1024)
            except Exception as ex:
                # 如果用户终止连接
                inputs.remove(sk1_or_conn)
            else:
```

```
        data_str = str(data_bytes, encoding='utf-8')
        message_dict[sk1_or_conn].append(data_str)
        outputs.append(sk1_or_conn)

#w_list 中仅仅保存了谁给我发过消息
for conn in w_list:
    recv_str = message_dict[conn][0]
    del message_dict[conn][0]
    conn.sendall(bytes(recv_str+'好', encoding='utf-8'))
    outputs.remove(conn)

for sk in e_list:

    inputs.remove(sk)
```

(2) 再看文件 fenlicli.py，实现了客户端的功能，具体实现代码如下所示。

```
import socket

obj = socket.socket()
obj.connect(('127.0.0.1', 8000))

while True:
    inp = input('>>>')
    obj.sendall(bytes(inp, encoding='utf-8'))
    ret = str(obj.recv(1024),encoding='utf-8')
    print(ret)

obj.close()
```

14.4　使用 urllib 包

在 Python 程序中，使用内置的包 urllib 和 http 可以完成 HTTP 协议层程序的开发工作。本节，将首先详细讲解使用包 urllib 开发 Python 应用程序的知识。

↑扫码看视频

14.4.1　urllib 包介绍

在 Python 程序中，urllib 包主要用于处理 URL(Uniform Resource Locator，网址)操作，使用 urllib 操作 URL 可以像使用和打开本地文件一样，非常简单而又易上手。在包 urllib 中主要包括如下模块。

➤ urllib.request：用于打开 URL 网址。

➤ urllib.error：用于定义常见的 urllib.request 会引发的异常。

➤ urllib.parse：用于解析 URL。

➢ urllib.robotparser: 用于解析 robots.txt 文件。

14.4.2 使用 urllib.request 模块

在 Python 程序中,urllib.request 模块定义了通过身份验证、重定向、cookies 等方法打开 URL 的方法和类。模块 urllib.request 中的常用方法如下所示:

(1) 方法 urlopen()

在 urllib.request 模块中,方法 urlopen()的功能是打开一个 URL 地址,语法格式如下所示:

```
urllib.request.urlopen(url,    data=None,    [timeout,  ]*,    cafile=None,
capath=None, cadefault=False, context=None)
```

➢ url: 表示要进行操作的 URL 地址。

➢ data: 用于向 URL 传递的数据,是一个可选参数。

➢ timeout: 这是一个可选参数,功能是指定一个超时时间。如果超过该时间,任何操作都会被阻止。这个参数仅仅对 http、https 和 ftp 连接有效。

➢ context: 此参数必须是一个描述了各种 SSL 选项的 ssl.SSLContext 实例。

方法 urlopen()将返回一个 HTTPResponse 实例(类文件对象),可以像操作文件一样使用 read()、readline()和 close()等方法对 URL 进行操作。

方法 urlopen()能够打开 url 所指向的 URL。如果没有给定协议或者下载方案(Scheme),或者传入了 file 方案,urlopen()会打开一个本地文件。

(2) 方法 urllib.request.install_opener(opener)

功能是安装 opener 作为 urlopen()使用的全局 URL opener,这意味着以后调用 urlopen()时都会使用安装的 opener 对象。opener 通常是 build_opener()创建的 opener 对象。

实例 14-7: 在百度搜索关键词中得到第一页链接
源文件路径: daima\14\14-7

例如在下面的实例文件 url.py 中,演示了使用 urlopen()方法在百度搜索关键词中得到第一页链接的过程。

```
from urllib.request import urlopen      #导入 Python 的内置模块
from urllib.parse import urlencode      #导入 Python 的内置模块
import re                               #导入 Python 的内置模块
##wd = input('输入一个要搜索的关键字: ')
wd= 'www.toppr.net'                      #初始化变量 wd
wd = urlencode({'wd':wd})                #对 URL 进行编码
url = 'http://www.baidu.com/s?' + wd     #初始化 url 变量
page = urlopen(url).read()               #打开变量 url 的网页并读取内容
#定义变量 content,对网页进行编码处理,并实现特殊字符处理
content = (page.decode('utf-8')).replace("\n","").replace("\t","")
title = re.findall(r'<h3 class="t".*?h3>', content)
#正则表达式处理
title = [item[item.find('href =')+6:item.find('target=')] for item in title]
#正则表达式处理
```

```
title = [item.replace(' ','').replace('"','') for item in title]
#正则表达式处理
for item in title:                    #遍历 title
    print(item)                       #打印显示遍历值
```

在上述实例代码中,使用方法 urlencode() 对搜索的关键字 www.toppr.net 进行 URL 编码,在拼接到百度的网址后,使用 urlopen() 方法发出访问请求并取得结果,最后通过将结果进行解码和正则搜索与字符串处理后输出。如果将程序中的注释去除而把其后一句注释掉,就可以在运行时自主输入搜索的关键词。执行效果如图 14-4 所示。

```
http://www.baidu.com/link?url=hm6N8CdYPCSxsCsreajusLxba8mRVPAgc1D_WBhkYb7
http://www.baidu.com/link?url=N1f7T18n1Q0pke8pH8CIzg0V_wiqTKRtQ2NXLs-wUzvLHM0UknbUf1sJT3DLE2G0m6JW5G1RoBx-GbF6epS7sa
http://www.baidu.com/link?url=cb2cgLHZSTFBp6tFwWGwTuVq6xE3FcjM_d-cIH5qRNrkkXaETLwKKj9n9Rhlvvi8
http://www.baidu.com/link?url=0AHbz_vI3wIC_ocpmRc3jzcjIeu3gDeImuXcGfKu1zKGta250-KR-HfGchsHSrGY
http://www.baidu.com/link?url=h591VC_3X6t7hm6eptcTS0dxFe5c4Z7XznvLzpqkJlZ6a01WptFh4IS37h6LhzIC
```

图 14-4　执行效果

智慧锦囊

　　urllib.response 模块是 urllib 使用的响应类,定义了和 urllib.request 模块类似接口、方法和类,包括 read() 和 readline()。为了节省本书篇幅,不再进行讲解。

14.5　开发邮件程序

　　使用 Python 语言可以开发出功能强大的邮件系统,本节,将详细讲解使用 Python 语言开发邮件系统的过程。

↑扫码看视频

14.5.1　开发 POP3 邮件协议程序

在计算机应用中,使用 POP3 协议可以登录 Email 服务器收取邮件。在 Python 程序中,内置模块 poplib 提供了对 POP3 邮件协议的支持。现在市面中大多数邮箱软件都提供了 POP3 收取邮件的方式,例如 Outlook 等 Email 客户端就是如此。开发者可以使用 Python 语言中的 poplib 模块开发出一个支持 POP3 邮件协议的客户端脚本程序。

1. 类

在 poplib 模块中,通过如下所示的两个类实现 POP3 功能。

(1) 类 poplib.POP3(host, port=POP3_PORT[, timeout]):实现了实际的 POP3 协议,当实例初始化时创建连接。

> ➤ 参数 port: 如果省略 port 端口参数，则使用标准 POP3 端口(110)。
> ➤ 参数 timeout: 可选参数 timeout 用于设置连接超时的时间，以秒为单位。如果未指定，将使用全局默认超时值。

(2) 类 poplib.POP3_SSL(host, port=POP3_SSL_PORT, keyfile=None, certfile=None, timeout=None, context=None)：是 POP3 的子类，通过 SSL 加密的套接字连接到服务器。

> ➤ 参数 port: 如果没有指定端口参数 port，则使用标准的 POP3 over SSL 端口。
> ➤ 参数 timeout: 超时的工作方式与上面的类相同。
> ➤ 参数 context: 上下文对象，是可选的 ssl.SSLContext 对象，允许将 SSL 配置选项、证书和私钥捆绑到单个(可能长期)结构中。
> ➤ 参数 keyfile 和 certfile: 是上下文的传统替代方式，可以分别指向 SSL 的 PEM 格式的私钥和证书链文件连接。

在 Python 程序中，可以使用类 POP3 创建一个 POP3 对象实例。其语法原型如下所示：

```
POP3 (host, port)
```

> ➤ 参数 host: POP3 邮件服务器。
> ➤ 参数 port: 服务器端口，一个可选参数，默认值为 110。

2. 方法

在 poplib 模块中，常用的内置方法如下所示。

(1) 方法 user()

当创建一个 POP3 对象实例后，可以使用其中的方法 user()向 POP3 服务器发送用户名。其语法原型如下所示：

```
user (username)
```

参数 username 表示登录服务器的用户名。

(2) 方法 pass_()

可以使用 POP3 对象中的方法 pass_()(注意，在 pass 后面有一个下划线字符)向 POP3 服务器发送密码。其语法原型如下所示：

```
pass-(password)
```

参数 password 是指登录服务器的密码。

(3) 方法 getwelcome()

当成功登录邮件服务器后，可以使用 POP3 对象中的方法 getwelcome()获取服务器的欢迎信息。其语法原型如下所示：

```
getwelcome()
```

(4) 方法 set_debuglevel()

可以使用 POP3 对象中的方法 set_debuglevel()设置调试级别。其语法原型如下所示：

```
set_debuglevel (level)
```

参数 level 表示调试级别，用于显示与邮件服务器交互的相关信息。

(5)　方法 stat()

使用 POP3 对象中的方法 stat()可以获取邮箱的状态，例如邮件数、邮箱大小等。其语法原型如下所示：

```
stat()
```

(6)　方法 list()

使用 POP3 对象中的方法 list()可以获得邮件内容列表，其语法原型如下所示：

```
list (which)
```

参数 which 是一个可选参数，如果指定则仅列出指定的邮件内容。

除了上面介绍的常用内置方法外，还可以使用 POP3 对象中的方法 rset()清除收件箱中邮件的删除标记；使用 POP3 对象中的方法 noop()保持同邮件服务器的连接；使用 POP3 对象中的方法 quit()断开同邮件服务器的连接。

要想使用 Python 获取某个 Email 邮箱中邮件主题和发件人的信息，首先应该知道自己所使用的 Email 的 POP3 服务器地址和端口。一般来说，邮箱服务器的地址格式如下：

```
pop.主机名.域名
```

而端口的默认值是 110，例如 126 邮箱的 POP3 服务器地址为 pop.1214.com，端口为默认值 110。

 实例 14-8：获取指定邮件中的最新两封邮件的主题和发件人
源文件路径：daima\14\14-8

例如在下面的实例代码中，演示了使用 poplib 库获取指定邮件中的最新两封邮件的主题和发件人的方法。实例文件 pop.py 的具体实现代码如下所示。

```
from poplib import POP3                #导入内置邮件处理模块
import re,email,email.header           #导入内置文件处理模块
from p_email import mypass            #导入内置模块
def jie(msg_src,names):               #定义解码邮件内容函数 jie()
msg = email.message_from_bytes(msg_src)
    result = {}                        #变量初始化
    for name in names:                 #遍历 name
        content = msg.get(name)        #获取 name
        info = email.header.decode_header(content)#定义变量 info
if info[0][1]:
        if info[0][1].find('unknown-') == -1:#如果是已知编码
result[name] = info[0][0].decode(info[0][1])
        else:                          #如果是未知编码
            try:                       #异常处理
result[name] = info[0][0].decode('gbk')
except:
result[name] = info[0][0].decode('utf-8')
else:
            result[name] = info[0][0]  #获取解码结果
    return result                      #返回解码结果
if __name__ == "__main__":
    pp = POP3("pop.sina.com")                 #实例化邮件服务器类
    pp.user('guanxijing820111@sina.com')#传入邮箱地址
```

```
pp.pass_(mypass)                          #密码设置
total,totalnum = pp.stat()                #获取邮箱的状态
print(total,totalnum)                     #打印显示统计信息
for i in range(total-2,total):            #遍历获取最近的两封邮件
    hinfo,msgs,octet = pp.top(i+1,0)      #返回 bytes 类型的内容
    b=b''
    for msg in msgs:                      #遍历 msg
        b += msg+b'\n'
    items = jie(b,['subject','from'])     #调用函数 jie()返回邮件主题
    print(items['subject'],'\nFrom:',items['from'] )
    #调用函数 jie()返回发件人的信息
    print()                               #打印空行
pp.close()                                #关闭连接
```

在上述实例代码中，函数 jie() 的功能是使用 email 包来解码邮件头，用 POP3 对象的方法连接 POP3 服务器并获取邮箱中的邮件总数。在程序中获取最近的两封邮件的邮件头，然后传递给函数 jie() 进行分析，并返回邮件的主题和发件人的信息。执行效果如图 14-5 所示。

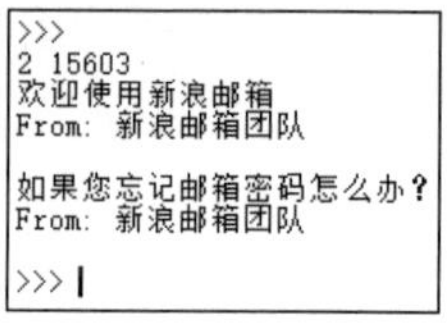

```
>>>
2 15603
欢迎使用新浪邮箱
From: 新浪邮箱团队

如果您忘记邮箱密码怎么办?
From: 新浪邮箱团队
>>>
```

图 14-5　执行效果

14.5.2　开发 SMTP 邮件协议程序

SMTP 即简单邮件传输协议，是一组用于由源地址到目的地址传送邮件的规则，由它来控制信件的中转方式。在 Python 语言中，通过模块 smtplib 对 SMTP 协议进行封装，通过这个模块可以登录 SMTP 服务器发送邮件。有两种使用 SMTP 协议发送邮件的方式。

➤ 第一种：直接投递邮件，比如要发送邮件到邮箱 aaa@163.com，那么就直接连接 163.com 的邮件服务器，把邮件发送给 aaa@163.com。

➤ 第二种：验证通过后的发送邮件，如你要发送邮件到邮箱 aaaa@163.com，不是直接发送到 163.com，而是通过自己在 sina.com 中的另一个邮箱来发送。这样就要先连接 sina.com 中的 SMTP 服务器，然后进行验证，之后把要发到 163.com 的邮件投到 sina.com 上，sina.com 会帮我们把邮件发送到 163.com。

在 smtplib 模块中，使用类 SMTP 可以创建一个 SMTP 对象实例，具体语法格式如下所示。

```
import smtplib
smtpObj = smtplib.SMTP(host , port , local_hostname)
```

各个参数的具体说明如下所示。

➤ host：表示 SMTP 服务器主机，可以指定主机的 IP 地址或者域名，例如 w3cschool.cc，这是一个可选参数。

➤ port：如果你提供了 host 参数，需要指定 SMTP 服务使用的端口号。在一般情况下，SMTP 端口号为 25。

➤ local_hostname：如果 SMTP 在本机上，只需要指定服务器地址为 localhost 即可。

在 smtplib 模块中，比较常用的内置方法如下所示。

(1)　方法 connect()

在 Python 程序中，如果在创建 SMTP 对象时没有指定 host 和 port，可以使用 SMTP 对

象中的方法 connect()连接到服务器。方法 connect()的语法原型如下所示：

```
connect (host, port)
```

➢　host：连接的服务器名，可选参数。

➢　port：服务器端口，可选参数。

(2)　方法 login()

在 SMTP 对象中，方法 login()的功能是可以使用用户名和密码登录到 SMTP 服务器，其语法原型如下所示：

```
login(user, password)
```

➢　user：登录服务器的用户名。

➢　password：登录服务器的密码。

(3)　方法 sendmail()

使用 SMTP 对象中的 sendmail()可以发送邮件，其语法原型如下所示：

```
sendmail(from_addr, to_addrs, msg, mail_options, rcpt_options)
```

➢　from_addr：发送者邮件地址。

➢　to_addrs：接收者邮件地址。

➢　msg：邮件内容。

➢　mail_options：可选参数，邮件 ESMTP 操作。

➢　rcpt_options：可选参数，RCPT 操作。

(4)　方法 quit()

使用 SMTP 对象中的方法 quit()可以断开与服务器的连接。

当使用 Python 语言发送 Email 邮件时，需要找到所使用 Email 的 SMTP 服务器的地址和端口。例如新浪邮箱，其 SMTP 服务器的地址为 smtp.sina.com，端口为默认值 25。例如在下面的实例文件 sm.py 中，演示了向指定邮箱发送邮件的过程。

　实例 14-9：向指定邮箱中发送邮件
源文件路径：daima\14\14-9

为了防止邮件被反垃圾邮件丢弃，这里采用前文中提到的第二种方法，即登录认证后再发送。实例文件 sm.py 的具体实现代码如下所示。

```
import smtplib,email                         #导入内置模块
from p_email import mypass                   #导入内置模块
#使用 email 模块构建一封邮件
chst = email.charset.Charset(input_charset='utf-8')
header = ("From: %s\nTo: %s\nSubject: %s\n\n"  #邮件主题
        % ("guanxijing820111@sina.com",     #邮箱地址
          "好人",                            #收件人
          chst.header_encode("Python smtplib 测试! "))) #邮件头
body = "你好! "                              #邮件内容
email_con = header.encode('utf-8') + body.encode('utf-8')
#构建邮件完整内容，中文编码处理
smtp = smtplib.SMTP("smtp.sina.com")    #邮件服务器
smtp.login("guanxijing820111@sina.com",mypass) #用户名和密码登录邮箱
#开始发送邮件
```

```
smtp.sendmail("guanxijing820111@sina.com","371972484@qq.com",email_con)
smtp.quit()                          #退出系统
```

在上述实例代码中，使用新浪的 SMTP 服务器邮箱 guanxijing820111@sina.com 发送邮件，收件人的邮箱地址是 371972484@qq.com。首先使用 email.charset.Charset()对象对邮件头进行编码，然后创建 SMTP 对象，并通过验证的方式给 371972484@qq.com 发送一封测试邮件。因为在邮件的主体内容中含有中文字符，所以使用 encode()函数进行编码。执行后的效果如图 14-6 所示。

图 14-6　执行效果

14.6　实践案例与上机指导

通过本章的学习，读者基本可以掌握使用 Python 开发网络程序的基础知识。其实 Python 网络开发的知识还有很多，这需要读者通过课外渠道来加深学习。下面通过练习操作，以达到巩固学习、拓展提高的目的。

↑扫码看视频

14.6.1　实现一个机器人聊天程序

看下面的这个实例，功能是建立一个 TCP "客户端/服务器" 模式的机器人聊天程序。

实例 14-10：建立一个机器人聊天程序
源文件路径：daima\14\14-10

(1) 首先看服务器端的实例文件 jiqirenser.py，具体实现代码如下所示。

```
import socketserver
class Myserver(socketserver.BaseRequestHandler):
    def handle(self):

        conn = self.request
        conn.sendall(bytes("你好，我是机器人",encoding="utf-8"))
        while True:
```

```
        ret_bytes = conn.recv(1024)
        ret_str = str(ret_bytes,encoding="utf-8")
        if ret_str == "q":
            break
        conn.sendall(bytes(ret_str+"你好我好大家好",encoding="utf-8"))

if __name__ == "__main__":
    server = socketserver.ThreadingTCPServer(("127.0.0.1",8000),Myserver)
    server.serve_forever()
```

(2)　再看客户端的实例文件 jiqirencli.py，具体实现代码如下所示。

```
import socket

obj = socket.socket()

obj.connect(("127.0.0.1",8000))

ret_bytes = obj.recv(1024)
ret_str = str(ret_bytes,encoding="utf-8")
print(ret_str)

while True:
    inp = input("你好请问您有什么问题？ \n >>>")
    if inp == "q":
        obj.sendall(bytes(inp,encoding="utf-8"))
        break
    else:
        obj.sendall(bytes(inp, encoding="utf-8"))
        ret_bytes = obj.recv(1024)
        ret_str = str(ret_bytes,encoding="utf-8")
        print(ret_str)
```

你好，我是机器人
你好请问您有什么问题？
>>>请问我的订单怎么这么慢啊

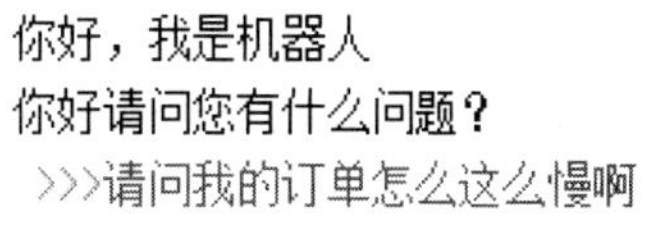

图 14-7　执行效果

执行后的效果如图 14-7 所示。

14.6.2　使用 urllib.parse 模块

在 Python 程序中，urllib.parse 模块提供了一些用于处理 URL 字符串的功能。这些功能主要是通过如下所示的方法实现的。

(1)　方法 urlpasrse.urlparse()

方法 urlparse()的功能是将 URL 字符串拆分成前面描述的一些主要组件。

(2)　方法 urlparse.urlunparse()

方法 urlunparse()的功能与方法 urlpase()完全相反，能够将经 urlparse()处理的 URL 生成 urltup 这个 6 元组(prot_sch, net_loc, path, params, query, frag)，拼接成 URL 并返回。

(3)　方法 urlparse.urljoin()

在需要处理多个相关的 URL 时需要使用 urljoin()方法的功能，例如在一个 Web 页中可能会产生一系列页面的 URL。

假设有一个身份验证(登录名和密码)的 Web 站点，通过验证的最简单方法是在 URL 中使用登录信息进行访问，例如 http://username:passwd@www.python.org。但是这种方法的问题是它不具有可编程性。通过使用 urllib 可以很好地解决这个问题，假设合法的登录信息是：

```
LOGIN = 'admin'
PASSWD = "admin"
URL = 'http://localhost'
REALM = 'Secure AAA'
```

此时便可以通过下面的实例文件 pa.py，实现使用 urllib 实现 HTTP 身份验证的过程。

实例 14-11：使用 urllib 实现 HTTP 身份验证
源文件路径：daima\14\14-11

实例文件 pa.py 的具体实现代码如下所示。

```
import urllib.request, urllib.error, urllib.parse

①LOGIN = 'admin'
PASSWD = "admin"
URL = 'http://localhost'
②REALM = 'Secure AAA'

③def handler_version(url):
    hdlr = urllib.request.HTTPBasicAuthHandler()
    hdlr.add_password(REALM,
        urllib.parse.urlparse(url)[1], LOGIN, PASSWD)
    opener = urllib.request.build_opener(hdlr)
    urllib.request.install_opener(opener)
④    return url

⑤def request_version(url):
    import base64
    req = urllib.request.Request(url)
    b64str = base64.b64encode(
        bytes('%s:%s' % (LOGIN, PASSWD), 'utf-8'))[:-1]
    req.add_header("Authorization", "Basic %s" % b64str)
⑥    return req

⑦for funcType in ('handler', 'request'):
    print('*** Using %s:' % funcType.upper())
    url = eval('%s_version' % funcType)(URL)
    f = urllib.request.urlopen(url)
    print(str(f.readline(), 'utf-8'))
⑧f.close()
```

①～②实现普通的初始化功能，设置合法的登录验证信息。

③～④定义函数 handler_version()，添加验证信息后建立一个 URL 开启器，安装该开启器以便所有已打开的 URL 都能用到这些验证信息。

⑤～⑥定义函数 request_version()创建一个 Request 对象，并在 HTTP 请求中添加简单的 base 64 编码的验证头信息。在 for 循环里调用 urlopen()时，该请求用来替换其中的 URL 字符串。

⑦～⑧分别打开了给定的 URL，通过验证后会显示服务器返回的 HTML 页面的第一行(转储了其他行)。如果验证信息无效，会返回一个 HTTP 错误(并且不会有 HTML)。

14.7　思考与练习

本章详细讲解了 Python 网络编程的知识，循序渐进地讲解了 Socket 套接字编程、socketserver 编程、使用 select 模块实现多路 I/O 复用、使用 urllib 包和收发电子邮件等内容。在讲解过程中，通过具体实例介绍了开发 Python 网络程序的方法。通过本章的学习，读者应该熟悉 Python 网络编程的知识，掌握它们的使用方法和技巧。

一、选择题

(1) 下面不是邮件传输协议的是(　　)。
　　A. POP3　　　　　　　　B. SMTP　　　　　　　　C. Socket
(2) 下面不是在 socketserver 模块中使用的服务器类的是(　　)。
　　A. TCPServer　　　　　B. ForkingTCPServer　　　　C. ThreadingsUDPServer

二、判断对错

(1) 函数 socket.gethostbyname(hostname)的功能是将主机名转换为 IPv4 地址格式。
　　　　　　　　　　　　　　　　　　　　　　　　　　　　　　　　(　　)
(2) 函数 socket.gethostbyname_ex(hostname)的功能是将主机名转换为 IPv4 地址格式或扩展接口。
　　　　　　　　　　　　　　　　　　　　　　　　　　　　　　　　(　　)

三、上机练习

(1) 编写一个 Python 程序，使用 http.client.HTTPConnection 对象访问指定网站。
(2) 编写一个 Python 程序，使用 POST 方法在请求主体中发送查询参数。

新起点

电脑教程

第 15 章

多线程技术

本章要点

- 使用_thread 模块
- 使用 threading 模块
- 使用进程库 multiprocessing

本章主要内容

　　本书前面讲解的程序大多数都是单线程程序，那么究竟什么是多线程呢？能够同时处理多个任务的程序就是多线程程序，多线程程序的功能更加强大，能够满足现实生活中需求多变的情况。Python 作为一门面向对象的语言，支持多线程开发功能。本章将详细讲解 Python 多线程开发的基本知识，为读者步入本书后面知识的学习打下基础。

15.1　使用_thread 模块

在 Python 程序中,可以通过_thread 和 threading(推荐使用)这两个模块来处理线程。在 Python 3 程序中,thread 模块已被废弃,Python 官方建议使用 threading 模块代替。所以,在 Python 3 中不能再使用 thread 模块,但是为了兼容 Python3 以前的程序,在 Python 3 中将 thread 模块重命名为_thread。

↑扫码看视频

15.1.1　_thread 模块介绍

在 Python 2 版本中,可以使用 thread 模块来实现多线程操作。而在 Python 3 版本中,thread 模块被重新命名为_thread 。在 Python 中可以通过两种方式来使用线程:使用函数或者使用类来包装线程对象。当使用_thread 模块来处理线程时,可以调用内置方法 start_new_thread()来生成一个新的线程,具体语法格式如下所示。

```
_thread.start_new_thread ( function, args[, kwargs] )
```

➢ function: 线程函数。
➢ args: 传递给线程函数的参数,必须是一个 tuple 类型。
➢ kwargs: 可选参数。

15.1.2　使用_thread 模块创建两个线程

　实例 15-1:使用函数 start_new_thread()创建两个线程
　源文件路径:daima\15\15-1

例如在下面的实例文件 tao.py 中,演示了使用函数 start_new_thread()创建两个线程的过程。

```
import _thread          #导入线程模块_thread
import time             #导入模块 time
# 为线程定义一个函数
def print_time( threadName, delay):
   count = 0            #统计变量 count 的初始值是 0
   while count < 5:     #变量 count 值小于 5 则执行循环
     time.sleep(delay)  #推迟调用线程的运行
     count += 1         #变量 count 值递增 1
print ("%s: %s" % ( threadName, time.ctime(time.time()) ))
```

```
# 创建两个线程
try:
    _thread.start_new_thread( print_time, ("Thread-1", 2, ) )
#创建第 1 个线程
    _thread.start_new_thread( print_time, ("Thread-2", 4, ) )    #创建第 2 个线程
except:
    print ("Error: 无法启动线程")                        #抛出异常
while 1:
pass
```

在上述实例代码中，使用函数 start_new_thread()创建两个线程。执行后输出如下所示的效果。

```
Thread-1: Tue Dec  5 08:05:49 2020
Thread-2: Tue Dec  5 08:05:51 2020
Thread-1: Tue Dec  5 08:05:51 2020
Thread-1: Tue Dec  5 08:05:53 2020
Thread-2: Tue Dec  5 08:05:55 2020
Thread-1: Tue Dec  5 08:05:55 2020
Thread-1: Tue Dec  5 08:05:57 2020
Thread-2: Tue Dec  5 08:05:59 2020
```

知识精讲

在不同的运行环境会造成有偏差的执行效果，本章后面的实例也是如此。

15.2　使用 threading 模块

　　在 Python 3 程序中，可以通过两个标准库(_thread 和 threading)提供对线程的支持。其中_thread 提供了低级别的、原始的线程以及一个简单的锁，它相比于 threading 模块的功能还是比较有限的。本节将详细讲解使用 threading 模块的核心知识。

↑扫码看视频

15.2.1　threading 模块的核心方法

在 threading 模块中，除了包含_thread 模块中的所有方法外，还提供了其他如下所示的核心方法。

➢ threading.currentThread(): 返回当前的 Thread 对象，这是一个线程变量。如果调用者控制的线程不是通过 threading 模块创建的，则返回一个只有有限功能的虚假线程对象。

➢ threading.enumerate(): 返回一个包含正在运行的线程的列表。正在运行指线程启动后、结束前，不包括启动前和终止后的线程。

➤ threading.activeCount(): 返回正在运行的线程数量，与 len(threading.enumerate())有相同的结果。

➤ threading.main_thread(): 返回主 Thread 对象。在正常情况下，主线程是从 Python 解释器中启动的线程。

➤ threading.settrace(func): 为所有从 threading 模块启动的线程设置一个跟踪方法。在每个线程的 run()方法调用之前，func 将传递给 sys.settrace()。

➤ threading.setprofile(func): 为所有从 threading 模块启动的线程设置一个 profile()方法。这个 profile()方法将在每个线程的 run()方法被调用之前传递给 sys.setprofile()。

在 threading 模块中，还提供了常量 threading.TIMEOUT_MAX，这个 timeout 参数表示阻塞方法 (Lock.acquire()、RLock.acquire()和 Condition.wait()等)所允许等待的最长时限，设置超过此值的超时将会引发 OverflowError 异常。

15.2.2 使用 Thread 对象

除了前面介绍的核心方法外，在模块 threading 中还提供了类 Thread 来处理线程。Thread 是 threading 模块中最重要的类之一，可以使用它来创建线程。有两种方式来创建线程：一种是通过继承 Thread 类，重写它的 run 方法；另一种是创建一个 threading.Thread 对象，在它的初始化函数(__init__)中将可调用对象作为参数传入。类 Thread 的语法格式如下所示：

```
class  threading.Thread(group=None,  target=None,  name=None,  args=(),
kwargs={}, *, daemon=None)
```

在 Python 程序中，应该始终以关键字参数调用该构造函数。

➤ group: 应该为 None，用于在实现 ThreadGroup 类时的未来扩展。

➤ target: 是将被 run()方法调用的可调用对象。默认为 None，表示不调用任何东西。

➤ name: 是线程的名字。在默认情况下，以 Thread-N 的形式构造一个唯一的名字，N 是一个小的十进制整数。

➤ args: 是给调用目标的参数元组，默认为()。

➤ kwargs: 是给调用目标的关键字参数的一个字典，默认为{}。

➤ daemon: 如果其值不是 None，则守护程序显式设置线程是否为 daemonic。如果值为 None(默认值)，则属性 daemonic 从当前线程继承。

在 Python 程序中，如果子类覆盖 Thread 构造函数，则必须保证在对线程做任何事之前调用基类的构造函数 Thread.__init__()。

在类 Thread 中包含了如下所示的内置方法和属性。

(1) start(): 用于启动线程活动。每个线程对象只能调用它一次，能够为对象中的 run()方法在一个单独的控制线程中调用做准备。如果在相同的线程对象上调用该方法多次，将会引发一个 RuntimeError 异常。

(2) run(): 表示线程活动的方法。可以在子类中覆盖这个方法。标准的 run()方法调用传递给对象构造函数 target 参数的可调用对象。如果存在这个对象，则分别从 args 和 kwargs 参数获取顺序参数和关键字参数。

(3) join([timeout])：等待至线程中止，会阻塞调用线程直至线程的 join()方法被调用中止，或正常退出，或者抛出未处理的异常，或者是可选的超时发生。当参数 timeout 存在且不为 None 时，它应该以一个浮点数指定该操作的超时时间，单位为秒(可以是小数)。

因为 join()方法总是返回 None，所以必须在调用 is_alive()方法之后通过 join()决定是否发生超时。如果线程仍然存在，则 join()调用超时。如果 timeout 参数不存在或者为 None，那么该操作将阻塞线程运行直至线程终止。

一个线程可以被 join()多次，如果尝试 join 当前的线程，则 join()会引发一个 RuntimeError 异常，因为这将导致一个死锁。

(4) name：一个字符串，只用于标识的目的。多个线程可以被赋予相同的名字，初始的名字通过构造函数设置。

(5) getName()：返回线程名。

(6) setName()：设置线程名。

(7) ident：线程的 ID，如果线程还未启动则为 None。ident 是一个非零的整数。当一个线程退出另外一个线程创建时，线程的 ID 可以重用。即使在线程退出后，其 ID 仍然可以访问。

(8) isAlive()：返回线程是否活动的。在 run()方法刚开始之前至 run()方法刚终止之后，该方法返回 True。注意：模块级别的方法 enumerate()返回的是所有活着的方法的一个列表。

 实例 15-2：直接在线程中运行函数
源文件路径：daima\15\15-2

例如在下面的实例文件 zhi.py 中，演示了直接在线程中运行函数的过程。

```
import threading              #导入库 threading
def zhiyun(x,y):              #定义函数 zhiyun()
    for i in range(x,y):     #遍历操作
        print(str(i*i)+';')  #打印输出一个数的平方
ta = threading.Thread(target=zhiyun,args=(1,6))
tb = threading.Thread(target=zhiyun,args=(16,21))
ta.start()                   #启动第 1 个线程活动
tb.start()                   #启动第 2 个线程活动
```

在上述实例代码中，首先定义函数 zhiyun()，然后以线程方式来运行这个函数，并且在每次运行时传递不同的参数。运行后两个子线程会并行执行，可以分别计算出一个数的平方并输出，这两个子线程是交替运行的。依次输出了 16、1、17、2、18、3、4、19、5、20的平方，执行会输出：

```
1;
4;
9;
16;
256;
25;
289;
324;
361;
400;
```

在 Python 程序中，通过继承类 threading.Thread 的方式来创建一个线程。这种方法只要重载类 threading.Thread 中的方法 run()，然后再调用方法 start()就能够创建线程，并运行方法 run()中的代码。

 实例 15-3：通过继承类 threading.Thread 创建线程
源文件路径：daima\15\15-3

例如在下面的实例文件 zi.py 中，演示了通过继承类 threading.Thread 来创建线程的过程。

```python
import threading
#定义继承于类 threading.Thread 的子类 myThread
class myThread(threading.Thread):
    def __init__(self,mynum):         #构造函数
        super().__init__()            #使用 super()处理子类和父类关系
        self.mynum = mynum
    def run(self):                    #定义函数 run()
        for i in range(self.mynum,self.mynum+5):
            print(str(i*i)+';')
ma = myThread(1)                      #创建类 myThread 的对象实例 ma
mb = myThread(16)                     #创建类 myThread 的对象实例 mb
ma.start()                           #启动线程
mb.start()                           #启动线程
```

在上述实例代码中，首先定义了一个继承于类 threading.Thread 的子类 myThread，然后创建了两个类 myThread 的实例，并使用方法 start()分别实现创建线程和启动线程功能。

15.2.3　使用 Lock 和 RLock 对象

请读者考虑这样一种情况：一个列表里所有元素都是 0，线程 set 从后向前把所有元素改成 1，而线程 print 负责从前往后读取列表并打印。那么，可能当线程 set 开始改的时候，线程 print 便来打印列表了，输出就变成了一半 0 一半 1，这就造成了数据的不同步。

为了避免这种情况，引入了锁的概念。锁有两种状态，分别是锁定和未锁定。每当一个线程比如 set 要访问共享数据时，必须先获得锁定；如果已经有别的线程比如 print 获得锁定了，那么就让线程 set 暂停，也就是同步阻塞；等到线程 print 访问完毕，释放锁以后，再让线程 set 继续。

经过上述过程的处理，打印列表时要么全部输出 0，要么全部输出 1，不会再出现一半 0 一半 1 的尴尬场面。由此可见，使用 threading 模块中的对象 Lock 和 RLock(可重入锁)可以实现简单的线程同步功能。对于同一时刻只允许一个线程操作的数据对象，可以把操作过程放在 Lock 和 RLock 的 acquire 方法和 release 方法之间。RLock 可以在同一调用链中多次请求而不会锁死，Lock 则会锁死。

在 Python 多线程程序中，出现死锁的最常见原因是线程尝试一次性获取了多个锁。例如有一个线程获取到第一个锁，但是在尝试获取第二个锁时阻塞了，那么这个线程就有可能会阻塞住其他线程的执行，进而使得整个程序僵死。避免出现死锁的一种解决方案就是给程序中的每个锁分配一个唯一的数字编号，并且在获取多个锁时只按照编号的升序方式

来获取。上述功能利用上下文管理器可以非常简单地实现。例如在下面的实例代码中，演示了使用上下文管理器来避免死锁的过程。

 实例 15-4：使用上下文管理器来避免死锁
源文件路径：daima\15\15-4

(1)　首先看上下文管理器的实现文件 deadlock.py，具体实现代码如下所示。

```python
import threading
from contextlib import contextmanager

# Thread-local state to stored information on locks already acquired
_local = threading.local()

@contextmanager
def acquire(*locks):
    # Sort locks by object identifier
    locks = sorted(locks, key=lambda x: id(x))

    # Make sure lock order of previously acquired locks is not violated
    acquired = getattr(_local, 'acquired',[])
    if acquired and max(id(lock) for lock in acquired) >= id(locks[0]):
        raise RuntimeError('Lock Order Violation')

    # Acquire all of the locks
    acquired.extend(locks)
    _local.acquired = acquired
    try:
        for lock in locks:
            lock.acquire()
        yield
    finally:
        # Release locks in reverse order of acquisition
        for lock in reversed(locks):
            lock.release()
        del acquired[-len(locks):]
```

要想使用上述上下文管理器，只需按照正常的方式来分配锁对象即可。但是当需要同一个或多个锁打交道时，就必须使用上面的 acquire()函数。

(2)　在下面实例文件 example1.py 中，演示了使用上述上下文管理器函数 acquire()防止死锁的过程。

```python
import threading
from deadlock import acquire

x_lock = threading.Lock()
y_lock = threading.Lock()

def thread_1():
    while True:
        with acquire(x_lock, y_lock):
            print("Thread-1")

def thread_2():
    while True:
        with acquire(y_lock, x_lock):
            print("Thread-2")
```

```
input('This program runs forever. Press [return] to start, Ctrl-C to exit')

t1 = threading.Thread(target=thread_1)
t1.daemon = True
t1.start()

t2 = threading.Thread(target=thread_2)
t2.daemon = True
t2.start()

import time
while True:
    time.sleep(1)
```

尽管在每个函数中对锁的获取是以不同的顺序来指定的，但是如果运行上述测试程序文件 example1.py，就会发现程序永远不会出现死锁。上述代码的关键之处就在于函数 acquire()的第一条语句，能够根据对象的数字编号对锁进行排序。对锁进行排序后，无论用户按照什么顺序将锁提供给 acquire()函数，它们总是会按照统一的顺序来获取。

15.3 使用进程库 multiprocessing

在 Python 语言中，库 multiprocessing 是一个多进程管理包。和 threading 模块类似，multiprocessing 提供了生成进程功能的 API，提供了本地和远程并发，通过使用子进程而不是线程来有效地转移全局解释器锁。本节将详细讲解使用 multiprocessing 的核心知识。

↑扫码看视频

15.3.1 threading 和 multiprocessing 的关系

在 Python 程序中，multiprocessing 可以利用 multiprocessing.Process 对象来创建一个进程，该进程可以运行在 Python 程序内部编写的函数。该 Process 对象与 Thread 对象的用法相同，也有 start()、run() 和 join()等方法，并且在 multiprocessing 中也有 Lock/Event/Semaphore/Condition 类 (这些对象可以像多线程那样，通过参数传递给各个进程)，用以同步进程，其用法与 threading 包中的同名类一致。

知识精讲

　　multiprocessing 中的很大一部分 API 与 threading 相同，只不过是换到了多进程的场景中而已。

15.3.2　使用 Process

在 Python 的 multiprocessing 模块中，通过创建 Process 对象，然后调用其 start()方法可生成进程。在类 Process 中包含了如下所示的内置成员。

(1)　multiprocessing.Process(group=None, target=None, name=None, args=(), kwargs={}, *, daemon=None)：进程对象表示在单独进程中运行的活动。类 Process 具有类 threading.Thread 中的所有同名方法的功能。在 Python 中，应始终使用关键字参数来调用这个构造函数。

- ➢　group：应始终为 None，仅仅与 threading.Thread 兼容。
- ➢　target：是由 run()方法调用的可调用对象，默认值为 None，表示不调用任何内容。
- ➢　name：是进程名称。
- ➢　args：是目标调用的参数元组。
- ➢　kwargs：是目标调用的关键字参数的字典，如果提供此参数值，则将进程 daemon 标记设置为 True 或 False。
- ➢　daemon：如果将 daemon 标记设置为 None(默认值)，则此标志将从创建过程继承。

如果一个子类覆盖了构造方法，则必须确保在对进程做任何其他事情之前调用基类构造方法(Process.__init__())。

(2)　daemon：进程的守护进程标志，是一个布尔值，必须在调用 start()之前设置。

(3)　pid：返回进程 ID，在生成进程之前是 None。

(4)　exitcode：子进程的退出代码。如果进程尚未终止则是 None，负值-N 则表示子进程被信号 N 终止。

(5)　terminate()：终止进程。在 Unix 系统中，这是使用 SIGTERM 信号完成的；在 Windows 系统中则使用 TerminateProcess()。注意，退出处理程序和 finally 子句等不会被执行。

　实例 15-5：使用 Process 对象生成进程
源文件路径：daima\15\15-5

例如在下面的实例文件 mojin.py 中，演示了使用 Process 对象生成进程的过程。

```
import os
import threading
import multiprocessing

# worker function
def worker(sign, lock):
    lock.acquire()
    print(sign, os.getpid())
    lock.release()

# Main
print('Main:',os.getpid())

# Multi-thread
record = []
lock  = threading.Lock()
for i in range(5):
    thread = threading.Thread(target=worker,args=('thread',lock))
    thread.start()
    record.append(thread)
```

```
for thread in record:
    thread.join()

# Multi-process
record = []
lock = multiprocessing.Lock()
for i in range(5):
    process = multiprocessing.Process(target=worker,args=('process',lock))
    process.start()
    record.append(process)

for process in record:
    process.join()
```

通过上述代码可以看出,Thread 对象和 Process 对象在使用上的相似性与结果上的不同。各个线程和进程都做一件事:打印 PID。但问题是,所有的任务在打印的时候都会向同一个标准输出(stdout)输出。这样输出的字符会混合在一起,无法阅读。而使用 Lock 同步,在一个任务输出完成之后,再允许另一个任务输出,可以避免多个任务同时向终端输出。所有 Thread 的 PID 都与主程序相同,而每个 Process 都有一个不同的 PID。执行后会输出:

```
Main: 4392
thread 4392
thread 4392
thread 4392
thread 4392
thread 4392
Main: 19708
thread 19708
thread 19708
thread 19708
...省略部分执行效果
```

15.4　实践案例与上机指导

　　通过本章的学习，读者基本可以掌握 Python 多线程技术的基础知识。其实 Python 多线程技术的知识还有很多，这需要读者通过课外渠道来加深学习。下面通过练习操作，以达到巩固学习、拓展提高的目的。

↑扫码看视频

15.4.1　使用方法 join()实现线程等待

　　在 Python 程序中，当某个线程或函数执行时，如果需要等待另一个线程完成操作后才能继续，则需要调用另一个线程中的方法 join()。可选参数 timeout 用于指定超时时间。例如在下面的实例文件 deng.py 中，演示了使用方法 join()实现线程等待的过程。

实例 15-6：使用方法 join()实现线程等待
源文件路径：daima\15\15-6

实例文件 deng.y 的具体实现代码如下所示。

```
import threading              #导入模块 threading
import time                   #导入模块 time
def zhiyun(x,y,thr=None):
    #当在函数 zhiyun()传递参数中包括一个线程实例时
    if thr:
        thr.join()            #调用方法 join()
    else:
        time.sleep(2)         #睡眠 2 秒
    for i in range(x,y):      #遍历参数 x 和 y
        print(str(i*i)+';')   #打印输出 i 的平方
ta = threading.Thread(target=zhiyun,args=(1,6))
tb = threading.Thread(target=zhiyun,args=(16,21,ta))
ta.start()                    #启动线程
tb.start()                    #启动线程
```

在上述实例代码中，当在线程运行的函数 zhiyun()传递参数中包括一个线程实例时，设置调用其方法 join()并等待其结束后方才运行，否则睡眠 2 秒。在上述程序中，因为 tb 传入了线程实例 a，所以 tb 线程应等待 a 结束后才运行。运行后会发现，线程 tb 要等到线程 a 输出结束后才输出结果。执行后会输出：

```
1;
4;
9;
16;
25;
256;
289;
324;
361;
400;
```

15.4.2　使用 Pipe 对象创建双向管道

在 Linux 系统的多线程机制中，管道 PIPE 和消息队列 message queue 的效率十分优秀。在 Python 语言的 multiprocessing 包中，专门提供了 Pipe 和 Queue 这两个类来分别支持这两种 IPC 机制。通过使用 Pipe 和 Queue 对象，可以在 Python 程序中传送常见的对象。

在 Python 程序中，Pipe 可以是单向(half-duplex)，也可以是双向(duplex)。我们通过 mutiprocessing.Pipe(duplex=False)创建单向管道 (默认为双向)。一个进程从 PIPE 一端输入对象，然后被 PIPE 另一端的进程接收，单向管道只允许管道一端的进程输入，而双向管道则允许从两端输入。

实例 15-7：使用 Pipe 对象创建双向管道
源文件路径：daima\15\15-7

例如在下面的实例文件 shuangg.py 中，演示了使用 Pipe 对象创建双向管道的过程。

```
import multiprocessing as mul
def proc1(pipe):
    pipe.send('hello')
    print('proc1 rec:',pipe.recv())

def proc2(pipe):
    print('proc2 rec:',pipe.recv())
    pipe.send('hello, too')

#创建一个 pipe 对象
pipe = mul.Pipe()

#将管道的一端传递到进程1
p1   = mul.Process(target=proc1, args=(pipe[0],))
# Pass the other end of the pipe to process 2
p2   = mul.Process(target=proc2, args=(pipe[1],))
p1.start()
p2.start()
p1.join()
p2.join()
```

在上述代码中的 Pipe 是双向的，在 Pipe 对象建立的时候，返回一个含有两个元素的表，每个元素代表 Pipe 的一端(Connection 对象)。我们在 Pipe 的某一端调用 send()方法来传送对象，在另一端使用 recv()来接收。

15.5 思考与练习

本章详细讲解了 Python 多线程技术，循序渐进地讲解了使用_thread 模块、使用 threading 模块和使用进程库 multiprocessing 等知识。在讲解过程中，通过具体实例介绍了使用 Python 多线程技术的方法。通过本章的学习，读者应该熟悉使用 Python 多线程技术的知识，掌握它们的使用方法和技巧。

一、选择题

(1) 在 Python 2 版本中，可以使用 thread 模块来实现多线程操作。而在 Python 3 版本中，thread 模块被重新命名为(   )。

    A. _thread   B. threads   C. threadings

(2) 在 Python 程序中，当某个线程或函数执行时，如果需要等待另一个线程完成操作后才能继续，则需要调用另一个线程中的方法(   )。

    A. join()   B. sleep()   C. start()

二、判断对错

(1) 在 Python 程序中，Pipe 只能是单向(half-duplex)的。   (   )

(2) 在 Python 程序中，通过继承类 threading.Thread 的方式来创建一个线程。 (   )

三、上机练习

(1) 编写一个 Python 程序，直接从 threading.Thread 继承创建一个新的子类，实例化后调用 start() 方法启动新线程。

(2) 编写一个 Python 程序，要求实现线程同步。

第 16 章

tkinter 图形化界面开发

本章要点

- 📖 Python 语言介绍
- 📖 tkinter 组件开发
- 📖 库 tkinter 的事件

本章主要内容

　　tkinter 是 Python 的标准 GUI 库,Python 使用 tkinter 可以快速创建 GUI 应用程序。由于 tkinter 是内置到 Python 的安装包中,所以只要安装好 Python 之后就能 import(导入)tkinter 库。而且开发工具 IDLE 也是基于 tkinter 编写而成,对于简单的图形界面,tkinter 能够应对自如。本章将详细讲解基于 tkinter 框架开发图形化界面程序的核心知识。

16.1 Python 语言介绍

在 Python 程序中，tkinter 是 Python 的一个模块，可以像其他模块一样在 Python 交互式环境中(或者".py"程序中)被导入，tkinter 模块被导入后即可使用 tkinter 模块中的函数、方法等。开发者可以使用 tkinter 库中的文本框、按钮、标签等组件(widget)实现 GUI 开发功能。整个实现过程十分简单，例如要实现某个界面元素，只需要调用对应的 tkinter 组件即可。

↑扫码看视频

16.1.1 第一个 tkinter 程序

当在 Python 程序中使用 tkinter 创建图形界面时，要首先使用 import 语句导入 tkinter 模块。

```
import tkinter
```

如果在 Python 的交互式环境中输入上述语句后没有错误发生，则说明当前 Python 已经安装了 tkinter 模块。这样以后在编写程序时只要使用 import 语句导入 tkinter 模块，即可使用 tkinter 模块中的函数、对象等进行 GUI 编程。

在 Python 程序中使用 tkinter 模块时，需要先使用 tkinter.Tk 生成一个主窗口对象，然后才能使用 tkinter 模块中其他的函数和方法等元素。当生成主窗口以后，才可以向里面添加组件，或者直接调用其 mainloop 方法进行消息循环。

 实例 16-1：创建第一个 GUI 程序
源文件路径：daima\16\16-1

例如在下面的实例文件 first.py 中，演示了使用 tkinter 创建第一个 GUI 程序的过程。

```
import tkinter          #导入 tkinter 模块
top = tkinter.Tk()      #生成一个主窗口对象
# 进入消息循环
top.mainloop()
```

在上述实例代码中，首先导入了 tkinter 库，然后用 tkinter.Tk 生成一个主窗口对象，并进入消息循环。生成的窗口具有一般应用程序窗口的基本功能，可以最小化、最大化、关闭，还具有标题栏，甚至使用鼠标可以调整其大小。执行效果如图 16-1 所示。

图 16-1 执行效果

智慧锦囊

　　本实例创建了一个简单的 GUI 窗口，在完成窗口内部组件的创建工作后，也要进入到消息循环中，这样就可以处理窗口及其内部组件的事件。

16.1.2　向窗体中添加组件

前面创建的窗口只是一个容器，在这个容器中还可以添加其他元素。在 Python 程序中，当使用 tkinter 创建 GUI 窗口后，接下来可以向窗体中添加组件元素。其实组件与窗口一样，也是通过 tkinter 模块中相应的组件函数生成的。在生成组件以后，就可以使用 pack、grid 或 place 等方法将其添加到窗口中。

　实例 16-2：向窗体中添加组件

　源文件路径：daima\16\16-2

例如在下面的实例文件 zu.py 中，演示了使用 tkinter 向窗体中添加组件的过程。

```python
import tkinter                    #导入 tkinter 模块
root = tkinter.Tk()              #生成一个主窗口对象
#实例化标签(Label)组件
label= tkinter.Label(root, text="Python, tkinter!")
label.pack()                      #将标签(Label)添加到窗口
button1 = tkinter.Button(root, text="按钮 1")#创建按钮 1
button1.pack(side=tkinter.LEFT)   #将按钮 1 添加到窗口
button2 = tkinter.Button(root, text="按钮 2")#创建按钮 2
button2.pack(side=tkinter.RIGHT)  #将按钮 2 添加到窗口
root.mainloop()                   #进入消息循环
```

在上述实例代码中，分别实例化了库 tkinter 中的 1 个标签(Label) 组件和两个按钮(Button)组件，然后调用 pack()方法将这三个添加到主窗口中。执行后的效果如图 16-2 所示。

图 16-2　执行效果

16.2　tkinter 组件开发

　　在本章上一节中创建一个窗口后，实际上只是创建了一个存放组件的"容器"。为了实现现实项目的需求，在创建窗口以后，需要根据程序的功能向窗口中添加对应的组件，然后定义与实际相关的处理函数，这样才算是一个完整的 GUI 程序。本节将详细讲解使用 tkinter 组件开发 Python 程序的知识。

↑扫码看视频

16.2.1 tkinter 组件概览

在模块 tkinter 中提供了各种各样的常用组件，例如按钮、标签和文本框，这些组件通常也被称为控件或者部件。其中最为主要的组件如下所示。

> Button: 按钮控件，在程序中显示按钮。
> Canvas: 画布控件，显示图形元素如线条或文本。
> Checkbutton: 多选框控件，用于在程序中提供多项选择框。
> Entry: 输入控件，用于显示简单的文本内容。
> Frame: 框架控件，在屏幕上显示一个矩形区域，多用来作为容器。
> Label: 标签控件，可以显示文本和位图。
> Listbox: 列表框控件，显示一个字符串列表给用户。
> Menubutton: 菜单按钮控件，由于显示菜单项。
> Menu: 菜单控件，显示菜单栏、下拉菜单和弹出菜单。
> Message: 消息控件，用来显示多行文本，与 Label 比较类似。
> Radiobutton: 单选按钮控件，显示一个单选的按钮状态。
> Scale: 范围控件，显示一个数值刻度，为输出限定范围的数字区间。
> Scrollbar: 滚动条控件，当内容超过可视化区域时使用，如列表框。
> Text: 文本控件，用于显示多行文本。
> Toplevel: 容器控件，用来提供一个单独的对话框，和 Frame 比较类似。
> Spinbox: 输入控件，与 Entry 类似，但是可以指定输入范围值。
> PanedWindow: 是一个窗口布局管理控件，可以包含一个或者多个子控件。
> LabelFrame: 是一个简单的容器控件，常用于复杂的窗口布局。
> Messagebox: 用于显示应用程序的消息框。

在模块 tkinter 的组件中，还提供了对应的属性和方法，其中标准属性是所有控件所拥有的共同属性，例如大小、字体和颜色。模块 tkinter 中的标准属性如表 16-1 所示。

表 16-1 模块 tkinter 中的标准属性

属 性	描 述
Dimension	控件大小
Color	控件颜色
Font	控件字体
Anchor	锚点
Relief	控件样式
Bitmap	位图
Cursor	光标

在模块 tkinter 中，控件有特定的几何状态管理方法，管理整个控件区域组织，其中 tkinter 控件公开的几何管理类有包、网格和位置。具体如表 16-2 所示。

表 16-2　几何状态管理方法

几何方法	描　述
pack()	包装
grid()	网格
place()	位置

在本章前面的实例 16-2 zu.py 中，曾经使用组件的 pack 方法将组件添加到窗口中，而没有设置组件的位置，例子中的组件位置都是由 tkinter 模块自动确定的。如果是一个包含多个组件的窗口，为了让组件布局更加合理，可以通过向方法 pack()传递参数来设置组件在窗口中的具体位置。除了组件的 pack 方法以外，还可以通过使用方法 grid()和方法 place()来设置组件的位置。

　实例 16-3：使用 Frame 布局窗体界面
源文件路径：daima\16\16-3

例如在下面的实例文件 Frame.py 中，演示了使用 Frame 布局窗体界面的过程。

```python
from tkinter import *
root = Tk()
root.title("hello world")
root.geometry('300x200')

Label(root, text='校训', font=('Arial', 20)).pack()

frm = Frame(root)
#left
frm_L = Frame(frm)
Label(frm_L, text='厚德', font=('Arial', 15)).pack(side=TOP)
Label(frm_L, text='博学', font=('Arial', 15)).pack(side=TOP)
frm_L.pack(side=LEFT)

#right
frm_R = Frame(frm)
Label(frm_R, text=' 敬业 ', font=('Arial', 15)).pack(side=TOP)
Label(frm_R, text=' 乐群 ', font=('Arial', 15)).pack(side=TOP)
frm_R.pack(side=RIGHT)

frm.pack()

root.mainloop()
```

图 16-3　执行效果

执行后的效果如图 16-3 所示。

16.2.2　使用按钮控件

在库 tkinter 中有很多 GUI 控件，主要包括在图形化界面中常用的按钮、标签、文本框、菜单、单选框、复选框等，在本节将首先介绍使用按钮控件的方法。在使用按钮控件

tkinter.Button 时，通过向其传递属性参数的方式可以控制按钮的属性，例如可以设置按钮上文本的颜色、按钮的颜色、按钮的大小以及按钮的状态等。库 tkinter 的按钮控件，常用属性控制参数如表 16-3 所示。

表 16-3　按钮控件的常用属性控制参数

参数名	功　能
anchor	指定按钮上文本的位置
background (bg)	指定按钮的背景色
bitmap	指定按钮上显示的位图
borderwidth (bd)	指定按钮边框的宽度
command	指定按钮消息的回调函数
cursor	指定鼠标移动到按钮上的指针样式
font	指定按钮上文本的字体
foreground (fg)	指定按钮的前景色
height	指定按钮的高度
image	指定按钮上显示的图片
state	指定按钮的状态
text	指定按钮上显示的文本
width	指定按钮的宽度

 实例 16-4：向窗体中添加按钮控件
源文件路径：daima\16\16-4

例如在下面的实例文件 an.py 中，演示了使用 tkinter 向窗体中添加按钮控件的过程。

```python
import tkinter                          #导入 tkinter 模块
root = tkinter.Tk()                     #生成一个主窗口对象
button1 = tkinter.Button(root,          #创建按钮 1
            anchor = tkinter.E,         #设置文本的对齐方式
            text = 'Button1',           #设置按钮上显示的文本
            width = 30,                 #设置按钮的宽度
            height = 7)                 #设置按钮的高度
button1.pack()                          #将按钮添加到窗口
button2 = tkinter.Button(root,          #创建按钮 2
            text = 'Button2',           #设置按钮上显示的文本
            bg = 'blue')                #设置按钮的背景色
button2.pack()                          #将按钮添加到窗口
button3 = tkinter.Button(root,          #创建按钮 3
            text = 'Button3',           #设置按钮上显示的文本
            width = 12,                 #设置按钮的宽度
            height = 1)                 #设置按钮的高度
button3.pack()                          #将按钮添加到窗口
button4 = tkinter.Button(root,          #创建按钮 4
        text = 'Button4',               #设置按钮上显示的文本
```

```
              width = 40,     #设置按钮的宽度
              height = 7,      #设置按钮的高度
              state = tkinter.DISABLED) #设置按钮为禁用的
button4.pack()                 #将按钮添加到窗口
root.mainloop()                #进入消息循环
```

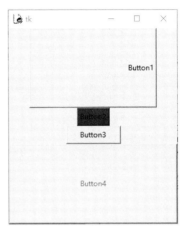

在上述实例代码中，使用不同的属性参数实例化了 4 个按钮，并分别将这 4 个按钮添加到主窗口中。执行后会在主程序窗口中显示出 4 种不同的按钮，执行效果如图 16-4 所示。

图 16-4　执行效果

16.2.3　使用文本框控件

在库 tkinter 的控件中，文本框控件主要用来实现信息接收和用户的信息输入工作。在 Python 程序中，使用 tkinter.Entry 和 tkinter.Text 可以创建单行文本框和多行文本框组件，通过向其传递属性参数可以设置文本框的背景色、大小、状态等。如表 16-4 所示是 tkinter.Entry 和 tkinter.Text 所共有的几个常用属性控制参数。

表 16-4　tkinter.Entry 和 tkinter.Text 常用属性控制参数

参数名	功　　能
background (bg)	指定文本框的背景色
borderwidth (bd)	指定文本框边框的宽度
font	指定文本框中文字的字体
foreground (fg)	指定文本框的前景色
selectbackground	指定选定文本的背景色
selectforeground	指定选定文本的前景色
show	指定文本框中显示的字符，如果是星号，表示文本框为密码框
state	指定文本框的状态
width	指定文本框的宽度

 实例 16-5：在窗体中使用文本框控件
源文件路径：daima\16\16-5

例如在下面的实例文件 wen.py 中，演示了 tkinter 在窗体中使用文本框控件的过程。

```
import tkinter                   #导入 tkinter 模块
root = tkinter.Tk()              #生成一个主窗口对象
entry1 = tkinter.Entry(root,     #创建单行文本框 1
            show = '*',)         #设置显示的文本是星号
entry1.pack()                    #将文本框添加到窗口
entry2 = tkinter.Entry(root,     #创建单行文本框 2
            show = '#',          #设置显示的文本是井号
            width = 50)          #设置文本框的宽度
```

```
entry2.pack()                              #将文本框添加到窗口
entry3 = tkinter.Entry(root,               #创建单行文本框 3
            bg = 'red',                    #设置文本框的背景颜色
            fg = 'blue')                   #设置文本框的前景色
entry3.pack()                              #将文本框添加到窗口
entry4 = tkinter.Entry(root,               #创建单行文本框 4
            selectbackground = 'red',      #设置选中文本的背景色
            selectforeground = 'gray')     #设置选中文本的前景色
entry4.pack()                              #将文本框添加到窗口
entry5 = tkinter.Entry(root,               #创建单行文本框 5
            state = tkinter.DISABLED)      #设置文本框禁用
entry5.pack()                              #将文本框添加到窗口
edit1 = tkinter.Text(root,                 #创建多行文本框
            selectbackground = 'red',      #设置选中文本的背景色
            selectforeground = 'gray')
edit1.pack()                               #将文本框添加到窗口
root.mainloop()                            #进入消息循环
```

在上述实例代码中,使用不同的属性参数实例化了 6 种文本框,执行后的效果如图 16-5 所示。

图 16-5　执行效果

16.3　库 tkinter 的事件

　　在使用库 tkinter 实现 GUI 界面开发过程中,还需要借助于事件来实现 tkinter 控件的动态功能。例如我们在窗口中创建一个文件菜单,单击“文件”菜单后应该是打开一个选择文件对话框,只有这样才是一个合格的软件。这个单击“文件”菜单就打开一个选择文件对话框的过程就是通过单击事件完成的。由此可见,在计算机控件应用中,事件就是执行某个功能的动作。在本节的内容中,将详细讲解库 tkinter 中常用事件的基本知识。

↑ 扫码看视频

16.3.1　tkinter 事件基础

在库 tkinter 中，事件是指在各个组件上发生的各种鼠标和键盘事件。对于按钮组件、菜单组件来说，可以在创建组件时通过参数 command 指定其事件的处理函数。除去组件所触发的事件外，在创建右键弹出菜单时还需处理右键单击事件。类似的事件还有鼠标事件、键盘事件和窗口事件。

 知识精讲

在计算机系统中有很多种事件，例如鼠标事件、键盘事件和窗口事件等。鼠标事件主要指鼠标按键的按下、释放，鼠标滚轮的滚动，鼠标指针移进、移出组件等所触发的事件。键盘事件主要指键的按下、释放等所触发的事件。窗口事件是指改变窗口大小、组件状态变化等所触发的事件。

在 Python 程序的 tkinter 库中，鼠标事件、键盘事件和窗口事件可以采用事件绑定的方法来处理消息。为了实现控件绑定功能，可以使用控件中的方法 bind() 实现，或者使用方法 bind_class() 实现类绑定，分别调用函数或者类来响应事件。方法 bind_all() 也可以绑定事件，它能够将所有的组件事件绑定到事件响应函数上。上述 3 个方法的具体语法格式如下所示：

```
bind(sequence, func, add)
bind_class( className, sequence, func, add)
bind_all (sequence, func, add)
```

各个参数的具体说明如下所示。
➢ func: 所绑定的事件处理函数。
➢ add: 可选参数，为空字符或者 "+"。
➢ className: 所绑定的类。
➢ sequence: 表示所绑定的事件，必须是以尖括号 "<>" 包围的字符串。

在库 tkinter 中，常用的鼠标事件如下所示。
➢ <Button-1>: 表示鼠标左键按下，而<Button-2>表示中键，<Button-3>表示右键。
➢ <ButtonPress-l>: 表示鼠标左键按下，与<Button-l>相同。
➢ <ButtonRelease-l>: 表示鼠标左键释放。
➢ <Bl-Motion>: 表示按住鼠标左键移动。
➢ <Double-Button-l>: 表示双击鼠标左键。
➢ <Enter>: 表示鼠标指针进入某一组件区域。
➢ <Leave>: 表示鼠标指针离开某一组件区域。
➢ <MouseWheel>: 表示鼠标滑轮滚动动作。

在上述鼠标事件中，数字 1 都可以替换成 2 或 3。其中数字 2 表示鼠标中键，数字 3 表示鼠标右键。例如<B3-Motion>表示按住鼠标右键移动，<Double-Button-2>表示双击鼠标中键等。

在库 tkinter 中，常用的键盘事件如下所示。

➤ <KeyPress-A>: 表示按下 A 键, 可用其他字母键代替。

➤ <Alt-KeyPress-A>: 表示同时按下 Alt 和 A 键。

➤ <Control-KeyPress-A>: 表示同时按下 Control 和 A 键。

➤ <Shift-KeyPress-A>: 表示同时按下 Shift 和 A 键。

➤ <Double-KeyPress-A>: 表示快速地按两下 A 键。

➤ <Lock-KeyPress-A>: 表示打开 Caps Lock 后按下 A 键。

在上述键盘事件中, 还可以使用 Alt、Control 和 Shift 按键组合。例如<Alt-Control-Shift-KeyPress-B>表示同时按下 Alt、Control、Shift 和 B 键。其中, KeyPress 可以使用 KeyRelease 替换, 表示当按键释放时触发事件。读者在此需要注意的是, 输入的字母要区分大小写, 如果使用<KeyPress-A>, 则只有按下 Shift 键或者打开 Caps Lock 时才可以触发事件。

在库 tkinter 中, 常用的窗口事件如下所示。

➤ Activate: 当组件由不可用转为可用时触发。

➤ Configure: 当组件大小改变时触发。

➤ Deactivate: 当组件由可用转为不可用时触发。

➤ Destroy: 当组件被销毁时触发。

➤ Expose: 当组件从被遮挡状态中暴露出来时触发。

➤ FocusIn: 当组件获得焦点时触发。

➤ FocusOut: 当组件失去焦点时触发。

➤ Map: 当组件由隐藏状态变为显示状态时触发。

➤ Property: 当窗体的属性被删除或改变时触发。

➤ Unmap: 当组件由显示状态变为隐藏状态时触发。

➤ Visibility: 当组件变为可视状态时触发。

当窗口中的事件被绑定到函数后, 如果该事件被触发, 将会调用所绑定的函数进行处理。事件被触发后, 系统将向该函数传递一个 event 对象的参数。正因如此, 应该将被绑定的响应事件函数定义成如下所示的格式。

```
def function (event):
    <语句>
```

在上述格式中, event 对象具有的属性信息如表 16-5 所示。

表 16-5 event 对象的属性信息

属 性	功 能
char	按键字符, 仅对键盘事件有效
keycode	按键名, 仅对键盘事件有效
keysym	按键编码, 仅对键盘事件有效
num	鼠标按键, 仅对鼠标事件有效
type	所触发的事件类型
widget	引起事件的组件
width, height	组件改变后的大小, 仅对 Configure 有效

属　　性	功　　能
x,y	鼠标当前位置，相对于窗口
x_root, y_root	鼠标当前位置，相对于整个屏幕

 实例 16-6：创建一个"英尺/米"转换器

源文件路径：daima\16\16-6

在下面的实例文件 zhuan.py 中，演示了使用 tkinter 创建一个"英尺/米"转换器的过程。

```python
from tkinter import *
from tkinter import ttk

def calculate(*args):
    try:
        value = float(feet.get())
        meters.set((0.3048 * value * 10000.0 + 0.5) / 10000.0)
    except ValueError:
        pass


root = Tk()
root.title("英尺转换米")
mainframe = ttk.Frame(root, padding="3 3 12 12")
mainframe.grid(column=0, row=0, sticky=(N, W, E, S))
mainframe.columnconfigure(0, weight=1)
mainframe.rowconfigure(0, weight=1)
feet = StringVar()
meters = StringVar()
feet_entry = ttk.Entry(mainframe, width=7, textvariable=feet)
feet_entry.grid(column=2, row=1, sticky=(W, E))
ttk.Label(mainframe, textvariable=meters).grid(column=2, row=2, sticky=(W, E))
ttk.Button(mainframe, text="计算", command=calculate).grid(column=3, row=3,
sticky=W)
ttk.Label(mainframe, text="英尺").grid(column=3, row=1, sticky=W)
ttk.Label(mainframe, text="相当于").grid(column=1, row=2, sticky=E)
ttk.Label(mainframe, text="米").grid(column=3, row=2, sticky=W)
for child in mainframe.winfo_children(): child.grid_configure(padx=5,
pady=5)
feet_entry.focus()
root.bind('<Return>', calculate)
```

上述代码的实现流程如下所示。

(1) 导入了 tkinter 所有的模块，这样可以直接使用 tkinter 的所有功能，这是 tkinter 的标准做法。然而在后面导入了 ttk，这意味着我们接下来要用到的组件前面都得加前缀。举个例子，直接调用 Entry 会调用 tkinter 内部的模块，然而我们需要的是 ttk 里的 Entry，所以要用 ttk.Enter。如你所见，许多函数在两者之中都有，如果同时用到这两个模块，你需要根据整体代码选择用哪个模块，让 ttk 的调用更加清晰，本书中也会使用这种风格。

(2) 创建主窗口，设置窗口的标题为"英尺转换米"，然后我们创建了一个 Frame 控件，用户界面上的所有东西都包含在里面，并且放在主窗口中。columnconfigure/ rowconfigure 是告诉 Tk 如果主窗口的大小被调整，Frame 空间的大小也随之调整。

(3)　创建 3 个主要的控件，一个用来输入英尺的输入框，一个用来输出转换成米单位结果的标签，一个用于执行计算的按钮。这三个控件都是窗口的"孩子"，是"带主题"控件的类的实例。同时我们为它们设置一些选项，比如输入的宽度，按钮显示的文本，等等。输入框和标签都带了一个神秘的参数 textvariable。如果控件仅仅被创建了，是不会自动显示在屏幕上的，因为 Tk 并不知道这些控件和其他控件的位置关系，那是 grid 要做的事情。我们把每个控件放到对应行或者列中，sticky 选项指明控件在网格单元中的排列，用的是指南针方向，所以 w 代表固定这个控件在左边的网格中，例如 we 代表固定这个空间在左右之间。

(4)　创建 3 个静态标签，然后放在适合的网格位置中。在最后 3 行代码中，第 1 行处理了 frame 中的所有控件，并且为每个空间四周添加了一些空隙，不会显得揉成一团。我们可以在之前调用 grid 的时候做这些事，但上面这样做也是个不错的选择。第 2 行告诉 Tk 让我们的输入框获取到焦点，这方法可以让光标一开始就在输入框的位置，用户就可以不用再去点击了。第 3 行告诉 Tk 如果用户在窗口中按下了回车键，就执行计算，等同于用户按下了计算按钮。

```python
def calculate(*args):
try:
    value = float(feet.get())
    meters.set((0.3048 * value * 10000.0 + 0.5)/10000.0)
except ValueError:
    pass
```

在上述代码中定义了计算过程，无论是按回车键还是单击计算按钮，它都会从输入框中取得把英尺，转换成米，然后输出到标签中。执行效果如图 16-6 所示。

图 16-6　执行效果

16.3.2　动态绘图程序

在下面的实例文件 huitu.py 中，演示了使用 tkinter 事件实现一个动态绘图程序的过程。

实例 16-7：实现一个动态绘图程序
源文件路径：daima\16\16-7

(1)　导入库 tkinter，然后在窗口中定义绘制不同图形的按钮，并且定义了单击按钮时将要调用的操作函数。具体实现代码如下所示。

```python
import tkinter                                    #导入 tkinter 模块
class MyButton:                                   #定义一个按钮类 MyButton
    def __init__(self,root,canvas,label,type):    #构造方法实现类的初始化
```

```
        self.root = root                    #初始化属性 root
        self.canvas = canvas                #初始化属性 canvas
        self.label = label                  #初始化属性 label
        if type == 0:                       #type 表示类型，如果 type 值为 0
         button = tkinter.Button(root,text = '直线', #创建一个绘制直线按钮
            command = self.DrawLine)#通过 command 设置单击时要执行的操作
        elif type == 1:                     #如果 type 值为 1
         button = tkinter.Button(root,text = '弧形', #创建一个绘制弧形按钮
                command = self.DrawArc) #通过 command 设置单击时要执行的操作
        elif type == 2:                     #如果 type 值为 2
          button = tkinter.Button(root,text = '矩形',#创建一个绘制矩形按钮
                command = self.DrawRec) #通过 command 设置单击时要执行的操作
        else :                              #如果 type 是其他值
        button = tkinter.Button(root,text = '椭圆',  #创建一个绘制椭圆按钮
                command = self.DrawOval) #通过 command 设置单击时要执行的操作
        button.pack(side = 'left')          #将按钮添加到主窗口
    def DrawLine(self):                     #绘制直线函数
        self.label.text.set('直线')         #显示的文本
        self.canvas.SetStatus(0)            #设置画布的状态
    def DrawArc(self):                      #绘制弧形函数
        self.label.text.set('弧形')         #显示的文本
        self.canvas.SetStatus(1)            #设置画布的状态
    def DrawRec(self):                      #绘制矩形函数
        self.label.text.set('矩形')         #显示的文本
        self.canvas.SetStatus(2)            #设置画布的状态
    def DrawOval(self):                     #绘制椭圆函数
        self.label.text.set('椭圆')         #显示的文本
        self.canvas.SetStatus(3)            #设置画布的状态
```

(2) 定义类 MyCanvas，在里面根据用户单击的绘图按钮执行对应的事件，绑定了不同的操作事件。具体实现代码如下所示。

```
class MyCanvas:                             #定义绘图类 MyCanvas
    def __init__(self,root):                #构造函数
        self.status = 0                     #属性初始化
        self.draw = 0                       #属性初始化
        self.root = root                    #属性初始化
        self.canvas = tkinter.Canvas(root,bg = 'white',#设置画布的背景色为白色
                width = 600,                 #设置画布的宽度
                height = 480)                #设置画布的高度
        self.canvas.pack()                  #将画布添加到主窗口
    #绑定鼠标释放事件,x=[1,2,3],分别表示鼠标的左、中、右键操作
        self.canvas.bind('<ButtonRelease-1>',self.Draw)
        self.canvas.bind('<Button-2>',self.Exit)        #绑定鼠标单击事件
        self.canvas.bind('<Button-3>',self.Del)         #绑定鼠标右击事件
        self.canvas.bind_all('<Delete>',self.Del)       #绑定键盘中的 Delete 键
        self.canvas.bind_all('<KeyPress-d>',self.Del)   #绑定键盘中的 d 键
        self.canvas.bind_all('<KeyPress-e>',self.Exit)  #绑定键盘中的 e 键
    def Draw(self,event):                   #定义绘图事件处理函数
        if self.draw == 0:                  #开始绘图
            self.x = event.x                #设置属性 x
            self.y = event.y                #设置属性 y
```

```
        self.draw = 1                           #设置属性 draw
    else:
        if self.status == 0:                    #根据 status 的值绘制不同的图形
            self.canvas.create_line(self.x,self.y,      #绘制直线
                    event.x,event.y)
            self.draw = 0
        elif self.status == 1:
            self.canvas.create_arc(self.x,self.y,       #绘制弧形
                    event.x,event.y)
            self.draw = 0
        elif self.status == 2:
            self.canvas.create_rectangle(self.x,self.y,#绘制矩形
                    event.x,event.y)
            self.draw = 0
        else:
            self.canvas.create_oval(self.x,self.y,      #绘制椭圆
                    event.x,event.y)
            self.draw = 0
def Del(self,event):                            #按下鼠标右键或键盘 d 键时删除图形
    items = self.canvas.find_all()
    for item in items:
        self.canvas.delete(item)
def Exit(self,event):                           #按下鼠标左键或键盘 e 键时则退出系统
    self.root.quit()
def SetStatus(self,status):                     #使用 status 设置要绘制的图形
    self.status = status
```

(3) 定义标签类 MyLabel,在绘制不同图形时显示对应的标签,具体实现代码如下所示。

```
class MyLabel:                                  #定义标签类 MyLabel
    def __init__(self,root):                    #构造初始化
        self.root = root
        self.canvas = canvas
        self.text = tkinter.StringVar()         #生成标签引用变量
        self.text.set('Draw Line')              #设置标签文本
        self.label = tkinter.Label(root,textvariable = self.text,
                    fg = 'red',width = 50)       #创建指定的标签
        self.label.pack(side = 'left')          #将标签添加到主窗口
```

(4) 分别生成主窗口、绘图控件、标签和绘图按钮,具体实现代码如下所示。

```
root = tkinter.Tk()                             #生成主窗口
canvas = MyCanvas(root)                         #绘图对象实例
label = MyLabel(root)                           #生成标签
MyButton(root,canvas,label,0)                   #生成绘图按钮
MyButton(root,canvas,label,1)                   #生成绘图按钮
MyButton(root,canvas,label,2)                   #生成绘图按钮
MyButton(root,canvas,label,3)                   #生成绘图按钮
root.mainloop()                                 #进入消息循环
```

执行后的效果如图 16-7 所示。

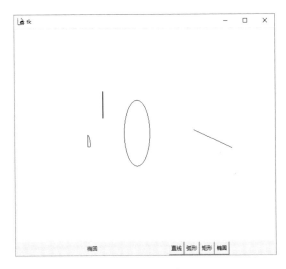

图 16-7　执行效果

16.4　实践案例与上机指导

　　通过本章的学习，读者基本可以掌握 tkinter 图形化界面开发的基础知识。其实 tkinter 图形化界面开发的知识还有很多，这需要读者通过课外渠道来加深学习。下面通过练习操作，以达到巩固学习、拓展提高的目的。

↑扫码看视频

16.4.1　使用菜单控件

　　在库 tkinter 的控件中，使用菜单控件的方式与使用其他控件的方式有所不同。在创建菜单控件时，需要使用创建主窗口的方法 config() 将菜单添加到窗口中。

 实例 16-8：在窗体中使用菜单控件
源文件路径：daima\16\16-8

　　例如在下面的实例文件 cai.py 中，演示了 tkinter 在窗体中使用菜单控件的过程。

```python
import tkinter
root = tkinter.Tk()
menu = tkinter.Menu(root)
submenu = tkinter.Menu(menu, tearoff=0)
submenu.add_command(label="打开")
submenu.add_command(label="保存")
submenu.add_command(label="关闭")
```

```
menu.add_cascade(label="文件", menu=submenu)
submenu = tkinter.Menu(menu, tearoff=0)
submenu.add_command(label="复制")
submenu.add_command(label="粘贴")
submenu.add_separator()
submenu.add_command(label="剪切")
menu.add_cascade(label="编辑", menu=submenu)
submenu = tkinter.Menu(menu, tearoff=0)
submenu.add_command(label="关于")
menu.add_cascade(label="帮助", menu=submenu)
root.config(menu=menu)
root.mainloop()
```

在上述实例代码中，在主窗口中加入了 3 个主菜单，而在每个主菜单下面又创建了对应的子菜单。其中在主窗口中显示了 3 个主菜单(文件，编辑，帮助)，而在"文件"主菜单下设置了三个子菜单(打开，保存，关闭)。在第二个菜单"编辑"中，通过代码 submenu.add_separator()添加了一个分割线。执行后的效果如图 16-8 所示。

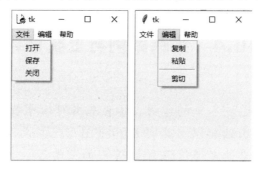

图 16-8　执行效果

16.4.2　使用标签控件

在 Python 程序中，标签控件的功能是在窗口中显示文本或图片。在库 tkinter 的控件中，使用 tkinter.Label 可以创建标签控件。标签控件常用的属性参数如表 16-6 所示。

表 16-6　标签控件常用的属性参数

参数名	功　能
anchor	指定标签中文本的位置
background (bg)	指定标签的背景色
borderwidth (bd)	指定标签的边框宽度
bitmap	指定标签中的位图
font	指定标签中文本的字体
foreground (fg)	指定标签的前景色
height	指定标签的高度
image	指定标签中的图片

续表

参数名	功　能
justify	指定标签中多行文本的对齐方式
text	指定标签中的文本，可以使用\n 表示换行
width	指定标签的宽度

实例 16-9：在窗体中创建标签

源文件路径：daima\16\16-9

例如在下面的实例文件 biao.py 中，演示了使用 tkinter 在窗体中创建标签的过程。

```
import tkinter                      #导入 tkinter 模块
root = tkinter.Tk()                 #生成一个主窗口对象
label1 = tkinter.Label(root,        #创建标签 1
        anchor = tkinter.E,         #设置标签文本的位置
        bg = 'red',                 #设置标签的背景色
        fg = 'blue',                #设置标签的前景色
        text = 'Python',            #设置标签中的显示文本
        width = 40,                 #设置标签的宽度
        height = 5)                 #设置标签的高度
label1.pack()                       #将标签添加到主窗口
label2 = tkinter.Label(root,        #创建标签 2
        text = 'Python\ntkinter',   #设置标签中的显示文本
        justify = tkinter.LEFT,     #设置多行文本左对齐
        width = 40,                 #设置标签的宽度
        height = 5)                 #设置标签的高度
label2.pack()                       #将标签添加到主窗口
label3 = tkinter.Label(root,        #创建标签 3
        text = 'Python\ntkinter',   #设置标签中的显示文本
        justify = tkinter.RIGHT,    #设置多行文本右对齐
        width = 40,                 #设置标签的宽度
        height = 5)                 #设置标签的高度
label3.pack()                       #将标签添加到主窗口
label4 = tkinter.Label(root,        #创建标签 4
        text = 'Python\ntkinter',   #设置标签中的显示文本
        justify = tkinter.CENTER,   #设置多行文本居中对齐
        width = 40,                 #设置标签的宽度
        height = 5)                 #设置标签的高度
label4.pack()                       #将标签添加到主窗口
root.mainloop()                     #进入消息循环
```

图 16-9　执行效果

在上述实例代码中，在主窗口中创建了 4 个类型的标签，执行后的效果如图 16-9 所示。

16.5　思考与练习

本章详细讲解了 tkinter 图形化界面开发，循序渐进地讲解了 tkinter 开发基础、tkinter 组件开发和库 tkinter 的事件等知识。在讲解过程中，通过具体实例介绍了使用 tkinter 开发

图形化界面程序的方法。通过本章的学习，读者应该熟悉使用 tkinter 开发图形化界面程序的知识，掌握它们的使用方法和技巧。

一、选择题

(1) 在 Python 程序的 tkinter 库中，下面不是控件中的方法 bind()用法的是(　　)。

A. bind(sequence, func, add)

B. bind_all (sequence, func, add)

C. bind_class(className, sequence)

(2) 在库 tkinter 中，键盘事件<Alt-KeyPress-A>的含义是(　　)。

A. 同时按下 Alt 键和 A 键

B. 先按下 Alt 键再按下 A 键

C. 随机按下 Alt 键和 A 键

二、判断对错

(1) 在 Python 程序中使用 tkinter 模块时，不用先使用 tkinter.Tk 生成一个主窗口对象，然后才能使用 tkinter 模块中其他的函数和方法等元素。(　　)

(2) 在 Python 程序中，使用 tkinter.Entry 和 tkinter.Text 可以创建单行文本框和多行文本框组件。(　　)

三、上机练习

(1) 编写一个 Python 程序，使用 Frame 布局窗体界面。

(2) 编写一个 Python 程序，实现一个会员注册表单界面。

第 **17** 章

使用数据库实现数据持久化

本章主要内容

  数据持久化是指永久地将 Python 数据存储在磁盘上。数据持久化技术是实现动态软件项目的必需手段，在软件项目中通过数据持久化可以存储海量的数据。因为软件显示的内容是从数据库中读取的，所以开发者可以通过修改数据库内容而实现动态交互功能。在 Python 软件开发应用中，数据库在实现过程中起到一个中间媒介的作用。在本章的内容中，将向读者介绍 Python 数据库开发方面的核心知识，为读者步入本书后面知识的学习打下基础。

17.1 操作 SQLite3 数据库

从 Python 3.x 版本开始，在标准库中已经内置了 sqlite3 模块，可以支持 SQLite3 数据库的访问和相关的数据库操作。在需要操作 SQLite3 数据库数据时，只需在程序中导入 sqlite3 模块即可。

↑扫码看视频

17.1.1 sqlite3 模块介绍

通过使用 sqlite3 模块，可以满足开发者在 Python 程序中使用 SQLite 数据库的需求。在 sqlite3 模块中包含如下所示的常量成员。

➤ sqlite3.version: 该 sqlite3 模块的字符串形式的版本号，这不是 SQLite 数据库的版本号。

➤ sqlite3.version_info: 该 sqlite3 模块的整数元组形式的版本号，这不是 SQLite 数据库的版本号。

➤ sqlite3.sqlite_version: 运行时 SQLite 库的版本号，是一个字符串形式。

➤ sqlite3.sqlite_version_info: 运行时 SQLite 数据库的版本号，是一个整数元组形式。

➤ sqlite3.PARSE_DECLTYPES: 该常量用于 connect()函数中的 detect_types 参数，设置它使得 sqlite3 模块解析每个返回列的声明的类型。将解析出声明类型的第一个单词，比如，integer primary key 将解析出 integer，而 number(10)将解析出 number。

➤ sqlite3.PARSE_COLNAMES: 该常量用于 connect()函数中的 detect_types 参数，设置它使得 SQLite 接口解析每个返回列的列名。它将查找[mytype]形式的字符串，然后决定 mytype 列的类型。它将会尝试在转换器字典中找到对应于 mytype 的转换器，然后将转换器函数应用于返回的值。在 Cursor.description 中找到的的列名只是列名的第一个单词，如果在 SQL 中有类似 as "x [datetime]" 的成员，那么第一个单词将会被解析成列名，直到有空格为止，列名只是简单的 x。

➤ isolation_level: 获取或设置当前隔离级别。None 表示自动提交模式，或者可以是 DEFERRED、IMMEDIATE 或 EXCLUSIVE 之一。

➤ in_transaction: 如果为 True 则表示处于活动状态(有未提交的更改)。

在 sqlite3 模块中包含如下所示的方法成员。

➤ sqlite3.connect(database [,timeout ,other optional arguments]): 用于打开一个到 SQLite 数据库文件 database 的链接。可以使用 ":memory:" 在 RAM 中打开一个到 database 的数据库连接，而不是在磁盘上打开。如果数据库成功打开，则返回

一个连接对象。当一个数据库被多个连接访问，且其中一个修改了数据库时，此时 SQLite 数据库将被锁定，直到事务提交。参数 timeout 表示连接等待锁定的持续时间，直到发生异常断开连接。参数 timeout 的默认是 5.0(5 秒)。如果给定的数据库名称 filename 不存在，则该调用将创建一个数据库。如果不想在当前目录中创建数据库，那么可以指定带有路径的文件名，这样就能在任意地方创建数据库。

➤ connection.cursor([cursorClass])：用于创建一个 cursor(游标)，它将在 Python 数据库编程中用到。该方法接收一个单一的可选的参数 cursorClass。如果提供了该参数，则它必须是一个扩展自 sqlite3.Cursor 的自定义的 cursor 类。

➤ cursor.execute(sql [, optional parameters])：用于执行一个 SQL 语句。该 SQL 语句可以被参数化(即使用占位符代替 SQL 文本)。sqlite3 模块支持两种类型的占位符：问号和命名占位符(命名样式)。例如：

```
cursor.execute("insert into people values (?, ?)", (who, age))
```

例如在下面的实例文件 e.py 中，演示了使用方法 cursor.execute()执行指定 SQL 语句的过程。

 实例 17-1：使用方法 cursor.execute()执行指定 SQL 语句
源文件路径：daima\17\17-1

实例文件 e.py 的具体实现代码如下所示。

```
import sqlite3

con = sqlite3.connect(":memory:")
cur = con.cursor()
cur.execute("create table people (name_last, age)")

who = "Yeltsin"
age = 72

# This is the qmark style:
cur.execute("insert into people values (?, ?)", (who, age))

# And this is the named style:
cur.execute("select * from people where name_last=:who and age=:age", {"who":
who, "age": age})

print(cur.fetchone())
```

执行后会输出：

```
('Yeltsin', 72)
```

➤ connection.execute(sql [, optional parameters])：是上面执行的由游标(cursor)对象提供的方法的快捷方式，通过调用游标(cursor)方法创建了一个中间的游标对象，然后通过给定的参数调用游标的 execute 方法。

➤ cursor.executemany(sql, seq_of_parameters)：用于对 seq_of_parameters 中的所有参数或映射执行一个 SQL 命令。

实例 17-2：用方法 cursor.executemany()执行 SQL 命令

源文件路径：daima\17\17-2

例如在下面的实例文件 f.py 中，演示了使用方法 cursor.executemany()执行指定 SQL 命令的过程。

```python
import sqlite3

class IterChars:
    def __init__(self):
        self.count = ord('a')

    def __iter__(self):
        return self

    def __next__(self):
        if self.count > ord('z'):
            raise StopItcration
        self.count += 1
        return (chr(self.count - 1),) # this is a 1-tuple

con = sqlite3.connect(":memory:")
cur = con.cursor()
cur.execute("create table characters(c)")

theIter = IterChars()
cur.executemany("insert into characters(c) values (?)", theIter)

cur.execute("select c from characters")
print(cur.fetchall())
```

执行后会输出：

```
[('a',), ('b',), ('c',), ('d',), ('e',), ('f',), ('g',), ('h',), ('i',),
('j',), ('k',), ('l',), ('m',), ('n',), ('o',), ('p',), ('q',), ('r',), ('s',),
('t',), ('u',), ('v',), ('w',), ('x',), ('y',), ('z',)]
```

➢ connection.executemany(sql[, parameters])：是一个由调用游标(cursor)方法创建的中间游标对象的快捷方式，然后通过给定的参数调用游标的 executemany 方法。

➢ cursor.executescript(sql_script)：一旦接收到脚本就会执行多个 SQL 语句。首先执行 COMMIT 语句，然后执行作为参数传入的 SQL 脚本。所有的 SQL 语句应该用分号";"分隔。

实例 17-3：使用方法 executescript()执行多个 SQL 语句

源文件路径：daima\17\17-3

例如在下面的实例文件 g.py 中，演示了使用方法 cursor.executescript()执行多个 SQL 语句的过程。

```python
import sqlite3

con = sqlite3.connect(":memory:")
cur = con.cursor()
cur.executescript("""
    create table person(
```

```
        firstname,
        lastname,
        age
    );

    create table book(
        title,
        author,
        published
    );

    insert into book(title, author, published)
    values (
        'Dirk Gently''s Holistic Detective Agency',
        'Douglas Adams',
        1987
    );
""")
```

➤ connection.executescript(sql_script): 是一个由调用游标(cursor)方法创建的中间游标对象的快捷方式，然后通过给定的参数调用游标的 executescript 方法。

➤ connection.total_changes(): 返回自数据库连接打开以来被修改、插入或删除的数据库总行数。

➤ connection.commit(): 用于提交当前的事务。如果未调用该方法，那么自上一次调用 commit()以来所做的任何动作对其他数据库连接来说是不可见的。

➤ connection.create_function(name, num_params, func): 用于创建一个自定义的函数，随后可以在 SQL 语句中以函数名 name 来调用它。参数 num_params 表示此方法接收的参数数量(如果 num_params 为-1，函数可以取任意数量的参数)，参数 func 是一个可以被调用的 SQL 函数。

 实例 17-4： 使用方法 create_function()执行指定函数
源文件路径： daima\17\17-4

例如在下面的实例文件 b.py 中，演示了使用方法 create_function()执行指定函数的过程。

```
import sqlite3
import hashlib

def md5sum(t):
    return hashlib.md5(t).hexdigest()

con = sqlite3.connect(":memory:")
con.create_function("md5", 1, md5sum)
cur = con.cursor()
cur.execute("select md5(?)", (b"foo",))
print(cur.fetchone()[0])
```

执行后会输出：

```
acbd18db4cc2f85cedef654fccc4a4d8
```

➤ connection.create_aggregate(name, num_params, aggregate_class): 用于创建一个用户定义的聚合函数。聚合类必须实现 step 方法，参数 num_params(如果 num_params 为-1，函数可以取任意数量的参数)表示该方法可以接收参数的数量。参数也可以

是 finalize 方法，表示可以返回 SQLite 支持的任何类型，例如 bytes、str、int、float 和 None。

实例 17-5：创建用户定义的聚合函数
源文件路径：daima\17\17-5

例如在下面的实例文件 c.py 中，演示了使用方法 create_aggregate()创建用户定义的聚合函数的过程。

```python
import sqlite3
class MySum:
    def __init__(self):
        self.count = 0

    def step(self, value):
        self.count += value

    def finalize(self):
        return self.count

con = sqlite3.connect(":memory:")
con.create_aggregate("mysum", 1, MySum)
cur = con.cursor()
cur.execute("create table test(i)")
cur.execute("insert into test(i) values (1)")
cur.execute("insert into test(i) values (2)")
cur.execute("select mysum(i) from test")
print(cur.fetchone()[0])
```

执行后会输出：

```
3
```

17.1.2   使用 sqlite3 模块操作 SQLite3 数据库

根据 DB-API 2.0 规范规定，Python 语言操作 SQLite3 数据库的基本流程如下所示。

(1)   导入相关库或模块(sqlite3)。

(2)   使用 connect()连接数据库并获取数据库连接对象。

(3)   使用 con.cursor()获取游标对象。

(4)   使用游标对象的方法(execute()、executemany()、fetchall()等)来操作数据库，实现插入、修改和删除操作，并查询获取显示相关的记录。在 Python 程序中，连接函数 sqlite3.connect()有如下两个常用参数。

➢   database：表示要访问的数据库名；

➢   timeout：表示访问数据的超时设定。

知识精讲

参数 database 表示用字符串的形式指定数据库的名称，如果数据库文件位置不是当前目录，则必须要写出其相对或绝对路径。还可以用 ":memory:" 表示使用临时放入内存的数据库。当退出程序时，数据库中的数据也就不存在了。

（5）　使用 close()关闭游标对象和数据库连接。数据库操作完成之后，必须及时调用其 close()方法关闭数据库连接，这样做的目的是减轻数据库服务器的压力。

实例 17-6：使用 sqlite3 模块操作 SQLite3 数据库
源文件路径：daima\17\17-6

例如在下面的实例文件 sqlite.py 中，演示了使用 sqlite3 模块操作 SQLite3 数据库的过程。

```python
import sqlite3                    #导入内置模块
import random                     #导入内置模块
#初始化变量 src，设置用于随机生成字符串中的所有字符
src = 'abcdefghijklmnopqrstuvwxyz'
def get_str(x,y):                 #生成字符串函数 get_str()
    str_sum = random.randint(x,y) #生成 x 和 y 之间的随机整数
    astr = ''                     #变量 astr 赋值
    for i in range(str_sum):      #遍历随机数
        astr += random.choice(src)#累计求和生成的随机数
    return astr                   #返回和
def output():                     #函数 output()用于输出数据库表中的所有信息
    cur.execute('select * from biao')#查询表 biao 中的所有信息
    for sid,name,ps in cur:       #查询表中的 3 个字段 sid、name 和 ps
        print(sid,' ',name,' ',ps)    #显示 3 个字段的查询结果

def output_all():                 #函数 output_all()用于输出数据库表中的所有信息
    cur.execute('select * from biao') #查询表 biao 中的所有信息
    for item in cur.fetchall():       #获取查询到的所有数据
        print(item)               #打印显示获取到的数据

def get_data_list(n):             #函数 get_data_list()用于生成查询列表
    res = []                      #列表初始化
    for i in range(n):            #遍历列表
        res.append((get_str(2,4),get_str(8,12)))        #生成列表
    return res                    #返回生成的列表
if __name__ == '__main__':
    print("建立连接...")          #打印提示
    con = sqlite3.connect(':memory:')    #开始建立和数据库的连接
    print("建立游标...")
    cur = con.cursor()            #获取游标
    print('创建一张表 biao...')     #打印提示信息
    #在数据库中创建表 biao，设置了表中的各个字段
    cur.execute('create table biao(id integer primary key autoincrement not
null,name text,passwd text)')
    print('插入一条记录...')   #打印提示信息
    #插入一条数据信息
    cur.execute('insert into biao (name,passwd)values(?,?)',(get_str(2,4),
get_str(8,12),))
    print('显示所有记录...')   #打印提示信息
    output()                      #显示数据库中的数据信息
    print('批量插入多条记录...')        #打印提示信息
    #插入多条数据信息
    cur.executemany('insert into biao (name,passwd)values(?,?)',get_data_ list(3))
    print("显示所有记录...")            #打印提示信息
    output_all()                  #显示数据库中的数据信息
    print('更新一条记录...')        #打印提示信息
    #修改表 biao 中的一条信息
```

```
    cur.execute('update biao set name=? where id=?',('aaa',1))
    print('显示所有记录...')              #打印提示信息
    output()                          #显示数据库中的数据信息
print('删除一条记录...')                  #打印提示信息
    #删除表biao中的一条数据信息
    cur.execute('delete from  biao where id=?',(3,))
    print('显示所有记录: ')               #打印提示信息
    output()                          #显示数据库中的数据信息
```

在上述实例代码中，首先定义了两个能够生成随机字符串的函数，生成的随机字符串作为数据库中存储的数据。然后定义 output()和 output-all()方法，功能是分别通过遍历 cursor、调用 cursor 的方式来获取数据库表中的所有记录并输出。然后在主程序中，依次通过建立连接，获取连接的 cursor，通过 cursor 的 execute()和 executemany()等方法来执行 SQL 语句，以实现插入一条记录、插入多条记录、更新记录和删除记录的功能。最后依次关闭游标和数据库连接。执行后会输出：

```
建立连接...
建立游标...
创建一张表biao...
插入一条记录...
显示所有记录...
1   bld   zbynubfxt
批量插入多条记录...
显示所有记录...
(1, 'bld', 'zbynubfxt')
(2, 'owd', 'lqpperrey')
(3, 'vc', 'fqrbarwsotra')
(4, 'yqk', 'oyzarvrv')
更新一条记录...
显示所有记录...
1   aaa   zbynubfxt
2   owd   lqpperrey
3   vc   fqrbarwsotra
4   yqk   oyzarvrv
删除一条记录...
显示所有记录:
1   aaa   zbynubfxt
2   owd   lqpperrey
4   yqk   oyzarvrv
```

17.2 操作 MySQL 数据库

在 Python 3.x 版本中，是使用内置库 PyMySQL 来连接 MySQL 数据库服务器，而 Python 2 版本中使用库 mysqldb。PyMySQL 完全遵循 Python 数据库 API v2.0 规范，并包含了 pure-Python MySQL 客户端库。在本节的内容中，将详细讲解在 Python 程序中操作 MySQL 数据库的知识。

↑扫码看视频

17.2.1　搭建 PyMySQL 环境

在使用 PyMySQL 之前，必须先确保已经安装 PyMySQL。PyMySQL 的下载地址是 https://github.com/PyMySQL/PyMySQL。如果还没有安装，可以使用如下命令安装最新版的 PyMySQL：

```
pip install PyMySQL
```

安装成功后的界面效果如图 17-1 所示。

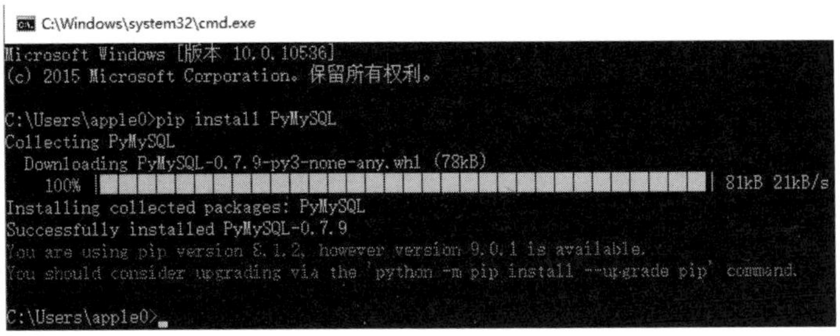

图 17-1　CMD 界面

如果当前系统不支持 pip 命令，可以使用如下两种方式进行安装。

(1)　使用 git 命令下载安装包安装：

```
$ git clone https://github.com/PyMySQL/PyMySQL
$ cd PyMySQL/
$ python3 setup.py install
```

(2)　如果需要指定版本号，可以使用 curl 命令进行安装：

```
$ # X.X 为 PyMySQL 的版本号
$ curl -L https://github.com/PyMySQL/PyMySQL/tarball/pymysql-X.X | tar xz
$ cd PyMySQL*
$ python3 setup.py install
$ # 现在可以删除 PyMySQL* 目录
```

智慧锦囊

你必须确保拥有 root 权限才可以安装上述模块。另外，在安装的过程中可能会出现 ImportError: No module named setuptools 的错误提示，这个提示的意思是没有安装 setuptools，你可以访问 https://pypi.python.org/pypi/setuptools 找到各个系统的安装方法。例如在 Linux 系统中的安装实例是：

$ wget https://bootstrap.pypa.io/ez_setup.py

$ python3 ez_setup.py

17.2.2 实现数据库连接

在连接数据库之前，请按照如下所示的步骤进行操作。

(1) 安装 MySQL 数据库和 PyMySQL。

(2) 在 MySQL 数据库中创建数据库 TESTDB。

(3) 在 TESTDB 数据库中创建表 EMPLOYEE。

(4) 在表 EMPLOYEE 中分别添加 5 个字段，分别是 FIRST_NAME、LAST_NAME、AGE、SEX 和 INCOME。在 MySQL 数据库，表 EMPLOYEE 的界面效果如图 17-2 所示。

图 17-2 表 EMPLOYEE 的界面效果

(5) 假设本地 MySQL 数据库的登录用户名为 root，密码为 66688888。

> **实例 17-7**：查询显示 PyMySQL 数据库版本号
> 源文件路径：daima\17\17-7

例如在下面的实例文件 mysql.py 中，演示了显示 PyMySQL 数据库版本号的过程。

```
import pymysql
#打开数据库连接
db = pymysql.connect("localhost","root","66688888","TESTDB" )
#使用 cursor()方法创建一个游标对象 cursor
cursor = db.cursor()
#使用 execute()方法执行 SQL 查询
cursor.execute("SELECT VERSION()")
#使用 fetchone() 方法获取单条数据.
data = cursor.fetchone()
print ("Database version : %s " % data)
#关闭数据库连接
db.close()
```

执行后会输出：

```
Database version : 5.7.17-log
```

17.2.3 创建数据库表

在 Python 程序中，可以使用方法 execute()在数据库中创建一个新表。

> **实例 17-8**：在 PyMySQL 数据库中创建新表 EMPLOYEE
> 源文件路径：daima\17\17-8

例如在下面的实例文件 new.py 中，演示了在 PyMySQL 数据库中创建新表 EMPLOYEE 的过程。

```
import pymysql
#打开数据库连接
db = pymysql.connect("localhost","root","66688888","TESTDB" )
#使用cursor()方法创建一个游标对象 cursor
cursor = db.cursor()
#使用 execute() 方法执行 SQL，如果表存在则删除
cursor.execute("DROP TABLE IF EXISTS EMPLOYEE")
#使用预处理语句创建表
sql = """CREATE TABLE EMPLOYEE (
        FIRST_NAME  CHAR(20) NOT NULL,
        LAST_NAME  CHAR(20),
        AGE INT,
        SEX CHAR(1),
        INCOME FLOAT )"""
cursor.execute(sql)
#关闭数据库连接
db.close()
```

图 17-3　执行效果

执行上述代码后，将在 MySQL 数据库中创建一个名为 EMPLOYEE 的新表，执行后的效果如图 17-3 所示。

17.2.4　数据库插入操作

在 Python 程序中，可以使用 SQL 语句向数据库中插入新的数据信息。例如在下面的实例文件 cha.py 中，演示了使用 INSERT 语句向表 EMPLOYEE 中插入数据信息的过程。

 实例 17-9：向表 EMPLOYEE 中插入新的数据信息
　　　　源文件路径：daima\17\17-9

实例文件 cha.py 的具体实现代码如下所示。

```
import pymysql
#打开数据库连接
db = pymysql.connect("localhost","root","66688888","TESTDB" )
#使用cursor()方法获取操作游标
cursor = db.cursor()
# SQL 插入语句
sql = """INSERT INTO EMPLOYEE(FIRST_NAME,
        LAST_NAME, AGE, SEX, INCOME)
        VALUES ('Mac', 'Mohan', 20, 'M', 2000)"""
try:
   #执行sql语句
   cursor.execute(sql)
   #提交到数据库执行
   db.commit()
except:
   #如果发生错误则回退
   db.rollback()
# 关闭数据库连接
db.close()
```

执行上述代码后，打开 MySQL 数据库中的表 EMPLOYEE，会发现在里面插入了一条新的数据信息。执行后的效果如图 17-4 所示。

图 17-4　执行效果

17.2.5　数据库查询操作

在 Python 程序中，可以使用 fetchone()方法获取 MySQL 数据库中的单条数据，使用 fetchall()方法获取 MySQL 数据库中的多条数据。当使用 Python 语言查询 MySQL 数据库时，需要用到如下所示的方法和属性。

➢ fetchone()：该方法获取下一个查询结果集。结果集是一个对象。

➢ fetchall()：接收全部的返回结果行。

➢ rowcount：这是一个只读属性，返回执行 execute()方法后影响的行数。

实例 17-10：查询并显示工资大于 1000 的员工信息
源文件路径：daima\17\17-10

例如在下面的实例文件 fi.py 中，演示了查询并显示表 EMPLOYEE 中 INCOME(工资)大于 1000 的所有数据。

```
import pymysql
#打开数据库连接
db = pymysql.connect("localhost","root","66688888","TESTDB" )
#使用 cursor()方法获取操作游标
cursor = db.cursor()
# SQL 查询语句
sql = "SELECT * FROM EMPLOYEE \
      WHERE INCOME > '%d'" % (1000)
try:
   #执行 SQL 语句
   cursor.execute(sql)
   #获取所有记录列表
   results = cursor.fetchall()
   for row in results:
     fname = row[0]
     lname = row[1]
     age = row[2]
     sex = row[3]
     income = row[4]
      # 打印结果
     print ("fname=%s,lname=%s,age=%d,sex=%s,income=%d" % \
          (fname, lname, age, sex, income ))
except:
   print ("Error: unable to fetch data")
#关闭数据库连接
```

```
db.close()
```

执行后会输出：

```
fname=Mac,lname=Mohan,age=20,sex=M,income=2000
```

17.2.6　数据库更新操作

在 Python 程序中，可以使用 UPDATE 语句更新数据库中的数据信息。

 实例 17-11： 将数据库中 SEX 字段为 M 的 AGE 字段递增 1
　　　　　源文件路径： daima\17\17-11

例如在下面的实例文件 xiu.py 中，将数据库表中 SEX 字段为 M 的 AGE 字段递增 1。

```
import pymysql
#打开数据库连接
db = pymysql.connect("localhost","root","66688888","TESTDB" )
#使用 cursor() 方法获取操作游标
cursor = db.cursor()
# SQL 更新语句
sql = "UPDATE EMPLOYEE SET AGE = AGE + 1 WHERE SEX = '%c'" % ('M')
try:
    #执行 SQL 语句
    cursor.execute(sql)
    #提交到数据库执行
    db.commit()
except:
    #发生错误时回退
    db.rollback()
#关闭数据库连接
db.close()
```

执行后的效果如图 17-5 所示。

FIRST_NAME	LAST_NAME	AGE	SEX	INCOME
Mac	Mohan	20	M	2000

修改前

FIRST_NAME	LAST_NAME	AGE	SEX	INCOME
Mac	Mohan	21	M	2000

修改后

图 17-5　执行效果

17.3　使用 MariaDB 数据库

MariaDB 是一种开源数据库，是 MySQL 数据库的一个分支。因为某些历史原因，有不少用户担心 MySQL 数据库会停止开源，所以 MariaDB 逐步发展成为 MySQL 替代品的数据库工具之一。在本节的内容中，将详细讲解使用 MySQL 第三方库来操作 MariaDB 数据库的知识。

↑扫码看视频

17.3.1 搭建 MariaDB 数据库环境

作为一款经典的关系数据库产品，搭建 MariaDB 数据库环境的基本流程如下所示。

(1) 登录 MariaDB 官网下载页面 https://downloads.mariadb.org/，如图 17-6 所示。

图 17-6 MariaDB 官网下载页面

(2) 单击 Download 按钮来到具体下载界面，如图 17-7 所示。在此需要根据计算机系统的版本进行下载，例如笔者的计算机是 64 位的 Windows 10 系统，所以选择 mariadb-10.1.20-winx64.msi 进行下载。

File Name	Package Type	OS / CPU	Size	Meta
mariadb-10.1.20.tar.gz	source tar.gz file	Source	61.3 MB	MD5 SHA1 Signature Instructions
mariadb-10.1.20-winx64.msi	MSI Package	Windows x86_64	160.7 MB	MD5 SHA1 Signature Instructions
mariadb-10.1.20-winx64.zip	ZIP file	Windows x86_64	333.7 MB	MD5 SHA1 Signature Instructions
mariadb-10.1.20-win32.msi	MSI Package	Windows x86	156.9 MB	MD5 SHA1 Signature Instructions
mariadb-10.1.20-win32.zip	ZIP file	Windows x86	330.2 MB	MD5 SHA1 Signature Instructions
mariadb-10.1.20-linux-glibc_214-x86_64.tar.gz (requires GLIBC_2.14+)	gzipped tar file	Linux x86_64	476.6 MB	MD5 SHA1 Signature Instructions

图 17-7 具体下载页面

(3) 下载完成后会得到一个安装文件 mariadb-10.1.20-winx64.msi，双击这个文件后弹出欢迎安装界面，如图 17-8 所示。

(4) 单击 Next 按钮后弹出用户协议界面，在此勾选"I accept…"复选框，如图 17-9 所示。

(5) 单击 Next 按钮后弹出典型设置界面，在此设置程序文件的安装路径，如图 17-10 所示。

(6) 单击 Next 按钮后弹出设置密码界面，在此设置管理员用户 root 的密码，如图 17-11

所示。

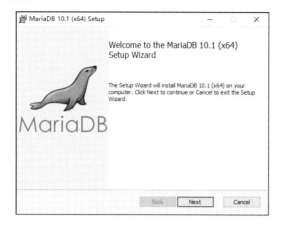

图 17-8　欢迎安装界面

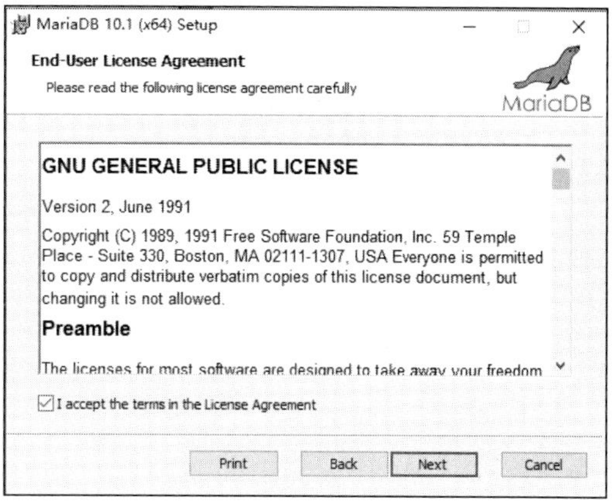

图 17-9　用户协议界面

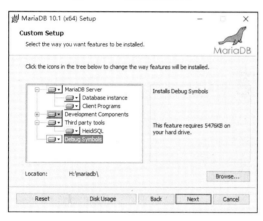

图 17-10　典型设置界面

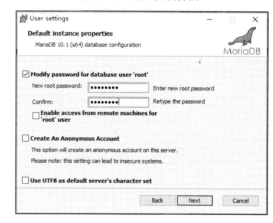

图 17-11　设置密码界面

（7）单击 Next 按钮后弹出默认实例属性界面，在此设置服务器名字和 TCP 端口号，如图 17-12 所示。

（8）单击 Next 按钮来到准备安装界面，如图 17-13 所示。

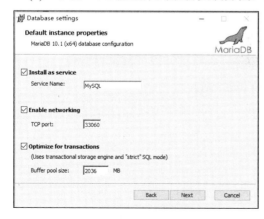

图 17-12　默认实例属性界面

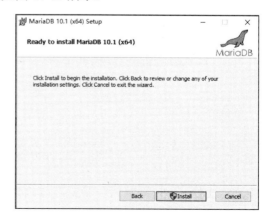

图 17-13　准备安装界面

(9) 单击 Install 按钮后弹出安装进度界面，开始安装 MariaDB，如图 17-14 所示。

(10) 安装完成后弹出完成安装界面，单击 Finish 按钮后完成安装，如图 17-15 所示。

图 17-14　安装进度界面

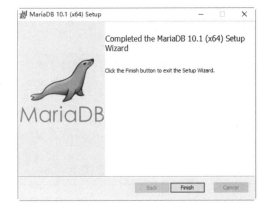

图 17-15　完成安装界面

17.3.2　在 Python 程序中使用 MariaDB 数据库

当在 Python 程序中使用 MariaDB 数据库时，需要在程序中加载 Python 语言的第三方库 MySQL Connector Python。但是在使用这个第三方库操作 MariaDB 数据库之前，需要先下载并安装这个第三方库。下载并安装的过程非常简单，只需在控制台中执行如下命令即可。

```
pip install mysql-connector
```

安装成功时的界面效果如图 17-16 所示。

图 17-16　第三方库下载并安装成功

例如在下面的实例文件 md.py 中，演示了在 Python 程序中使用 MariaDB 数据库的过程。

 实例 17-12：使用 MariaDB 数据库

源文件路径：daima\17\17-12

实例文件 md.py 的具体实现代码如下所示。

```
from mysql import connector
import random                              #导入内置模块
```

```
...省略部分代码...
    if __name__ == '__main__':
        print("建立连接...")                    #打印显示提示信息
        #建立数据库连接
        con = connector.connect(user='root',password=
                        '66688888',database='md')
        print("建立游标...")                    #打印显示提示信息
        cur = con.cursor()                      #建立游标
        print('创建一张表mdd...')               #打印显示提示信息
        #创建数据库表mdd
        cur.execute('create table mdd(id int primary key auto_increment not
null,name text,passwd text)')
        #在表mdd中插入一条数据
        print('插入一条记录...')                #打印显示提示信息
        cur.execute('insert into mdd (name,passwd) values(%s,%s)',(get_str(2,4),
get_str(8,12),))
        print('显示所有记录...')               #打印显示提示信息
        output()                                #显示数据库中的数据信息
        print('批量插入多条记录...')           #打印显示提示信息
        #在表mdd中插入多条数据
        cur.executemany('insert into mdd (name,passwd) values(%s,%s)',get_data_
list(3))
        print("显示所有记录...")               #打印显示提示信息
        output_all()                            #显示数据库中的数据信息
        print('更新一条记录...')               #打印显示提示信息
        #修改表mdd中的一条数据
        cur.execute('update mdd set name=%s where id=%s',('aaa',1))
        print('显示所有记录...')               #打印显示提示信息
        output()                                #显示数据库中的数据信息
        print('删除一条记录...')               #打印显示提示信息
        #删除表mdd中的一条数据信息
        cur.execute('delete from  mdd where id=%s',(3,))
        print('显示所有记录: ')                #打印显示提示信息
        output()                                #显示数据库中的数据信息
```

在上述实例代码中，使用 mysql-connector-python 模块中的函数 connect()建立了和 MariaDB 数据库的连接。连接函数 connect()在 mysql.connector 中定义，此函数的语法原型如下所示：

```
connect(host, port, user, password, database, charset)
```

➢ host: 访问数据库的服务器主机(默认为本机)。

➢ port: 访问数据库的服务端口(默认为 3306)。

➢ user: 访问数据库的用户名。

➢ password: 访问数据库用户名的密码。

➢ database: 访问数据库名称。

➢ charset: 字符编码(默认为 uft8)。

执行后将显示创建数据表并实现数据插入、更新和删除操作的过程。执行后会输出：

```
建立连接...
建立游标...
创建一张表mdd...
```

```
插入一条记录...
显示所有记录...
1   kpv   lrdupdsuh
批量插入多条记录...
显示所有记录...
(1, 'kpv', 'lrdupdsuh')
(2, 'hsue', 'ilrleakcoh')
(3, 'hb', 'dzmcajvm')
(4, 'll', 'ngjhixta')
更新一条记录...
显示所有记录...
1   aaa   lrdupdsuh
2   hsue  ilrleakcoh
3   hb    dzmcajvm
4   ll    ngjhixta
删除一条记录...
显示所有记录:
1   aaa   lrdupdsuh
2   hsue  ilrleakcoh
4   ll    ngjhixta
```

注意：在操作 MariaDB 数据库时，与操作 SQLite3 的 SQL 语句不同的是，SQL 语句中的占位符不是"？"，而是"%s"。

17.4　实践案例与上机指导

　　通过本章的学习，读者基本可以掌握使用数据库实现数据持久化的知识。其实 Python 数据持久化的知识还有很多，这需要读者通过课外渠道来加深学习。下面通过练习操作，以达到巩固学习、拓展提高的目的。

↑扫码看视频

17.4.1　用自定义排序规则以"错误方式"进行排序

　　在 Python 程序中，函数 connection.create_collation(name, callable)的功能是用指定的 name 和 callable 创建一个排序规则，并传递两个字符串参数给可调用对象。如果第一个对象比第二个小则返回-1，如果相等则返回 0，如果第一个对象比第二个大则返回 1。需要注意的是，可调用对象将会以 Python bytestring 的方式得到它的参数，一般为 UTF-8 编码。例如在下面的实例文件 d.py 中，演示了使用方法 create_collation()用自定义排序规则以"错误方式"进行排序的过程。

 实例 17-13：用自定义排序规则以"错误方式"进行排序
源文件路径：daima\17\17-13

实例文件 d.py 的具体实现代码如下所示。

```python
import sqlite3

def collate_reverse(string1, string2):
    if string1 == string2:
        return 0
    elif string1 < string2:
        return 1
    else:
        return -1

con = sqlite3.connect(":memory:")
con.create_collation("reverse", collate_reverse)

cur = con.cursor()
cur.execute("create table test(x)")
cur.executemany("insert into test(x) values (?)", [("a",), ("b",)])
cur.execute("select x from test order by x collate reverse")
for row in cur:
    print(row)
con.close()
```

执行后会输出：

```
('b',)
('a',)
```

17.4.2　创建一个 sqlite shell

在 Python 程序中，函数 complete_statement(sql)的功能是，如果字符串 sql 包含一个或多个以分号结束的完整的 SQL 语句则返回 True。它不会验证 SQL 的语法正确性，只是检查有没有未关闭的字符串常量以及语句是以分号结束。例如在下面的实例文件 a.py 中，演示了使用方法 complete_statement(sql)生成一个 sqlite shell 的过程。

 实例 17-14：生成一个 sqlite shell
源文件路径：daima\17\17-14

实例文件 a.py 的具体实现代码如下所示。

```python
import sqlite3

con = sqlite3.connect(":memory:")
con.isolation_level = None
cur = con.cursor()

buffer = ""

print("Enter your SQL commands to execute in sqlite3.")
print("Enter a blank line to exit.")

while True:
    line = input()
    if line == "":
        break
```

```
buffer += line
if sqlite3.complete_statement(buffer):
    try:
        buffer = buffer.strip()
        cur.execute(buffer)

        if buffer.lstrip().upper().startswith("SELECT"):
            print(cur.fetchall())
    except sqlite3.Error as e:
        print("An error occurred:", e.args[0])
    buffer = ""

con.close()
```

执行后会输出：

```
Enter your SQL commands to execute in sqlite3.
Enter a blank line to exit.
```

17.5 思考与练习

本章详细讲解了 Python 数据库技术，循序渐进地讲解了操作 SQLite3 数据库、操作 MySQL 数据库和使用 MariaDB 数据库等内容。在讲解过程中，通过具体实例介绍了使用 Python 数据库技术的方法。通过本章的学习，读者应该熟悉使用 Python 数据库技术的知识，掌握它们的使用方法和技巧。

一、选择题

(1) 下面能够返回当前 sqlite3 模块的字符串形式版本号的成员是(　　)。

A. sqlite3.version_info

B. sqlite3.sqlite_version

C. sqlite3.sqlite_version_info

(2) cursor.executescript(sql_script)的功能是，一旦接收到脚本就会执行多个 SQL 语句。首先执行(　　)语句，然后执行作为参数传入的 SQL 脚本。

A. COMMIT　　　　　　　B. SUBMIT　　　　　　　C. CONFIRM

二、判断对错

(1) cursor.executescript(sql_script) 的功能是，一旦接收到脚本就会执行多个 SQL 语句。首先执行 SQL 语句，然后执行 COMMIT 作为参数传入的脚本。　　　　　(　　)

(2) cursor.execute(sql [, optional parameters]) 的功能是执行一个 SQL 语句。该 SQL 语句可以被参数化(即使用占位符代替 SQL 文本)。　　　　　(　　)

三、上机练习

(1) 编写一个 Python 程序，自定义类 Point 适配 SQLite3 数据库。

(2) 编写一个 Python 程序，删除数据库表 EMPLOYEE 中所有 AGE 大于 20 的数据。

使用 Django 开发 Web 程序

本章要点

- 📖 Django Web 开发基础
- 📖 Django 的设计模式
- 📖 搭建 Django 开发环境

本章主要内容

Django 是一个开放源代码的 Web 应用框架，由 Python 写成。Django 遵守 BSD 版权，初次发布于 2005 年 7 月，并于 2008 年 9 月发布了第一个正式版本 1.0。Django 采用了 MVC 的软件设计模式，即模型 M、视图 V 和控制器 C。在本章的内容中，将详细讲解使用 Django 框架开发动态 Web 程序的核心知识。

18.1 Django Web 开发基础

Django 自称是"能够很好地应对应用上线期限的 Web 框架"。其最初在 21 世纪初发布，由 Lawrence Journal-World 报纸的在线业务 Web 开发者创建。2005 年正式发布，引入了以"新闻业的时间观开发应用"的方式。

↑扫码看视频

18.1.1 Web 开发和 Web 框架介绍

Django 是一款开发 Web 程序的 Python 框架，那么什么是 Web 开发呢？Web 开发指的是开发基于 B/S(浏览器/服务器)架构，通过前后端的配合，将后台服务器的数据在浏览器上展现给前台用户的应用。比如将电子购物网站的商品数据在浏览器上展示给客户，在基于浏览器的学校系统管理平台上管理学生的数据，监控机房服务器的状态并将结果以图形化的形式展现出来，等等。

使用 Python 语言开发 Web 应用程序，最简单、原始和直接的办法是使用 CGI 标准，它是如何做的呢？以使用 Python CGI 脚本显示数据库中最新添加的 10 件商品为例，可以用下面的代码实现。

```python
import pymysql

print("Content-Type: text/html\n")
print("<html><head><title>products</title></head>")
print("<body>")
print("<h1>products</h1>")
print("<ul>")

connection = pymysql.connect(user='连接数据库的用户名', passwd='连接数据库的密
                             码', db='数据库的名字')
cursor = connection.cursor()
cursor.execute("SELECT name FROM products ORDER BY create_date DESC LIMIT 10")

for row in cursor.fetchall():
    print("<li>%s</li>" % row[0])

print("</ul>")
print("</body></html>")

connection.close()
```

上述 CGI 方案的运作过程是这样的。

(1) 首先，客户端浏览器用户请求 CGI，脚本代码打印 Content-Type 行等一些 HTML 的起始标签。

(2) 然后连接数据库并执行一些查询操作，获取最新的 10 件商品的相关数据。在遍历这些商品的同时，生成一个商品的 HTML 列表项，然后输出 HTML 的结束标签并且关闭数据库连接。

(3) 将生成的 HTML 代码保存到一个.cgi 文件中，然后上传到网络服务器上，用户通过浏览器即可访问。

上述流程看起来不错，但是在实际应用中会存在一些问题，例如：

➢ 如果在应用中有多处需要连接数据库会怎样呢？每个独立的 CGI 脚本，不应该重复编写数据库连接相关的代码。

➢ 前端、后端工程师以及数据库管理员集于一身，无法分工配合。

➢ 欠缺代码重用功能。

➢ 可扩展性一般，例如今天是取十个商品，明天我要删除十个商品怎么办？

以上的问题是显而易见的，为了解决上述问题，简化 Web 开发的流程，很多聪明的开发者为自己发明了一个 Web 模块，这个模块可以实现常用的功能，并且能够解决上面的问题，这就是 Web 框架的最初模型。

Web 框架致力于解决一些共同的问题，为 Web 应用提供通用的架构模板，让开发者专注于网站应用业务逻辑的开发，而无须处理网络应用底层的协议、线程、进程等方面的问题。这样能大大提高开发者的效率和 Web 应用程序的质量。例如常用 Web 框架的架构如图 18-1 所示。

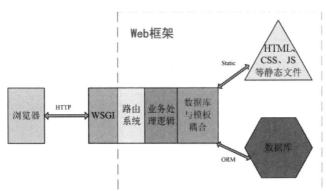

图 18-1　常用 Web 框架的架构

Django 是一个由 Python 编写的具有完整架站能力的开源 Web 框架。通过使用 Django，Python 开发者只需要编写很少的代码，就可以轻松地完成一个专业的企业级网站。

18.1.2　Django 框架介绍

Django 诞生于 2003 年，2006 年加入了 BSD 许可证，成为开源的 Web 框架。Django 这一词语是根据比利时的爵士音乐家 Django Reinhardt 命名的，有希望 Django 能够优雅地演奏(开发)各种乐曲(Web 应用)的美好含义。

　　Django 最初是由美国堪萨斯(Kansas)州 Lawrence 城中的一个新闻开发小组开发出来的。当时 Lawrence Journal-World 报纸的程序员 Adrian Holovaty 和 Simon Willison 用 Python 编写 Web 新闻应用，他们的 World Online 小组制作并维护了当地的几个新闻站点。新闻界独有的特点是快速迭代，从开发到上线，通常只有几天或几个小时的时间。为了能在截止时间前完成工作，Adrian 和 Simon 打算开发一种通用的高效的网络应用开发框架，也就是 Django。

　　2005 年的夏天，当这个框架开发完成时，它已经用来制作了很多个 World Online 的站点。不久，小组中的 Jacob Kaplan-Moss 决定把这个框架发布为一个开源软件，于是短短数年，Django 项目就有着数以万计的用户和贡献者，在世界范围内广泛传播。原来的 World Online 的两个开发者(Adrian 和 Simon)仍然掌握着 Django，但是其发展方向受社区团队的影响更大。

18.2　搭建 Django 开发环境

　　在目前基于 Python 语言的几十个 Web 开发框架中，几乎所有的全栈框架都强制或引导开发者使用 MVC 设计模式。所谓全栈框架，是指除了封装网络和线程操作，还提供 HTTP、数据库读写管理、HTML 模板引擎等一系列功能的 Web 框架，比如 Django、Tornado 和 Flask。

↑扫码看视频

18.2.1　安装 Django

　　在当今技术环境下，有多种安装 Django 框架的方法，下面对这些安装方法按难易程度进行排序，其中越靠前的越简单。

➢　Python 包管理器
➢　操作系统包管理器
➢　官方发布的压缩包
➢　源码库

　　最简单的下载和安装方式是使用 Python 包管理工具，建议读者使用这种安装方式。例如 可 以 使 用 Setuptools 中 的 easy_install(http://packages.python.org/distribute/easy_install.html)，或 pip(http://pip.openplans.org)。目前在所有的操作系统平台上都可使用这两个工具，对于 Windows 用户来说，在使用 Setuptools 时需要将 easy_install.exe 文件放在 Python 安装目录下的 Scripts 文件夹中。此时只需在 DOS 命令行窗口中使用一条命令就可以安装 Django，其中可以使用如下 easy_install 命令安装当前的最新版本。

```
easy_install django
```

也可以使用如下 pip 命令安装当前的最新版本。

```
pip install django
```

我们也可以指定要安装的版本，例如使用如下命令安装 Django 3.1。

```
pip install django==3.1
```

本书使用的版本是 3.1，在命令提示符界面中的安装过程如下所示：

```
Collecting Django==3.1
  Downloading Django-3.18-py3-none-any.whl (7.8 MB)
     |████████████████████████████████████████| 7.8 MB 24 kB/s
Successfully installed Django-3.1 asgiref-3.2.10
```

为了验证是否安装成功，进入 Python 交互式环境，输入如下命令查看我们安装的版本：

```
>>> import django
>>> print(django.get_version())
3.1
```

18.2.2　常用的 Django 命令

接下来将要讲解一些 Django 框架中常用的基本命令，读者需要打开 Linux 或 MacOS 的 Terminal(终端)直接在其中输入这些命令(不是 Python 的 shell 中)。如果读者使用的是 Windows 系统，则在 CMD 上输入操作命令。

(1)　新建一个 Django 工程

```
django-admin.py startproject project-name
```

project-name 表示工程名字，一个工程是一个项目。在 Windows 系统中需要使用如下命令创建工程。

```
django-admin startproject project-name
```

智慧锦囊

　　在给项目命名的时候必须避开 Django 和 Python 的保留关键字，比如 django 和 test 等，否则会引起冲突和莫名的错误。对于 mysite 的放置位置，不建议放在传统的 /var/wwww 目录下，它会具有一定的数据暴露危险，因此 Django 建议你将项目文件放在/home/mycode 类似的位置。

(2)　新建 App(应用程序)

```
python manage.py startapp app-name
```

或

```
django-admin.py startapp app-name
```

通常一个项目有多个 App，当然通用的 App 也可以在多个项目中使用。

知识精讲

App 应用与 Project 项目的区别。

(1) 一个 App 实现某个功能,比如博客、公共档案数据库或者简单的投票系统。

(2) 一个 Project 是配置文件和多个 App 的集合,这些 App 组合成整个站点。

(3) 一个 Project 可以包含多个 App。

(4) 一个 App 可以属于多个 Project。

(5) App 的存放位置可以是任何地点,但是通常都将它们放在与文件 manage.py 同级的目录下,这样方便导入文件。

读者需要注意,在 Django 1.7.1 及以上的版本中需要用以下命令:

```
python manage.py makemigrations
python manage.py migrate
```

这种方法可以创建表,当在 models.py 中新增类时,运行它就可以自动在数据库中创建表,不用手动创建。

(3) 使用开发服务器

开发服务器,即在开发时使用,在修改代码后会自动重启,这会方便程序的调试和开发。但是由于性能问题,建议只用来测试,不要用在生产环境。

```
python manage.py runserver
# 当提示端口被占用的时候,可以用其他端口:
python manage.py runserver 8001
python manage.py runserver 999
#当然也可以关闭占用端口的进程

# 监听所有可用 ip (电脑可能有一个或多个内网 ip,一个或多个外网 ip,即有多个 ip 地址)
python manage.py runserver 0.0.0.0:8000
# 如果是外网或者局域网电脑上,可以用其他电脑查看开发服务器
# 访问对应的 ip 加端口,比如 http://172.16.20.2:8000
```

(4) 清空数据库

```
python manage.py flush
```

此命令会询问是 yes 还是 no,选择 yes 会把数据全部清空掉,只留下空表。

(5) 创建超级管理员

```
python manage.py createsuperuser
# 按照提示输入用户名和对应的密码就好了,邮箱可以留空,用户名和密码必填
# 修改用户密码可以用:
python manage.py changepassword username
```

(6) 导出数据和导入数据

```
python manage.py dumpdata appname > appname.json
python manage.py loaddata appname.json
```

(7) Django 项目环境终端

```
python manage.py shell
```

如果安装了 bpython 或 ipython，会自动调用它们的界面，推荐安装 bpython。这个命令和直接运行 Python 或 bpython 进入 shell 的区别是：可以在这个 shell 里面调用当前项目 models.py 中的 API。

(8) 数据库命令行

```
python manage.py dbshell
```

Django 会自动进入在 settings.py 中设置的数据库，如果是 MySQL 或 postgreSQL，会要求输入数据库用户密码。在这个终端可以执行数据库的 SQL 语句。如果对 SQL 比较熟悉，可能喜欢这种方式。

(9) 启动 Django Web 程序

```
python manage.py runserver
```

18.3 实践案例与上机指导

通过本章的学习，读者基本可以掌握 Django Web 开发的基础知识。其实 Django Web 开发的知识还有很多，这需要读者通过课外渠道来加深学习。下面通过练习操作，以达到巩固学习、拓展提高的目的。

↑扫码看视频

18.3.1 使用 Django 命令创建 Django Web 项目

在接下来的内容中，将介绍使用命令创建一个 Django Web 项目的方法。

 实例 18-1：使用 Django 命令创建 Django Web 项目

源文件路径：daima\18\18-1

(1) 在"命令提示符"命令中定位到目录 E:\123\Django-daima\2\，然后通过如下命令创建一个 mysite 目录作为 project(工程)。

```
django-admin startproject mysite
```

注意，如果不能使用 django-admin，请用 django-admin.py，即使用下面的命令：

```
django-admin.py startproject mysite
```

创建成功后会看到如下所示的目录样式。

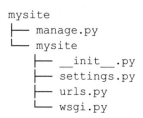

```
mysite
├── manage.py
└── mysite
    ├── __init__.py
    ├── settings.py
    ├── urls.py
    └── wsgi.py
```

也就是说在"E:\123\Django-daima\2\"目录中新建了一个名为 mysite 的子目录,在子目录 mysite 的里面还有一个名为 mysite 子目录,子目录 mysite 中是项目的设置文件 settings.py,总的 urls 配置文件 urls.py,以及部署服务器时用到的 wsgi.py 文件。文件 __init__.py 是 python 包的目录结构必须的,与调用有关。

➤ mysite: 项目的容器,保存整个工程。

➤ manage.py: 一个实用的命令行工具,可让你以各种方式与该 Django 项目进行交互。

➤ mysite/__init__.py: 一个空文件,告诉 Python 该目录是一个 Python 包。

➤ mysite/settings.py: 该 Django 项目的设置/配置文件。

➤ mysite/urls.py: 该 Django 项目的 URL 声明,就像你网站的目录。

➤ mysite/wsgi.py: 一个 WSGI 兼容的 Web 服务器的入口,以便运行你的项目。

(2) 在"命令提示符"中定位到 mysite 目录下(注意,不是 mysite 中的 mysite 目录),然后通过如下命令新建一个应用(App),名称叫 learn。

```
E:\123\Django-daima\2\mysite>python manage.py startapp learn
```

此时可以看到在主 mysite 目录中多出了一个 learn 文件夹,在里面有如下所示的文件。

```
learn/
├── __init__.py
├── admin.py
├── apps.py
├── models.py
├── tests.py
└── views.py
```

(3) 为了将新定义的 App 添加到 settings.py 文件的 INSTALL_APPS 中,需要对文件 mysite/mysite/settings.py 进行如下修改。

```
INSTALLED_APPS = [
    'django.contrib.admin',
    'django.contrib.auth',
    'django.contrib.contenttypes',
    'django.contrib.sessions',
    'django.contrib.messages',
    'django.contrib.staticfiles',
    'learn',
]
```

这一步的目的是将新建的程序 learn 添加到 INSTALL_APPS 中,如果不这样做,django 就不能自动找到 App 中的模板文件(app-name/templates/下的文件)和静态文件(app-name/static/中的文件)。

（4）定义视图函数，用于显示访问页面时的内容。在 learn 目录中打开文件 views.py，然后进行如下所示的修改。

```
#coding:utf-8
from django.http import HttpResponse
def index(request):
    return HttpResponse(u"欢迎光临，Python 工程师欢迎您！")
```

对上述代码的具体说明如下所示。

➤ 第 1 行：声明编码为 utf-8，因为我们在代码中用到了中文，如果不声明就会报错。

➤ 第 2 行：引入 HttpResponse，用来向网页返回内容的。就像 Python 中的 print 函数一样，只不过 HttpResponse 是把内容显示到网页上。

➤ 第 3～4 行：定义一个 index()函数，第一个参数必须是 request，与网页发来的请求有关。在 request 变量里面包含 get/post 的内容、用户浏览器和系统等信息。函数 index()返回了一个 HttpResponse 对象，可以经过一些处理，最终显示几个字到网页上。

现在问题来了，用户应该访问什么网址才能看到刚才写的这个函数呢？怎么让网址和函数关联起来呢？接下来需要定义和视图函数相关的 URL 网址。

（5）开始定义视图函数相关的 URL 网址，对文件 mysite/mysite/urls.py 进行如下所示的修改：

```
from django.conf.urls import url
from django.contrib import admin
from learn import views as learn_views  # new

urlpatterns = [
    url(r'^$', learn_views.index),  # new
    url(r'^admin/', admin.site.urls),
]
```

（6）最后在终端上输入如下命令运行上面创建的 Django Web 项目：

```
python manage.py runserver
```

运行成功后显示如下所示的提示信息：

```
C:\WINDOWS\system32>cd E:\123\Django-daima\2\mysite

E:\123\Django-daima\2\mysite>python manage.py runserver
Watching for file changes with StatReloader
Performing system checks...

System check identified no issues (0 silenced).

You have 18 unapplied migration(s). Your project may not work properly until
you apply the migrations for app(s): admin, auth, contenttypes, sessions.
Run 'python manage.py migrate' to apply them.
August 19, 2020 - 10:25:19
Django version 3.1, using settings 'mysite.settings'
Starting development server at http://127.0.0.1:8000/
Quit the server with CTRL-BREAK.
```

根据上面现实的提示信息，提示我们启动 Django Web 项目的 URL 是：

```
http://127.0.0.1:8000/
```

在浏览器中输入 http://127.0.0.1:8000/后的效果都如图 18-2 所示。

欢迎光临，Python工程师欢迎您！

图 18-2　执行效果

知识精讲

在默认情况下，runserver 命令会将服务器设置为监听本机内部 IP 的 8000 端口。如果你想更换服务器的监听端口，请使用命令行参数。举一个例子，下面的命令会使服务器监听 8080 端口：

```
python manage.py runserver 8080
```

如果你想要修改服务器监听的 IP，在端口之前输入新的。比如，为了监听所有服务器的公开 IP(在你运行 Vagrant 或想要向网络上的其他电脑展示你的成果时很有用)，则使用：

```
python manage.py runserver 0:8000
```

其中 0 是 0.0.0.0 的简写。

18.3.2　使用 PyCharm 创建 Django Web 项目

对于开发者来说，创建 Django Web 项目的最简单方式是使用集成开发工具 PyCharm。通过使用在 2018 年以后发布的 Pycharm，可以非常方便地创建 Django Web 项目，并且可以很方便地基于虚拟环境创建 Django 工程。

实例 18-2： 使用 PyCharm 创建 Django Web 项目
源文件路径： daima\18\18-2

(1) 打开 Pycharm，单击 File→New Project 命令，在弹出的对话框左侧选择 Django 选项，如图 18-3 所示。

➢ Location: 设置保存当前 Django 工程的目录位置。

➢ Project Interpreter: New Virtualenv environment: 设置当前工程所使用的虚拟 Python 环境，我们可以在 Base interpreter 处选择使用已经安装的 Python 环境作为虚拟环境。在一般情况下，在安装 Python 时会创建一个默认的 Python 环境。对于大多数开发者来说，可能已经安装了好几个版本的 Python 环境或虚拟环境，此时可以在 Base interpreter 处选择你要使用的 Python 环境。例如有的开发者安装了 Anaconda 3,

那么就会在 PyCharm 的 Project Interpreter 中显示这个 Python 环境。例如我的电脑中有两个 Python 环境，如图 18-4 所示。

图 18-3　左侧选择 Django 选项

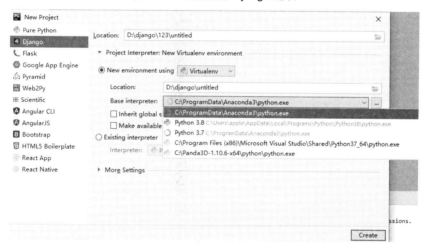

图 18-4　两个 Python 环境

➢ Existing interpreter: 如果不想使用虚拟环境，而是想使用现成的已经安装的 Python 环境或虚拟环境，请选择这个选项。

智慧锦囊

　　建议大家使用 New Virtualenv environment 创建一个虚拟环境，这样不会污染我们已经安装的 Python 环境。当选择 Virtualenv(这可能需要你提前用命令 pip install virtualenv 进行虚拟工具 virtualenv 的安装)，在通常情况下，虚拟环境会以 venv 的名字，并自动在工程目录下生成。下面两个单选按钮，可根据需要自行选择。

例如我们按照如图 18-5 所示的参数，基于新建的虚拟环境创建一个名字为 untitled 的

★新起点电脑教程 Python 程序设计基础入门与实战(微课版)

Django Web 工程。

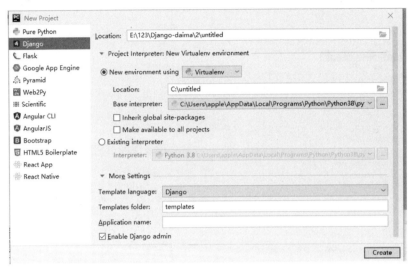

图 18-5　基于新建的虚拟环境创建一个 Django Web 工程

单击 More Settings 选项后可以进行更多设置。

➢ Template language: 选择使用的模板语言，默认 Django 就行，可选 Jinjia。

➢ Templates folder: Pycharm 给我们的功能，额外创建一个工程级别的模板文件的保存目录，可以不设置，空着，这里使用默认设置。

➢ Enable Django admin: 设置是否启用 Django Admin 功能，一般勾选。

(2)　单击右下角的 Create 按钮开始创建虚拟目录和 Django Web 工程，创建完成之后会在工程目录中显示 Pycharm 自动为我们创建的 Django 目录文件夹和默认的 Python 程序文件，如图 18-6 所示。

图 18-6　Pycharm 自动创建的 Django 目录和程序文件

单击 PyCharm 的 File→Settings→Project 菜单命令，进入的 Settings 界面，此时可以看到在当前的 Python 环境中已经安装的库，其中包括最新版本的 Django，如图 18-7 所示。如果需要指定使用其他的版本，比如 2.1、1.11 等，那就不能这么操作了，需要在命令行下自己创建虚拟环境并安装 Django。或者在这里先删除 Django，然后再安装你想要的指定版本。

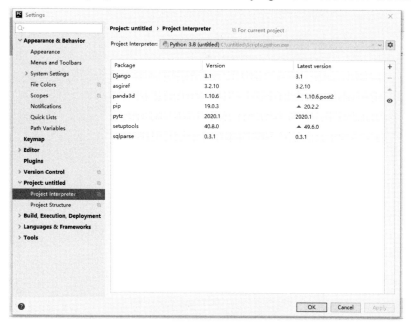

图 18-7　当前 Django Web 工程所使用的 Python 环境

(3)　单击 PyCharm 顶部绿色三角形按钮 ▶ 启动当前 Django Web 工程，启动成功后会在 PyCharm 的 Run 面板中显示对应的提示信息，如图 18-8 所示。

图 18-8　运行成功后的提示信息

在浏览器中输入 URLhttp://127.0.0.1:8000/ 即可查看当前 Django Web 工程主页的执行效果，如图 18-9 所示。按下 PyCharm 顶部中的红色正方形按钮 ■，可以停止当前 Django Web 工程的运行，在不用这个项目时请务必停止当前 Django Web 工程的运行。

(4)　也可以单击 PyCharm 左下角中的 Terminal 选项，在弹出的界面中会自动将命令行定位到当前 Django Web 工程的根目录位置，如图 18-10 所示。

在后面输入如下命令也可以启动运行当前的 Django Web 工程，运行成功后也会在 Run 面板中显示对应的提示信息，如图 18-11 所示。按 Ctrl+C 组合键可以停止当前 Django Web 工程的运行，在不用这个项目时请务必停止当前 Django Web 工程的运行。

```
python manage.py runserver
```

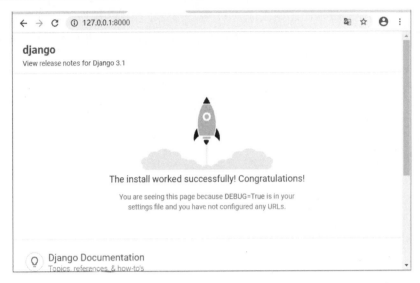

图 18-9　当前 Django Web 主页的执行效果

图 18-10　定位到当前 Django Web 工程的根目录

图 18-11　运行成功后的提示信息

18.4　思考与练习

　　本章详细讲解了使用 Django 知识，循序渐进地讲解了 Django Web 开发基础、Django 的设计模式和搭建 Django 开发环境等内容。在讲解过程中，通过具体实例介绍了使用 Django 的方法。通过本章的学习，读者应该熟悉使用 Django 的知识，掌握他们的使用方法和技巧。

一、选择题

(1) 下面( )不是开发 Web 程序的框架。

A. Flask　　　　　　　B. Django　　　　　　　C. Pygame

(2) 在 Django 中清空数据库的命令是( )。

A. python manage.py flush

B. python manage.py runserver

C. python manage.py clear

二、判断对错

(1) 创建超级管理员的命令是 python manage.py createsuperuser。　　　　( )

(2) 在创建 Django 项目时最好使用虚拟环境。　　　　( )

三、上机练习

(1) 编写一个 Python 程序，在 Django 框架中使用表单计算数字的和。

(2) 编写一个 Python 程序，开发一个在线文件上传系统。

新起点
电脑教程

第 19 章

数据可视化

本章要点

- 📖 什么是数据可视化
- 📖 matplotlib 基础
- 📖 当 Seaborn 遇到 matplotlib

本章主要内容

数据可视化是指通过可视化的方式来探索数据，与当今比较热门的数据挖掘工作紧密相关，而数据挖掘指的是使用代码来探索数据集的规律和关联。在本章的内容中，将详细讲解使用 Python 实现数据挖掘的基本知识，为读者步入本书后面知识的学习打下基础。

19.1　什么是数据可视化

数据可视化是一个非常重要的概念,是指将一些文字形式的数据集用图形图像形式表示,并利用数据分析和开发工具发现其中未知信息的处理过程。

↑扫码看视频

19.1.1　数据可视化介绍

数据可视化 Data Visualization 和信息可视化 Infographics 是两个相近的专业领域名词。狭义上的数据可视化是指将数据用统计图表的方式呈现出来,而信息图形(信息可视化)则是将非数字的信息进行可视化。前者用于传递信息,后者用于表现抽象或复杂的概念、技术和信息。

因为在现实中信息包含了数字信息和非数字信息,所以从广义上讲,数据可视化是信息可视化中的一类。从原词的解释来讲,数据可视化重点突出的是"可视化",而信息可视化的重点则是"图示化"。从整体而言,可视化是数据、信息以及科学等多个领域图示化技术的统称。

数据可视化的主要目的是借助于图形化手段,清晰有效地传达与沟通信息。但是,这并不就意味着数据可视化就一定因为要实现其功能用途而令人感到枯燥乏味,或者是为了看上去绚丽多彩而显得极端复杂。为了有效地传达思想,美学形式与功能需要齐头并进,通过直观地传达关键的方面与特征,从而实现对于相当稀疏而又复杂的数据集的深入洞察。然而,设计人员往往并不能很好地把握设计与功能之间的平衡,从而创造出华而不实的数据可视化形式,无法达到其主要目的,也就是传达与沟通信息。

数据可视化与信息图形、信息可视化、科学可视化以及统计图形密切相关。当前,在研究、教学和开发领域,数据可视化乃是一个极为活跃而又关键的方面。"数据可视化"这条术语实现了成熟的科学可视化领域与较年轻的信息可视化领域的统一。

19.1.2　数据可视化的意义

如果我们使用百度搜索"数据可视化",大概能查到 42,700,000 个词条,并且这个数据会随着时间的推移稳步增加。"数据可视化"是当今数据分析领域中发展最快,也是最引人注目的领域。也许有人说,数据可视化就是画图,看不出来研究的价值在哪里。也有很多人认为,数据可视化就是把数据从冰冷的数字或文字转换成图形,这样看起来色彩丰

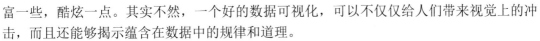

富一些，酷炫一点。其实不然，一个好的数据可视化，可以不仅仅给人们带来视觉上的冲击，而且还能够揭示蕴含在数据中的规律和道理。

数据可视化的意义是帮助人更好地分析数据，信息的质量很大程度上依赖于其表达方式；对数字罗列所组成的数据中所包含的意义进行分析，使分析结果可视化。其实数据可视化的本质就是视觉对话。数据可视化将技术与艺术完美结合，借助图形化的手段，清晰有效地传达与沟通信息。一方面，数据赋予可视化以价值；另一方面，可视化增加数据的灵活性，两者相辅相成，帮助企业从信息中提取知识，从知识中收获价值。

严格来说，数据可视化的意义和优势如下。

(1) 传递速度快

人脑对视觉信息的处理速度要比书面信息快 10 倍。使用图表来总结复杂的数据，可以确保对关系的理解要比那些混乱的报告或电子表格更快。

(2) 数据显示的多维性

在可视化的分析下，数据将每一维的值分类、排序、组合和显示，这样就可以看到表示对象或事件的数据的多个属性或变量。

(3) 更直观地展示信息

大数据可视化报告使我们能够用一些简短的图形就能体现那些复杂信息，甚至单个图形也能做到。决策者可以轻松地解释各种不同的数据源。丰富但有意义的图形有助于让忙碌的主管和业务伙伴了解问题和未决的计划。

(4) 大脑记忆能力的限制

实际上我们在观察物体的时候，大脑和计算机一样有长期的记忆(memory，硬盘)和短期的记忆(cache，内存)。只有我们记下文字、诗歌、物体，一遍一遍的短期记忆之后，它们才可能进入长期记忆。

19.2 matplotlib 基础

Matplotlib 是 Python 语言中最著名的数据可视化工具包，通过使用 Matplotlib，可以非常方便地实现和数据统计相关的图形，例如折线图、散点图、直方图等。正因 Matplotlib 在绘图领域的强大功能，所以其在 Python 数据挖掘方面得到了重用。

↑扫码看视频

19.2.1 搭建 matplotlib 环境

在 Python 程序中使用库 matplotlib 之前，需要先确保安装了 matplotlib 库。在 Windows 系统中安装 matplotlib 之前，首先需要确保已经安装了 Visual Studio.NET。在安装 Visual Studio.NET 后，就可以安装 matplotlib 了，其中最简单的安装方式是使用如下 pip 命令或

easy_install 命令。

```
easy_install matplotlib
pip install matplotlib
```

虽然上述两种安装方式比较简单省心，但是并不能保证安装的 matplotlib 适合我们安装的 Python。例如笔者在写作本书时使用的是 Python 3.8，当时最新的 matplotlib 版本是 3.3.0。建议读者登录 https://pypi.org/project/matplotlib/#files，如图 19-1 所示，在这个页面中查找与你使用的 Python 版本匹配的 wheel 文件(扩展名为 ".whl" 的文件)。例如，如果使用的是 64 位的 Python 3.8，则需要下载 matplotlib-3.3.0rc1-cp38-cp38-win_amd64.whl。

matplotlib-3.2.2-cp36-cp36m-win32.whl (9.0 MB)	Wheel	cp36	Jun 18, 2020	View
matplotlib-3.2.2-cp36-cp36m-win_amd64.whl (9.2 MB)	Wheel	cp36	Jun 18, 2020	View
matplotlib-3.2.2-cp37-cp37m-macosx_10_9_x86_64.whl (12.5 MB)	Wheel	cp37	Jun 18, 2020	View
matplotlib-3.2.2-cp37-cp37m-manylinux1_x86_64.whl (12.4 MB)	Wheel	cp37	Jun 18, 2020	View
matplotlib-3.2.2-cp37-cp37m-win32.whl (9.0 MB)	Wheel	cp37	Jun 18, 2020	View
matplotlib-3.2.2-cp37-cp37m-win_amd64.whl (9.2 MB)	Wheel	cp37	Jun 18, 2020	View
matplotlib-3.2.2-cp38-cp38-macosx_10_9_x86_64.whl (12.5 MB)	Wheel	cp38	Jun 18, 2020	View
matplotlib-3.2.2-cp38-cp38-manylinux1_x86_64.whl (12.4 MB)	Wheel	cp38	Jun 18, 2020	View
matplotlib-3.2.2-cp38-cp38-win32.whl (9.0 MB)	Wheel	cp38	Jun 18, 2020	View

图 19-1　登录 https://pypi.python.org/pypi/matplotlib/

智慧锦囊

　　如果登录 https://pypi.python.org/pypi/matplotlib/找不到适合自己的 matplotlib，还可以尝试登录 https://www.lfd.uci.edu/~gohlke/pythonlibs/。这个网站发布安装程序的时间通常比 matplotlib 官网要早一段时间。

19.2.2　绘制一个简单的点

假设你有一堆的数据样本，想要找出其中的异常值，那么最直观的方法，就是将它们画成散点图。最简单的散点图只有一个点，例如在下面的实例文件 dian01.py 中，演示了使用 Matplotlib 绘制只有两个点的散点图的过程。

实例 19-1：绘制只有两个点的散点图
源文件路径：daima\19\19-1

实例文件 dian01.p 的具体实现代码如下所示。

```
import matplotlib.pyplot as plt          #导入 pyplot 包，并缩写为 plt
#定义两个点的 x 集合和 y 集合
```

```
x=[1,2]
y=[2,4]
plt.scatter(x,y)                              #绘制散点图
plt.show()                                    #展示绘画框
```

在上述实例代码中绘制了拥有两个点的散点图，向函数 scatter()传递了两个分别包含 x
值和 y 值的列表。执行效果如图 19-2 所示。

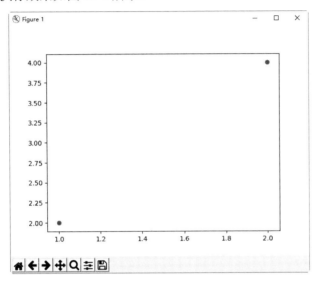

图 19-2　执行效果

在上述实例中，可以进一步调整坐标轴的样式，例如可以加上如下所示的代码。

```
#[]里的 4 个参数分别表示 X 轴起始点，X 轴结束点，Y 轴起始点，Y 轴结束点
plt.axis([0,10,0,10])
```

19.2.3　添加标题和标签

我们可以设置散点图的输出样式，例如添加标题，给坐标轴添加标签，并确保所有文
本都大到能够看清。请看下面的实例文件 dian02.py，功能是使用 Matplotlib 函数 scatter()绘
制一系列点，然后设置显示的标题和标签。

 实例 19-2：在散点图中添加标题和标签
　　　　源文件路径：daima\19\19-2

实例文件 dian02.p 的具体实现代码如下所示。

```
"""使用 scatter()绘制散点图"""
import matplotlib.pyplot as plt

x_values = range(1, 6)
y_values = [x*x for x in x_values]
'''
scatter()
x:横坐标 y:纵坐标 s:点的尺寸
'''
```

```
plt.scatter(x_values, y_values, s=50)

# 设置图表标题并给坐标轴加上标签
plt.title('Square Numbers', fontsize=24)
plt.xlabel('Value', fontsize=14)
plt.ylabel('Square of Value', fontsize=14)

# 设置刻度标记的大小
plt.tick_params(axis='both', which='major', labelsize=14)
plt.show()
```

执行效果如图 19-3 所示。

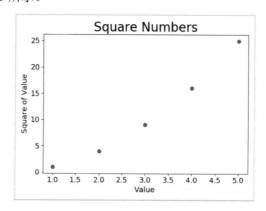

图 19-3　执行效果

19.2.4　绘制最简单的折线

我们可以使用库 Matplotlib 绘制折线图，例如在下面的实例文件 zhe01.py 中，使用 matplotlib 绘制了一个简单的折线图，显示样式是默认的效果。

实例 19-3：绘制一个简单的折线图
源文件路径：daima\19\19-3

实例文件 zhe01.py 的具体实现代码如下所示。

```
import matplotlib.pyplot as plt
squares = [1, 4, 9, 16, 25]
plt.plot(squares)
plt.show()
```

在上述实例代码中，使用平方数序列 1、4、9、16 和 25 来绘制一个折线图，在具体实现时，只需向 matplotlib 提供这些平方数序列数字就能完成绘制工作。

(1) 导入模块 pyplot，并给它指定了别名 plt，以免反复输入 pyplot，在模块 pyplot 中包含了很多用于生成图表的函数。

(2) 创建了一个列表，在其中存储了前述平方数。

(3) 将创建的列表传递给函数 plot()，这个函数会根据这些数字绘制出有意义的图形。

(4) 通过函数 plt.show()打开 matplotlib 查看器，并显示绘制的图形。

执行效果如图 19-4 所示。

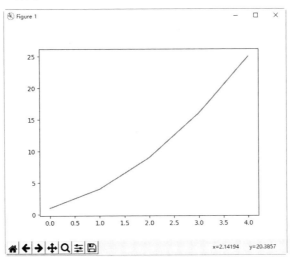

图 19-4　执行效果

19.2.5　设置标签文字和线条粗细

本章前面实例文件 zhe01.py 的执行效果不够完美，开发者可以对绘制的线条样式进行灵活设置。例如可以设置线条的粗细、实现数据准确性校正等操作。在下面的实例文件 zhe02.py 中，演示了使用 matplotlib 绘制指定样式折线图效果的过程。

 实例 19-4：绘制指定样式折线图
源文件路径： daima\19\19-4

实例文件 zhe02.py 的具体实现代码如下所示。

```python
import matplotlib.pyplot as plt                    #导入模块
input_values = [1, 2, 3, 4, 5]
squares = [1, 4, 9, 16, 25]
plt.plot(input_values, squares, linewidth=5)
# 设置图表标题，并在坐标轴上添加标签
plt.title("Numbers", fontsize=24)
plt.xlabel("Value", fontsize=14)
plt.ylabel("ARG Value", fontsize=14)
# 设置单位刻度的大小
plt.tick_params(axis='both', labelsize=14)
plt.show()
```

(1)　第 4 行代码中的 linewidth=5：设置线条的粗细。

(2)　第 4 行代码中的函数 plot()：当向函数 plot() 提供一系列数字时，它会假设第一个数据点对应的 x 坐标值为 0，但是实际上我们的第一个点对应的 x 值为 1。为改变这种默认行为，可以给函数 plot() 同时提供输入值和输出值，这样函数 plot() 可以正确地绘制数据，因为同时提供了输入值和输出值，所以无须对输出值的生成方式进行假设，所以最终绘制出的图形是正确的。

(3) 第 6 行代码中的函数 title()：设置图表的标题。

(4) 第 6～8 行中的参数 fontsize：设置图表中的文字大小。

(5) 第 7 行中的函数 xlabel()和第 8 行中的函数 ylabel()：分别设置 x 轴的标题和 y 轴的标题。

(6) 第 10 行中的函数 tick_params()：设置刻度样式，其中指定的实参将影响 x 轴和 y 轴上的刻度(axis='both')，并将刻度标记的字体大小设置为 14(labelsize=14)。

执行效果如图 19-5 所示。

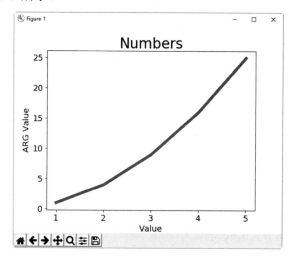

图 19-5　执行效果

19.2.6　绘制只有一个柱子的柱状图

在 Python 程序中，可以使用 Matplotlib 很容易地绘制一个柱状图。例如在下面的实例文件 bar01.py 中，只需使用 3 行代码就可以绘制一个简单的柱状图。

 实例 19-5：绘制一个简单的柱状图
源文件路径：daima\19\19-5

实例文件 bar01.py 的具体实现代码如下所示。

```
import matplotlib.pyplot as plt
plt.bar(x = 0,height = 1)
plt.show()
```

在上述代码中，首先使用 import 导入了 matplotlib.pyplot，然后直接调用其 bar()函数绘柱状图，最后用 show()函数显示图像。其中在函数 bar()中存在如下两个参数。

➢ left: 柱形的左边缘的位置，如果指定为 1，那么当前柱形的左边缘的 x 值就是 1.0。

➢ height: 这是柱形的高度，也就是 y 轴的值。

执行上述代码后会绘制一个柱状图，如图 19-6 所示。

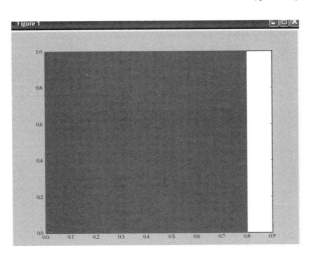

图 19-6　执行效果

19.2.7　绘制有两个柱子的柱状图

虽然通过上述代码绘制了一个柱状图，但是现实效果不够直观。在绘制函数 bar()中，参数 x 和 height 除了可以使用单独的值(此时是一个柱形)外，还可以使用元组来替换(此时代表多个矩形)。例如在下面的实例文件 bar02.py 中，演示了使用 matplotlib 绘制有两个柱子的柱状图的过程。

 实例 19-6：绘制有两个柱子的柱状图
源文件路径：daima\19\19-6

实例文件 bar02.py 的具体实现代码如下所示。

```python
import matplotlib.pyplot as plt          #导入模块
plt.bar(x = (0,1),height = (1,0.5))      #绘制两个柱形图
plt.show()                               #显示绘制的图
```

执行效果如图 19-7 所示。

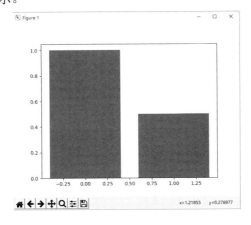

图 19-7　执行效果

在上述实例代码中，x = (0,1)的意思是总共有两个矩形，其中第一个的左边缘为 0，第二个的左边缘为 1。参数 height 的含义也是同理。当然，此时有的读者可能觉得这两个矩形"太宽"了，不够美观。此时可以通过指定函数 bar()中的 width 参数来设置它们的宽度。请看下面的实例文件 bar03.py，功能是设置柱子的宽度 width 为 0.35。

实例 19-7：设置柱状图柱子的宽度
源文件路径：daima\19\19-7

实例文件 bar03.py 的具体实现代码如下所示。

```
import matplotlib.pyplot as plt
plt.bar(x = (0,1),height = (1,0.5),width = 0.35)
plt.show()
```

执行效果如图 19-8 所示。

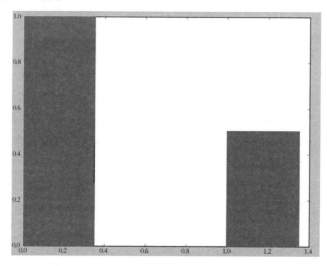

图 19-8   设置柱状图宽度

19.2.8   设置柱状图的标签

这时可能有的读者需要标明 x 和 y 轴的说明信息，比如使用 x 轴表示性别，使用 y 轴表示人数。在下面的实例文件 bar04.py 中，演示了使用库 matplotlib 绘制有说明信息柱状图的过程。

实例 19-8：绘制有说明信息的柱状图
源文件路径：daima\19\19-8

实例文件 bar04.py 的具体实现代码如下所示。

```
import matplotlib.pyplot as plt
from pylab import *
mpl.rcParams['font.sans-serif'] = ['SimHei']    #指定默认字体
mpl.rcParams['axes.unicode_minus'] = False    #解决保存图像时负号'-'显示为方块的问题
plt.xlabel(u'性别')                            #x 轴的说明信息
```

```
plt.ylabel(u'人数')                              #y轴的说明信息
plt.bar(x = (0,1),height = (1,0.5),width = 0.35)
plt.show()
```

上述代码执行后的效果如图 19-9 所示。

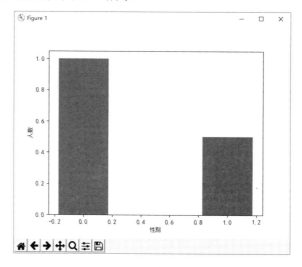

图 19-9　执行效果

接下来可以对 x 轴上的每个 bar 进行说明，例如设置第一个柱状图是"男"，第二个柱状图是"女"。此时可以通过如下实例文件 bar05.py 实现。

 实例 19-9：设置两个柱状图的标题
源文件路径：daima\19\19-9

实例文件 bar05.py 的具体实现代码如下所示。

```
plt.xlabel(u'性别')
plt.ylabel(u'人数')
plt.xticks((0,1),(u'男',u'女'))
plt.bar(x = (0,1),height = (1,0.5),width = 0.35)
plt.show()
```

在上述代码中，函数 plt.xticks()的用法和前面使用的 x 和 height 的用法差不多。如果你有几个 bar，那么就对应几维的元组，其中第一个参数表示文字的位置，第二个参数表示具体的文字说明。不过这里有个问题，有时指定的位置有些"偏移"，最理想的状态应该在每个矩形的中间，此时可以通过直接指定函数 bar()里面的 align="center"让文字居中。

```
plt.xlabel(u'性别')
plt.ylabel(u'人数')
plt.xticks((0,1),(u'男',u'女'))
plt.bar(x = (0,1),height = (1,0.5),width = 0.35,align="center")
plt.show()
```

此时的执行效果如图 19-10 所示。

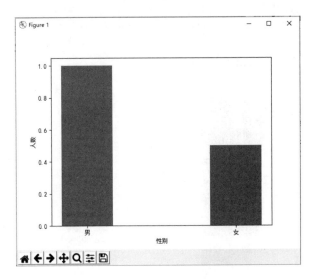

图 19-10　执行效果

接下来可以通过如下代码给柱状图表加入一个标题。

```
plt.title(u"性别比例分析")
```

为了使整个程序显得更加科学合理，接下来我们可以通过如下代码设置一个图例。

```
plt.xlabel(u'性别')
plt.ylabel(u'人数')
plt.title(u"性别比例分析")
plt.xticks((0,1),(u'男',u'女'))
rect = plt.bar(left = (0,1),height = (1,0.5),width = 0.35,align="center")
plt.legend((rect,),(u"图例",))
plt.show()
```

在上述代码中用到了函数 legend()，里面的参数必须是元组。即使只有一个图例也必须是元组，否则显示不正确。此时的执行效果如图 19-11 所示。

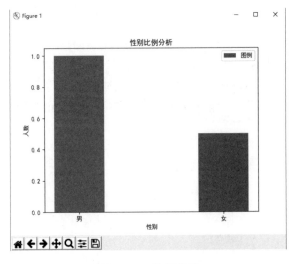

图 19-11　执行效果

接下来还可以在每个矩形的上面标注对应的 y 值，此时需要使用如下通用的方法实现。

```
def autolabel(rects):
    for rect in rects:
        height = rect.get_height()
        plt.text(rect.get_x()+rect.get_width()/2.,  1.03*height,  '%s'  %
float(height))
```

在上述实例代码中，其中 plt.text 有三个参数，分别是：x 坐标，y 坐标，要显示的文字。
调用函数 autolabel() 的具体实现代码如下所示。

```
autolabel(rect)
```

 知识精讲

　　为了避免绘制矩形柱状图紧靠着顶部，最好能够空出一段距离，此时可以通过函
数 bar() 的属性参数 yerr 来设置。一旦设置了这个参数，那么对应的矩形上面就会有一
个竖着的线。当把 yerr 这个值设置得很小的时候，上面的空白就自动空出来了。

```
rect = plt.bar(left = (0,1),height = (1,0.5),width = 0.35,align="center",yerr= 0.0001)
```

至此为止，一个比较美观的柱状图绘制完毕，如图 19-12 所示，将代码整理并保存在如
下实例文件 bar06.py 中，具体实现代码如下所示。

 实例 19-10：绘制一个完整的柱状图
源文件路径：daima\19\19-10

实例文件 bar06.py 的具体实现代码如下所示。

```
import matplotlib.pyplot as plt
from pylab import *
mpl.rcParams['font.sans-serif'] = ['SimHei'] #指定默认字体
mpl.rcParams['axes.unicode_minus'] = False  #解决保存图像时负号'-'显示为方块的问题
def autolabel(rects):
    for rect in rects:
        height = rect.get_height()
        plt.text(rect.get_x()+rect.get_width()/2., 1.03*height, '%s' % float(height))
plt.xlabel(u'性别')
plt.ylabel(u'人数')
plt.title(u"性别比例分析")
plt.xticks((0,1),(u'男',u'女'))
#绘制柱形图
rect = plt.bar(x = (0,1),height = (1,0.5),width = 0.35,align="center",
yerr=0.0001)
plt.legend((rect,),(u"图例",))
autolabel(rect)
plt.show()
```

上述代码执行后的效果如图 19-12 所示。

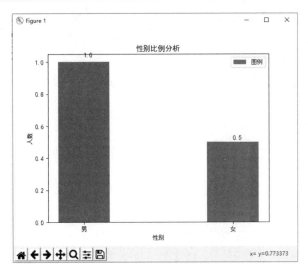

图 19-12　执行效果

19.3　当 Seaborn 遇到 matplotlib

库 Seaborn 与我们前面学习的 matplotlib 密切相关，Seaborn 利用了 matplotlib 的强大功能，只需使用几行代码就能创建处漂亮的图表。因为 Seaborn 是建立在 matplotlib 之上的，所以在开发者掌握 matplotlib 之后，学习 Seaborn 将会变得事半功倍。

↑扫码看视频

19.3.1　搭建 Seaborn 环境

在使用库 Seaborn 之前，需要使用如下 pip 命令进行安装。

```
pip install seaborn
```

在安装完毕后，就可以在我们电脑中使用 Seaborn 绘制可视化图形了。如果想使用 Seaborn 官方提供的数据，需要在 Github 网站单独下载 Seaborn 提供的 Data 文件，然后将下载的文件夹 seaborn-data 保存到电脑的主目录中。Windows 系统的主目录是 C 盘中的 User 目录，Linux 系统的主目录是 Home 文件夹。例如作者电脑是 Windows 10 系统，User 目录是 C:\Users\apple，所以将下载的文件夹 seaborn-data 保存到 C:\Users\apple 中，如图 19-13 所示。

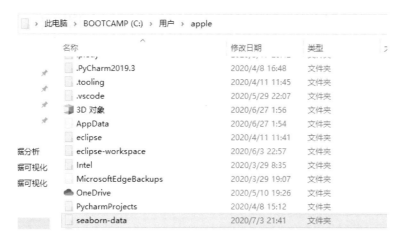

图 19-13　保存下载的文件夹 seaborn-data

19.3.2　第一个 Seaborn 图形程序

Seaborn 旨在以数据可视化为中心来挖掘与理解数据，它提供的面向数据集制图函数主要是对行列索引和数组的操作，包含对整个数据集进行内部的语义映射与统计整合，以此生成富于信息的图表。请看下面的实例文件 001.py，功能是结合 matplotlib 绘制一个简单的散点图。

 实例 19-11：制了一个简单的散点图
　　　　源文件路径：daima\19\19-11

实例文件 001.py 的具体实现代码如下所示。

```
import matplotlib.pyplot as plt
import seaborn as sns
sns.set()
tips = sns.load_dataset("tips")
sns.relplot(x="total_bill", y="tip", col="time",
        hue="smoker", style="smoker", size="size",
        data=tips);
plt.show()
```

接下来开始分析上述代码的具体含义。

(1)　因为 Seaborn 实际上是调用了 matplotlib 来绘图，所以在上述代码中使用 import 分别导入了 matplotlib 和 seaborn。

(2)　使用函数 sns.set()设置并使用 seaborn 默认的主题、尺寸大小以及调色板。

(3)　通过如下代码中的函数 load_dataset()加载使用样例数据集，这些数据集被保存在我们在前面下载的文件夹 seaborn-data 中。在现实应用中，通常使用 tips 数据集来绘图，tips 数据集提供了一种"整洁"的整合数据的方式。

```
tips = sns.load_dataset("tips")
```

(4)　通过如下代码绘制一个多子图散点图，并分配语义变量。在函数 relplot()中设置了

tips 数据集中五个变量的关系,其中三个是数值变量,另外两个是类别变量。其中 total_bill 和 tip 这两个数值变量决定了轴上每个点出现的位置,另外一个 size 变量影响着出现点的大小。第一个类别变量 time 将散点图分为两个子图,第二个类别变量 smoker 决定点的形状。

```
sns.relplot(x="total_bill", y="tip", col="time",
        hue="smoker", style="smoker", size="size",
        data=tips)
```

(5) 最后调用 matplotlib 函数 plt.show()绘图,执行效果如图 19-14 所示。

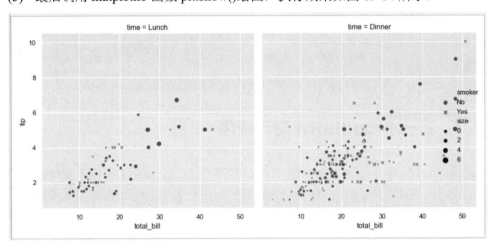

图 19-14 绘制的图

19.3.3 绘制散点图

在 Seaborn 中使用内置函数 relplot()绘制散点图,各个参数的具体说明如下。

➢ x、y、data: x、y 轴,显示数据。

➢ hue: 不同类别不同颜色。

➢ style: 不同类别不同样式(*,+)。

➢ palette: 自定义颜色(ch:r=-0.5,l=0.75)。

➢ size: 点的大小对应的数值。

➢ sizes: 每个点的大小统一设置,如 sizes=(500,500)。

➢ kind: line 是折线图。

➢ sort: False 表示禁用 x 在绘图之前按值对数据进行排序。

➢ ci: x 表示通过绘制平均值周围的平均值和95%区间来聚合每个值的多个测量值,默认值是 None,表示不显示聚合。

请看下面的实例文件 002.py,功能是绘制一个指定样式的散点图。

 实例 19-12:绘制一个指定样式的散点图

源文件路径:daima\19\19-12

实例文件 002.py 的具体实现代码如下所示。

```
import matplotlib.pyplot as plt
import seaborn as sns

# 准备数据：自带数据集
tips = sns.load_dataset("tips")
print(tips.head())

# 绘画散点图
sns.relplot(x="total_bill", y="tip", data=tips, hue="sex", style="smoker",
size="size")
sns.relplot(x="total_bill", y="tip", data=tips, hue="sex", style="smoker",
size="size", sizes=(100, 100))
# 显示
plt.show()
```

执行后的效果如图 19-15 所示。

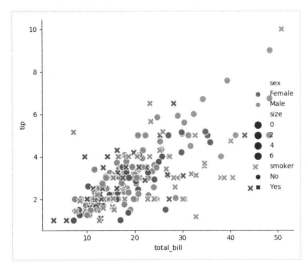

图 19-15　执行效果

19.3.4　绘制折线图

在 Seabor 中有两种绘制折线图的方法，一种是将函数 relplot() 的参数 kind 设置为 line，另一种是直接使用函数 lineplot() 绘制折线图。请看下面的实例文件 003.py，功能是使用函数 relplot() 绘制一个折线图。

实例 19-13：绘制一个折线图
源文件路径：daima\19\19-13

实例文件 003.py 的具体实现代码如下所示。

```
import matplotlib.pyplot as plt
import seaborn as sns

# 数据集
```

```
data = sns.load_dataset("fmri")
print(data.head())
# 绘画折线图
sns.relplot(x="timepoint", y="signal", kind="line", data=data, ci=None)
# 显示
plt.show()
```

执行后的效果如图 19-16 所示。

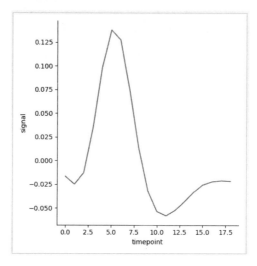

图 19-16　执行效果

19.3.5　绘制箱体图

在 Seabor 中使用 Boxplot 表示箱体图，这可能是最常见的图形类型之一。箱体图能够很好地表示数据中的分布规律。箱型图方框的末尾显示了上下四分位数，极线显示最高和最低值，不包括异常值。在 Seaborn 中通常使用函数 boxplot()绘制箱体图。请看下面的实例文件 006.py，功能是使用函数 boxplot()绘制一个箱体图。

　实例 19-14：绘制一个箱体图
　　源文件路径：daima\19\19-14

实例文件 006.py 的具体实现代码如下所示。

```
import matplotlib.pyplot as plt
import seaborn as sns
#调用 seaborn 自带数据集
df = sns.load_dataset('iris')
# 一个数值变量 One numerical variable only
# 如果您只有一个数字变量，则可以使用此代码获得仅包含一个组的箱体图
# Make boxplot for one group only
# 显示花萼长度 sepal_length
sns.boxplot( y=df["sepal_length"] );

plt.show()
```

执行后的效果如图 19-17 所示。

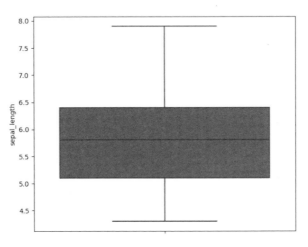

图 19-17　执行效果

19.3.6　绘制柱状图

柱状图又叫条形图，在 Seabor 中使用函数 barplot()绘制柱状图，各个参数的具体说明如下所示。

➢　x: 指定 label 值，可以是一个序列。

➢　y: 对应每个 label 上的数据，可以是一个序列。

➢　hue: 指定分类变量。

➢　data: 使用的数据集。

➢　order/hue_order: order 控制 bar 绘制的顺序，hue_order 控制一个 bra 内每个类绘图顺序。

➢　estimator: 设置每一个 label 上显示的统计量类型，默认为平均值，可修改为最大值、中位值等。注意，若修改为非平均值，那么误差线都需要做修改，因为前面的误差线解释都是基于平均值的。

➢　ci: 在 seaborn.barplot()中误差线默认表示的是均值的置信区间，因此当 ci 为(0,100)区间的值时表示置信区间的置信度，默认为 95; ci 还可以取值为 sd，此时误差线表示的是标准误差; 当 ci 取值为 None 时，则不显示误差线。

➢　n_boot: 计算代表置信区间的误差线时，默认会采用 bootstrap 抽样方法(在样本量较小时比较有用)，该参数控制 bootstrap 抽样的次数。

➢　orient: 设置柱状图水平绘制还是竖直绘制，h 表示水平，v 表示竖直。

➢　color: 设置 bar 的颜色，这里将所有的 bar 设置为同一种颜色。

➢　pattle: 调色板，设置 bar 以不同颜色显示，所有的颜色都是 matplotlib 能识别的颜色。

➢　saturation: 设置颜色的饱和度，取值为[0,1]。

➢　errcolor: 设置误差线的颜色，默认为黑色。

➢　errwidth: 设置误差线的显示线宽。

> ➤ capsize: 设置误差线顶部、底端处横线的显示长度。
> ➤ dodge: 当使用分类参数 hue 时，可以通过 dodge 参数设置是将不同的类分别用一个 bar 表示，还是在一个 bar 上通过不同颜色表示，默认为 True。
> ➤ ax: 选择将图形显示在哪个 Axes 对象上，默认为当前 Axes 对象。
> ➤ kwargs: matplotlib.plot.bar()中其他的参数。

请看下面的实例文件 009.py，功能是使用函数 barplot()绘制垂直方向的柱状图。

 实例 19-15：绘制一个垂直方向的柱状图
源文件路径：daima\19\19-15

实例文件 009.py 的具体实现代码如下所示。

```python
import matplotlib.pyplot as plt
import seaborn as sns
sns.set(style="whitegrid")
tips = sns.load_dataset("tips")
ax = sns.barplot(x="day", y="total_bill", data=tips)
plt.show()
```

执行后的效果如图 19-18 所示。

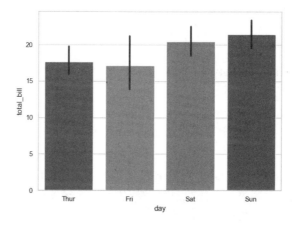

图 19-18 执行效果

19.4 实践案例与上机指导

　　通过本章的学习，读者基本可以掌握 Python 数据可视化技术的基础知识。其实 Python 数据可视化的知识还有很多，这需要读者通过课外渠道来加深学习。下面通过练习操作，以达到巩固学习、拓展提高的目的。

↑扫码看视频

19.4.1　使用 matplotlib 绘制 3 条不同颜色的折线

在使用 matplotlib 绘制折线时，可以使用函数 plot()设置绘制折线的样式，例如红色虚线、蓝色正方形和绿色三角形等。请看下面的实例文件 zhe03.py，功能是使用 matplotlib 绘制 3 条不同的折线。

　实例 19-16：绘制 3 条不同颜色的折线
　　源文件路径：daima\19\19-16

实例文件 zhe03.py 的具体实现代码如下所示。

```python
import numpy as np
import matplotlib.pyplot as plt

# 间隔 200ms 均匀采样
t = np.arange(0., 5., 0.2)

#红色虚线、蓝色正方形和绿色三角形
plt.plot(t, t, 'r--', t, t ** 2, 'bs', t, t ** 3, 'g^')
plt.show()
```

执行效果如图 19-19 所示。

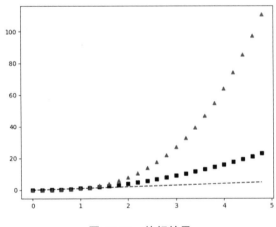

图 19-19　执行效果

19.4.2　使用 Seaborn 绘制带有图示功能的柱状图

请看下面的实例文件 010.py，功能是使用 Seaborn 绘制一个带有图示功能的柱状图。

　实例 19-17：绘制一个带有图示功能的柱状图
　　源文件路径：daima\19\19-17

实例文件 010.py 的具体实现代码如下所示。

```python
import matplotlib.pyplot as plt
import seaborn as sns
```

```
sns.set(style="whitegrid")
tips = sns.load_dataset("tips")
ax = sns.barplot(x="day", y="total_bill", hue="sex", data=tips)
plt.show()
```

执行后的效果如图 19-20 所示。

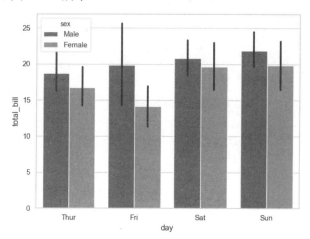

图 19-20　执行效果

19.5　思考与练习

本章详细讲解了 Python 数据可视化技术的知识，循序渐进地讲解了什么是数据可视化、matplotlib 基础和当 Seaborn 遇到 matplotlib 等知识。在讲解过程中，通过具体实例介绍了使用 Python 数据可视化技术的方法。通过本章的学习，读者应该熟悉使用 Python 数据可视化技术的知识，掌握他们的使用方法和技巧。

一、选择题

(1)　在 matplotlib 中，绘制散点图的函数是(　　)。

　　A. show()　　　　　　　　B. scatter()　　　　　　　　C. boxplot()

(2)　在 Seaborn 中使用内置函数绘制散点图，即(　　)。

　　A. relplot()　　　　　　　B. show()　　　　　　　　　C. scatter()

二、判断对错

(1)　库 Seaborn 与 matplotlib 无关，Seaborn 没有利用 matplotlib 的功能。　　　　(　　)

(2)　在 Seabor 中有两种绘制折线图的方法，一种是将函数 relplot()的参数 kind 设置为 line，另一种是直接使用函数 lineplot()绘制折线图。　　　　　　　　　　　　　(　　)

三、上机练习

(1)　编写一个 Python 程序，使用 Matplotlib 绘制只有一个柱子的柱状图。

(2)　编写一个 Python 程序，使用 Matplotlib 绘制一个正负柱状图。

第 **20** 章

实时疫情监控系统

本章主要内容

2020 年的新冠病毒对我们的日常生活和学习带来了极大冲击，新型冠状病毒肺炎(NCP)疫情的爆发无疑是近些年最让人心痛的黑天鹅。面对疫情，利用全面、有效、及时的数据和可视化技术准确感知疫情态势，为决策者、管理人员提供宏观数据依据。在本章的内容中，将详细讲解在 Python 程序开发一个实时疫情监控系统的方法。

20.1 背景介绍

　　在软件开发领域，背景介绍用于描述当前项目的开发现状，介绍当前要开发项目的发展历史和当前情况。在本节的内容中，将详细讲解本实时疫情监控系统的背景信息。

↑扫码看视频

　　2020 年鼠年伊始，在世界多个国家中爆发了新型冠状病毒引发的肺炎。新型冠状病毒肺炎(Corona Virus Disease 2019，COVID-19)，简称"新冠肺炎"，世界卫生组织命名为"2019冠状病毒病"，是指 2019 新型冠状病毒感染导致的肺炎。2020 年 2 月 11 日，世界卫生组织总干事谭德塞在瑞士日内瓦宣布，将新型冠状病毒感染的肺炎命名为 COVID-19。2020年 2 月 21 日,中国国家卫生健康委发布了关于修订新型冠状病毒肺炎英文命名事宜的通知，决定将"新型冠状病毒肺炎"英文名称修订为 COVID-19，与世界卫生组织命名保持一致，中文名称保持不变。

20.2 系统分析

　　自从 COVID-19 疫情爆发以来，每天的疫情数据牵动人心，政府疾病控制中心每天都发布各地疫情数据，新闻媒体通过各种新媒体技术和数据新闻方式实时发布并呈现疫情数据，人们可以通过数据可视化感知疫情现状和流行病传染扩散趋势及救治情况。为了节省决策时间，让数据可视化成为管理者和时间赛跑的帮手，是快速打赢这场"战疫"的关键。

↑扫码看视频

　　无论是广大学习者还是程序员，简单就代表了一切，代表了最大的吸引力。既然都能实现同样的功能，人们有什么理由不去选择更加简单的开发语言呢？例如在运行 Python 程序时，简单地输入 Python 代码后即可运行，而不需要像其他语言(例如 C 或 C++)那样需要经过编译和链接等中间步骤。Python 可以立即执行程序，这样便形成了一种交互式编程体验和不同情况下快速调整的能力，往往在修改代码后能立即看到程序改变的效果。

20.2.1　需求分析

此实时疫情监控系统主要面向各行各业的全世界人民，其中大部分是中国的高知人群，从学历、社会地位、经济收入、家庭背景都占有相当的优势。

在系统需求分析中要做到以用户为中心，场景化思考，要首先清楚数据大屏不同于其他信息管理系统的特点，主要包括以下几个方面。

➢ 面积巨大——用户站远才能看全内容。
➢ 深色背景——紧张感强，让视觉更好地聚焦，避免过分的视觉刺激。
➢ 不可操作——大屏主要用来给来用户看的，一般不会直接操作大屏。
➢ 空间局限——大屏不像网页有滚动条，它的长宽都是固定的。
➢ 单独主题——每块大屏都有具体想给用户表达的某个主题。

以上特点决定了大屏没有复杂的业务流程和任务流程，需求分析的重点在范围定义和信息架构设计及非功能性需求。目前已有的实时疫情监控系统，主要是对累计和当日的确诊、疑似及死亡人数的统计，统计范围达到市级的粒度。

20.2.2　数据分析

对需求分析结果中涉及的数据进行分析，可以为后面的设计和开发避开很多陷阱，所以需要思考以下 8 个方面：

➢ 可以公开哪些数据？
➢ 数据来源有哪些？如果接第三方数据，接口是否稳定？
➢ 能获取的数据精度怎样？精度与数据分析指标息息相关。
➢ 预先评估数据量的级别多大？
➢ 如何实时刷新大批量数据？
➢ 维度会是用户都想看的吗？
➢ 应该使用哪种可视化方式？
➢ 展现这些数据有意义吗？

新冠疫情数据目前国内能收集到的，并且能持续更新的开放数据如表 20-1 所示。

表 20-1　疫情数据来源

序　号	主要内容	提供方
1	全国新型冠状病毒肺炎确诊病例分布图	中国疾病预防控制中心
2	实时更新疫情通报	中国疾病预防控制中心周报
3	世卫组织的最新数据	中国疾病预防控制中心
4	疫情防控进展，疫情新闻报道	国家卫生健康委员会统计信息中心
5	实时更新疫情通报	中华人民共和国国家卫生健康委员会

续表

序　号	主要内容	提供方
6	疫情数据、人口迁移地图、实时新闻播报	国家卫健委、各省市区卫健委、各省市区政府
7	一线网络服务商	腾讯、阿里和百度都提供了 API 接口

本系统将使用腾讯提供的免费 API 接口作为数据来源，可视化展示实时疫情数据。

20.3　具 体 实 现

　　在本节的内容中，将使用腾讯提供的 API 接口获取实时疫情信息，并使用 matplotlib 和 Seabor 绘制可视化统计图，帮助大家更直观地了解当前的疫情信息。

↑扫码看视频

20.3.1　列出统计的省和地区的名字

　　编写实例文件 test01-spider.py，功能是获取腾讯 API 接口中提供的 JSON 数据，使用 for 循环打印输出腾讯疫情平台中国内省份和地区的信息。

```
import time, json, requests
# 抓取腾讯疫情实时 json 数据
url = 'https://view.inews.qq.com/g2/getOnsInfo?name=disease_h5&callback=
&_=%d'%int(time.time()*1000)
data = json.loads(requests.get(url=url).json()['data'])
print(data)
print(data.keys())

# 统计省份信息(34 个省份 湖北 广东 河南 浙江 湖南 安徽...)
num = data['areaTree'][0]['children']
print(len(num))
for item in num:
    print(item['name'],end=" ")    # 不换行
else:
    print("\n")                    # 换行
```

执行后会输出：

34
北京 香港 上海 四川 甘肃 河北 陕西 广东 辽宁 台湾 重庆 福建 浙江 澳门 天津 江苏 云南 湖南 海南 吉林 江西 黑龙江 山西 河南 湖北 西藏 贵州 安徽 内蒙古 宁夏 山东 广西 新疆 青海

20.3.2　查询北京地区的实时数据

编写实例文件 test02-spider.py，功能是获取腾讯 API 接口中提供的 JSON 数据，使用 for 循环打印输出北京地区的疫情信息。

```python
import time, json, requests
# 抓取腾讯疫情实时 json 数据
url = 'https://view.inews.qq.com/g2/getOnsInfo?name=disease_h5&callback=
&_=%d'%int(time.time()*1000)
data = json.loads(requests.get(url=url).json()['data'])
print(data)
print(data.keys())

# 统计省份信息(34 个省份  湖北  广东  河南  浙江  湖南  安徽...)
num = data['areaTree'][0]['children']
print(len(num))
for item in num:
    print(item['name'],end=" ")         # 不换行
else:
    print("\n")                         # 换行

# 显示北京数据
beijing = num[0]['children']
for data in beijing:
    print(data)
```

执行后会输出：

```
34
北京 香港 上海 四川 甘肃 陕西 河北 广东 辽宁 台湾 重庆 福建 云南 江苏 浙江 澳门 天津 西
藏 河南 江西 山东 新疆 宁夏 贵州 湖南 黑龙江 山西 安徽 广西 湖北 吉林 青海 内蒙古 海南

    {'name': '丰台', 'today': {'confirm': 1, 'confirmCuts': 0, 'isUpdated': True},
'total': {'nowConfirm': 227, 'confirm': 270, 'suspect': 0, 'dead': 0, 'deadRate':
'0.00', 'showRate': False, 'heal': 43, 'healRate': '15.93', 'showHeal': False}}
    {'name': '大兴', 'today': {'confirm': 0, 'confirmCuts': 0, 'isUpdated': False},
'total': {'nowConfirm': 65, 'confirm': 104, 'suspect': 0, 'dead': 0, 'deadRate':
'0.00', 'showRate': False, 'heal': 39, 'healRate': '37.50', 'showHeal': False}}
    {'name': '海淀', 'today': {'confirm': 0, 'confirmCuts': 0, 'isUpdated': False},
'total': {'nowConfirm': 18, 'confirm': 82, 'suspect': 0, 'dead': 0, 'deadRate':
'0.00', 'showRate': False, 'heal': 64, 'healRate': '78.05', 'showHeal': False}}
    {'name': '西城', 'today': {'confirm': 0, 'confirmCuts': 0, 'isUpdated': False},
'total': {'nowConfirm': 6, 'confirm': 59, 'suspect': 0, 'dead': 0, 'deadRate':
'0.00', 'showRate': False, 'heal': 53, 'healRate': '89.83', 'showHeal': False}}
    {'name': '东城', 'today': {'confirm': 0, 'confirmCuts': 0, 'isUpdated': False},
'total': {'nowConfirm': 5, 'confirm': 19, 'suspect': 0, 'dead': 0, 'deadRate':
'0.00', 'showRate': False, 'heal': 14, 'healRate': '73.68', 'showHeal': False}}
    {'name': '房山', 'today': {'confirm': 0, 'confirmCuts': 0, 'isUpdated': False},
'total': {'nowConfirm': 4, 'confirm': 20, 'suspect': 0, 'dead': 0, 'deadRate':
'0.00', 'showRate': False, 'heal': 16, 'healRate': '80.00', 'showHeal': False}}
    {'name': '门头沟', 'today': {'confirm': 0, 'confirmCuts': 0, 'isUpdated':
False}, 'total': {'nowConfirm': 2, 'confirm': 5, 'suspect': 0, 'dead': 0,
'deadRate': '0.00', 'showRate': False, 'heal': 3, 'healRate': '60.00', 'showHeal':
False}}
```

```
        {'name':'朝阳', 'today':{'confirm': 0, 'confirmCuts': 0, 'isUpdated': False},
'total': {'nowConfirm': 2, 'confirm': 77, 'suspect': 0, 'dead': 0, 'deadRate':
'0.00', 'showRate': False, 'heal': 75, 'healRate': '97.40', 'showHeal': False}}
        {'name':'昌平', 'today':{'confirm': 0, 'confirmCuts': 0, 'isUpdated': False},
'total': {'nowConfirm': 1, 'confirm': 30, 'suspect': 0, 'dead': 0, 'deadRate':
'0.00', 'showRate': False, 'heal': 29, 'healRate': '96.67', 'showHeal': False}}
        {'name':'通州', 'today':{'confirm': 0, 'confirmCuts': 0, 'isUpdated': False},
'total': {'nowConfirm': 1, 'confirm': 20, 'suspect': 0, 'dead': 9, 'deadRate':
'45.00', 'showRate': False, 'heal': 10, 'healRate': '50.00', 'showHeal': False}}
        {'name': '石景山', 'today': {'confirm': 0, 'confirmCuts': 0, 'isUpdated':
False}, 'total': {'nowConfirm': 1, 'confirm': 15, 'suspect': 0, 'dead': 0,
'deadRate': '0.00', 'showRate': False, 'heal': 14, 'healRate': '93.33',
'showHeal': False}}
        {'name':'延庆', 'today':{'confirm': 0, 'confirmCuts': 0, 'isUpdated': False},
'total': {'nowConfirm': 0, 'confirm': 1, 'suspect': 0, 'dead': 0, 'deadRate':
'0.00', 'showRate': False, 'heal': 1, 'healRate': '100.00', 'showHeal': False}}
        {'name': '境外输入', 'today': {'confirm': 0, 'confirmCuts': 0, 'isUpdated':
False}, 'total': {'nowConfirm': 0, 'confirm': 174, 'suspect': 0, 'dead': 0,
'deadRate': '0.00', 'showRate': False, 'heal': 174, 'healRate': '100.00',
'showHeal': True}}
        {'name': '外地来京', 'today': {'confirm': 0, 'confirmCuts': 0, 'isUpdated':
False}, 'total': {'nowConfirm': 0, 'confirm': 25, 'suspect': 0, 'dead': 0,
'deadRate': '0.00', 'showRate': False, 'heal': 25, 'healRate': '100.00',
'showHeal': False}}
        {'name':'密云', 'today':{'confirm': 0, 'confirmCuts': 0, 'isUpdated': False},
'total': {'nowConfirm': 0, 'confirm': 7, 'suspect': 0, 'dead': 0, 'deadRate':
'0.00', 'showRate': False, 'heal': 7, 'healRate': '100.00', 'showHeal': False}}
        {'name':'顺义', 'today':{'confirm': 0, 'confirmCuts': 0, 'isUpdated': False},
'total': {'nowConfirm': 0, 'confirm': 10, 'suspect': 0, 'dead': 0, 'deadRate':
'0.00', 'showRate': False, 'heal': 10, 'healRate': '100.00', 'showHeal': False}}
        {'name':'怀柔', 'today':{'confirm': 0, 'confirmCuts': 0, 'isUpdated': False},
'total': {'nowConfirm': 0, 'confirm': 7, 'suspect': 0, 'dead': 0, 'deadRate':
'0.00', 'showRate': False, 'heal': 7, 'healRate': '100.00', 'showHeal': False}}
        {'name': '地区待确认', 'today': {'confirm': 0, 'confirmCuts': 0, 'isUpdated':
True}, 'total': {'nowConfirm': -9, 'confirm': 1, 'suspect': 0, 'dead': 0,
'deadRate': '0.00', 'showRate': False, 'heal': 10, 'healRate': '1000.00',
'showHeal': False}}
```

20.3.3　查询并显示各地的实时数据

编写实例文件 test03-spider.py,功能是获取腾讯 API 接口中提供的 JSON 数据,使用 for 循环打印输出国内各个省份和地区的实时数据。

```
import time, json, requests
# 抓取腾讯疫情实时 json 数据
url = 'https://view.inews.qq.com/g2/getOnsInfo?name=disease_h5&callback=
&_=%d'%int(time.time()*1000)
data = json.loads(requests.get(url=url).json()['data'])
print(data)
print(data.keys())

# 统计省份信息(34 个省份 湖北 广东 河南 浙江 湖南 安徽...)
num = data['areaTree'][0]['children']
print(len(num))
for item in num:
```

```
    print(item['name'],end=" ")          # 不换行
else:
    print("\n")                          # 换行
```

```
# 解析数据(确诊 疑似 死亡 治愈)
total_data = {}
for item in num:
    if item['name'] not in total_data:
        total_data.update({item['name']:0})
    for city_data in item['children']:
        total_data[item['name']] +=int(city_data['total']['confirm'])
print(total_data)
```

执行后会输出：

```
34
北京 香港 上海 四川 甘肃 陕西 河北 广东 辽宁 台湾 重庆 福建 云南 江苏 浙江 澳门 天津 西
藏 河南 江西 山东 新疆 宁夏 贵州 湖南 黑龙江 山西 安徽 广西 湖北 吉林 青海 内蒙古 海南

{'北京': 926, '香港': 1247, '上海': 715, '四川': 595, '甘肃': 164, '陕西': 320,
'河北': 349, '广东': 1643, '辽宁': 156, '台湾': 449, '重庆': 582, '福建': 363, '
云南': 186, '江苏': 654, '浙江': 1269, '澳门': 46, '天津': 198, '西藏': 1, '河南':
1276, '江西': 932, '山东': 792, '新疆': 76, '宁夏': 75, '贵州': 147, '湖南': 1019,
'黑龙江': 947, '山西': 198, '安徽': 991, '广西': 254, '湖北': 68135, '吉林': 155,
'青海': 18, '内蒙古': 238, '海南': 171}
```

20.3.4　绘制实时全国疫情确诊数对比图

编写实例文件 test04-matplotlib.py，功能是获取腾讯 API 接口中提供的 JSON 数据，然后使用 matplotlib 绘制实时全国疫情确诊数对比图。

```
import time, json, requests
# 抓取腾讯疫情实时 json 数据
url = 'https://view.inews.qq.com/g2/getOnsInfo?name=disease_h5&callback=
&_=%d'%int(time.time()*1000)
data = json.loads(requests.get(url=url).json()['data'])
print(data)
print(data.keys())

# 统计省份信息(34 个省份 湖北 广东 河南 浙江 湖南 安徽...)
num = data['areaTree'][0]['children']
print(len(num))
for item in num:
    print(item['name'],end=" ")          # 不换行
else:
    print("\n")                          # 换行

# 显示湖北省数据
hubei = num[0]['children']
for item in hubei:
```

```
        print(item)
else:
        print("\n")


# 解析数据(确诊 疑似 死亡 治愈)
total_data = {}
for item in num:
    if item['name'] not in total_data:
        total_data.update({item['name']:0})
    for city_data in item['children']:
        total_data[item['name']] +=int(city_data['total']['confirm'])
print(total_data)
# {'湖北': 48206, '广东': 1241, '河南': 1169, '浙江': 1145, '湖南': 968, ...,
#'澳门': 10, '西藏': 1}


#-----------------------------------------------------------------
# 第二步：绘制柱状图
#-----------------------------------------------------------------
import matplotlib.pyplot as plt
import numpy as np

plt.rcParams['font.sans-serif'] = ['SimHei']   #用来正常显示中文标签
plt.rcParams['axes.unicode_minus'] = False     #用来正常显示负号

#获取数据
names = total_data.keys()
nums = total_data.values()
print(names)
print(nums)

# 绘图
plt.figure(figsize=[10,6])
plt.bar(names, nums, width=0.3, color='green')

# 设置标题
plt.xlabel("地区", fontproperties='SimHei', size=12)
plt.ylabel("人数", fontproperties='SimHei', rotation=90, size=12)
plt.title("全国疫情确诊数对比图", fontproperties='SimHei', size=16)
plt.xticks(list(names), fontproperties='SimHei', rotation=-45, size=10)
# 显示数字
for a, b in zip(list(names), list(nums)):
    plt.text(a, b, b, ha='center', va='bottom', size=6)
plt.show()
```

执行效果如图 20-1 所示。

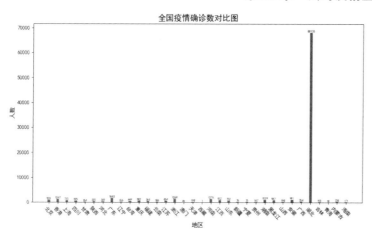

图 20-1　实时全国疫情确诊数对比图

20.3.5　绘制实时确诊人数、新增确诊人数、死亡人数、治愈人数对比图

编写实例文件 test05-matplotlib.py，功能是获取腾讯 API 接口中提供的 JSON 数据，然后使用 matplotlib 绘制实时国内各地确诊人数、新增确诊人数、死亡人数、治愈人数对比图。

(1) 提取各地疑似人数数据，代码如下：

```
# 解析疑似数据
total_suspect_data = {}
for item in num:
    if item['name'] not in total_suspect_data:
        total_suspect_data.update({item['name']:0})
    for city_data in item['children']:
        total_suspect_data[item['name']] +=int(city_data['total']['suspect'])
print(total_suspect_data)
```

(2) 提取各地死亡人数数据，代码如下：

```
# 解析死亡数据
total_dead_data = {}
for item in num:
    if item['name'] not in total_dead_data:
        total_dead_data.update({item['name']:0})
    for city_data in item['children']:
        total_dead_data[item['name']] +=int(city_data['total']['dead'])
print(total_dead_data)
```

(3) 提取各地治愈人数数据，代码如下：

```
# 解析治愈数据
total_heal_data = {}
for item in num:
    if item['name'] not in total_heal_data:
        total_heal_data.update({item['name']:0})
    for city_data in item['children']:
        total_heal_data[item['name']] +=int(city_data['total']['heal'])
print(total_heal_data)
```

(4) 提取各地新增确诊人数数据,代码如下:

```python
# 解析新增确诊数据
total_new_data = {}
for item in num:
    if item['name'] not in total_new_data:
        total_new_data.update({item['name']:0})
    for city_data in item['children']:
        total_new_data[item['name']] +=int(city_data['today']['confirm']) # today
print(total_new_data)
```

(5) 使用 matplotlib 分别绘制实时确诊人数、新增确诊人数、死亡人数、治愈人数对比图,代码如下:

```python
#-----------------------------------------------------------------------
# 第二步:绘制柱状图
#-----------------------------------------------------------------------
import matplotlib.pyplot as plt
import numpy as np

plt.figure(figsize=[10,6])
plt.rcParams['font.sans-serif'] = ['SimHei']    #用来正常显示中文标签
plt.rcParams['axes.unicode_minus'] = False      #用来正常显示负号

#--------------------------1.绘制确诊数据--------------------------
p1 = plt.subplot(221)

# 获取数据
names = total_data.keys()
nums = total_data.values()
print(names)
print(nums)
print(total_data)
plt.bar(names, nums, width=0.3, color='green')

# 设置标题
plt.ylabel("确诊人数", rotation=90)
plt.xticks(list(names), rotation=-60, size=8)
# 显示数字
for a, b in zip(list(names), list(nums)):
    plt.text(a, b, b, ha='center', va='bottom', size=6)
plt.sca(p1)

#--------------------------2.绘制新增确诊数据--------------------------
p2 = plt.subplot(222)
names = total_new_data.keys()
nums = total_new_data.values()
print(names)
print(nums)
plt.bar(names, nums, width=0.3, color='yellow')
plt.ylabel("新增确诊人数", rotation=90)
plt.xticks(list(names), rotation=-60, size=8)
# 显示数字
for a, b in zip(list(names), list(nums)):
    plt.text(a, b, b, ha='center', va='bottom', size=6)
plt.sca(p2)
```

```
#------------------------3.绘制死亡数据------------------------------
p3 = plt.subplot(223)
names = total_dead_data.keys()
nums = total_dead_data.values()
print(names)
print(nums)
plt.bar(names, nums, width=0.3, color='blue')
plt.xlabel("地区")
plt.ylabel("死亡人数", rotation=90)
plt.xticks(list(names), rotation=-60, size=8)
for a, b in zip(list(names), list(nums)):
    plt.text(a, b, b, ha='center', va='bottom', size=6)
plt.sca(p3)


#------------------------4.绘制治愈数据------------------------------
p4 = plt.subplot(224)
names = total_heal_data.keys()
nums = total_heal_data.values()
print(names)
print(nums)
plt.bar(names, nums, width=0.3, color='red')
plt.xlabel("地区")
plt.ylabel("治愈人数", rotation=90)
plt.xticks(list(names), rotation=-60, size=8)
for a, b in zip(list(names), list(nums)):
    plt.text(a, b, b, ha='center', va='bottom', size=6)
plt.sca(p4)
plt.show()
```

执行效果如图 20-2 所示。

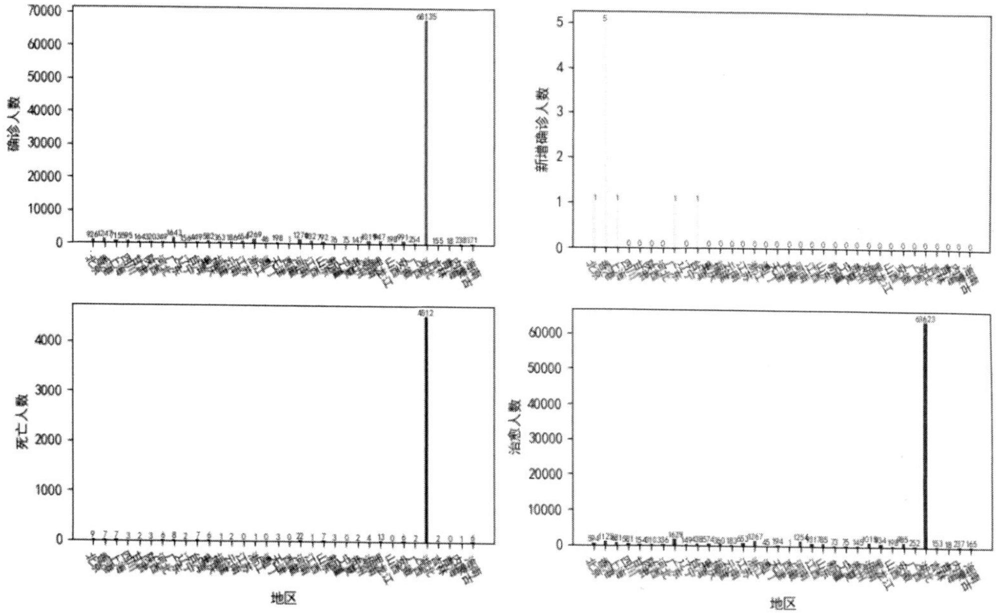

图 20-2　实时确诊人数、新增确诊人数、死亡人数、治愈人数对比图

20.3.6 将实时疫情数据保存到 CSV 文件

编写实例文件 test06-seaborn-write.py，功能是获取腾讯 API 接口中提供的 JSON 数据，然后将抓取的国内各地的实时疫情数据保存到 CSV 文件 2020-07-04-all.csv 中，其中文件名中的 2020-07-04-all.csv 不是固定的，和当前日期相对应。

```
names = list(total_data.keys())           # 省份名称
num1 = list(total_data.values())          # 确诊数据
num2 = list(total_suspect_data.values())  # 疑似数据(全为0)
num3 = list(total_dead_data.values())     # 死亡数据
num4 = list(total_heal_data.values())     # 治愈数据
num5 = list(total_new_data.values())      # 新增确诊病例
print(names)
print(num1)
print(num2)
print(num3)
print(num4)
print(num5)

# 获取当前日期命名(2020-07-14-all.csv)
n = time.strftime("%Y-%m-%d") + "-all.csv"
fw = open(n, 'w', encoding='utf-8')
fw.write('province,confirm,dead,heal,
            new_confirm\n')
i = 0
while i<len(names):
fw.write(names[i]+','+str(num1[i])+','+str
(num3[i])+','+str(num4[i])+','+str(num5[i])+'\n')
    i = i + 1
else:
    print("Over write file!")
    fw.close()
```

执行后会创建一个以当前日期命名的 CSV 文件，例如作者执行上述实例文件的时间是 2020-07-04，所以会创建文件 2020-07-04-all.csv，在文件里面保存了当前国内疫情的实时数据，如图 20-3 所示。

Plugins supporting *.csv files foun
1	province,confirm,dead
2	北京,926,9,594,1
3	香港,1247,7,1125,5
4	上海,715,7,681,1
5	四川,595,3,581,0
6	甘肃,164,2,154,0
7	陕西,320,3,310,0
8	河北,349,6,336,0
9	广东,1643,8,1629,1
10	辽宁,156,2,149,0
11	台湾,449,7,438,1
12	重庆,582,6,574,0
13	福建,363,1,360,0
14	云南,186,2,183,0
15	江苏,654,0,653,0
16	浙江,1269,1,1267,0
17	澳门,46,0,45,0
18	天津,198,3,194,0
19	西藏,1,0,1,0
20	河南,1276,22,1254,0
21	江西,932,1,931,0
22	山东,792,7,785,0
23	新疆,76,3,73,0
24	宁夏,75,0,75,0
25	贵州,147,2,145,0
26	湖南,1019,4,1015,0
27	黑龙江,947,13,934,0
28	山西,198,0,198,0
29	安徽,991,6,985,0

图 20-3 文件 2020-07-04-all.csv

20.3.7 绘制国内实时疫情统计图

编写实例文件 test07-seaborn-write.py，功能是提取刚才创建的 CSV 文件 2020-07-04-all.csv 中的数据，使用 Seaborn 绘制国内实时疫情统计图。

```
import time
import matplotlib
import numpy as np
import seaborn as sns
import pandas as pd
import matplotlib.pyplot as plt
```

```
# 读取数据
n = time.strftime("%Y-%m-%d") + "-all.csv"
data = pd.read_csv(n)

# 设置窗口
fig, ax = plt.subplots(1,1)
print(data['province'])

# 设置绘图风格及字体
sns.set_style("whitegrid",{'font.sans-serif':['simhei','Arial']})

# 绘制柱状图
g = sns.barplot(x="province", y="confirm", data=data, ax=ax,
        palette=sns.color_palette("hls", 8))

# 在柱状图上显示数字
i = 0
for index, b in zip(list(data['province']), list(data['confirm'])):
    g.text(i+0.05, b+0.05, b, color="black", ha="center", va='bottom', size=6)
    i = i + 1

# 设置 Axes 的标题
ax.set_title('全国疫情最新情况')

# 设置坐标轴文字方向
ax.set_xticklabels(ax.get_xticklabels(), rotation=-60)

# 设置坐标轴刻度的字体大小
ax.tick_params(axis='x',labelsize=8)
ax.tick_params(axis='y',labelsize=8)

plt.show()
```

执行效果如图 20-4 所示。

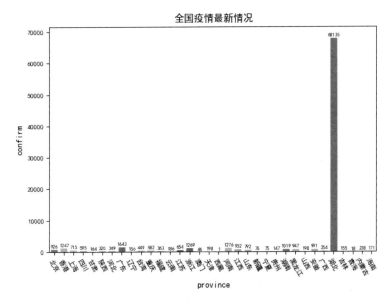

图 20-4　国内实时疫情统计图

20.3.8 可视化实时疫情的详细数据

编写实例文件 test020-seaborn-write-4db.py，功能是获取腾讯 API 接口中提供的 JSON 数据，然后将抓取的国内各地的实时疫情的详细数据保存到 CSV 文件 2020-07-04-all-4db.csv 中。其中文件名中不是固定的，和当前日期相对应。详细数据包括确诊人数、治愈人数、死亡人数和新增确诊人数，最后使用 Seaborn 绘制实时疫情详细数据的统计图。

(1) 分别将提取的各地确诊人数、治愈人数、死亡人数和新增确诊人数信息保存到 CSV 文件中，代码如下：

```python
names = list(total_data.keys())             # 省份名称
num1 = list(total_data.values())            # 确诊数据
num2 = list(total_suspect_data.values())    # 疑似数据(全为 0)
num3 = list(total_dead_data.values())       # 死亡数据
num4 = list(total_heal_data.values())       # 治愈数据
num5 = list(total_new_data.values())        # 新增确诊病例
print(names)
print(num1)
print(num2)
print(num3)
print(num4)
print(num5)

# 获取当前日期命名(2020-07-04-all.csv)
n = time.strftime("%Y-%m-%d") + "-all-4db.csv"
fw = open(n, 'w', encoding='utf-8')
fw.write('province,tpye,data\n')
i = 0
while i<len(names):
    fw.write(names[i]+',confirm,'+str(num1[i])+'\n')
    fw.write(names[i]+',dead,'+str(num3[i])+'\n')
    fw.write(names[i]+',heal,'+str(num4[i])+'\n')
    fw.write(names[i]+',new_confirm,'+str(num5[i])+'\n')
    i = i + 1
else:
    print("Over write file!")
    fw.close()
```

(2) 使用 Seaborn 绘制各地确诊人数、治愈人数、死亡人数和新增确诊人数信的统计图，代码如下：

```python
import time
import matplotlib
import numpy as np
import seaborn as sns
import pandas as pd
import matplotlib.pyplot as plt

# 读取数据
n = time.strftime("%Y-%m-%d") + "-all-4db.csv"
data = pd.read_csv(n)

# 设置窗口
fig, ax = plt.subplots(1,1)
```

```
print(data['province'])

# 设置绘图风格及字体
sns.set_style("whitegrid",{'font.sans-serif':['simhei','Arial']})

# 绘制柱状图
g = sns.barplot(x="province", y="data", hue="tpye", data=data, ax=ax,
            palette=sns.color_palette("hls", 8))

# 设置 Axes 的标题
ax.set_title('全国疫情最新情况')

# 设置坐标轴文字方向
ax.set_xticklabels(ax.get_xticklabels(),
                    rotation=-60)

# 设置坐标轴刻度的字体大小
ax.tick_params(axis='x',labelsize=8)
ax.tick_params(axis='y',labelsize=8)

plt.show()
```

执行后会创建一个以当前日期命名的 CSV 文件，例如作者执行上述实例文件的时间是 2020-07-04，所以会创建文件 2020-07-04-all-4db.csv，在文件里面保存了当前国内疫情的实时详细数据，如图 20-5 所示。并且还绘制了各地确诊人数、治愈人数、死亡人数和新增确诊人数的统计图，如图 20-6 所示。

1	province,tpye,data
2	北京,confirm,926
3	北京,dead,9
4	北京,heal,594
5	北京,new_confirm,1
6	香港,confirm,1247
7	香港,dead,7
8	香港,heal,1125
9	香港,new_confirm,5
10	上海,confirm,715
11	上海,dead,7
12	上海,heal,681
13	上海,new_confirm,1
14	四川,confirm,595
15	四川,dead,3
16	四川,heal,581
17	四川,new_confirm,0
18	甘肃,confirm,164
19	甘肃,dead,2
20	甘肃,heal,154
21	甘肃,new_confirm,0

图 20-5　文件 2020-07-04-all-4db.csv

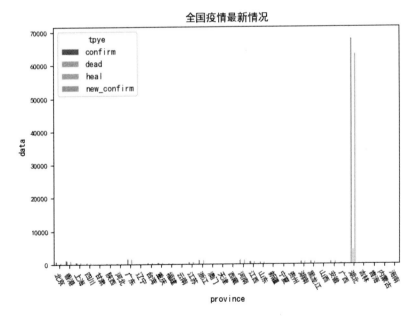

图 20-6　各地确诊人数、治愈人数、死亡人数和新增确诊人数的统计图

20.3.9　绘制实时疫情信息统计图

编写实例文件 test09-seaborn-write.py，功能是根据 CSV 文件 2020-07-04-all-4db.csv 中的数据，使用 Seaborn 绘制国内各地实时疫情信息统计图。

```python
# 读取数据
data = pd.read_csv("2020-07-04-all-4db.csv")

# 设置窗口
fig, ax = plt.subplots(1,1)
print(data['province'])

# 设置绘图风格及字体
sns.set_style("whitegrid",{'font.sans-serif':['simhei','Arial']})

# 绘制柱状图
g = sns.barplot(x="province", y="data", hue="tpye", data=data, ax=ax,
        palette=sns.color_palette("hls", 8))

# 设置 Axes 的标题
ax.set_title('全国疫情最新情况')

# 设置坐标轴文字方向
ax.set_xticklabels(ax.get_xticklabels())

# 设置坐标轴刻度的字体大小
ax.tick_params(axis='x',labelsize=8)
ax.tick_params(axis='y',labelsize=8)

plt.show()
```

执行效果如图 20-7 所示。

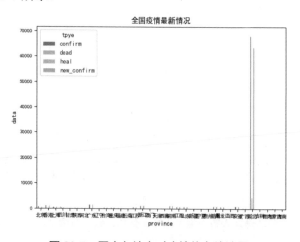

图 20-7　国内各地实时疫情信息统计图

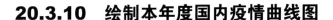

20.3.10　绘制本年度国内疫情曲线图

编写实例文件 test20-qushi.py，功能是获取腾讯 API 接口中提供的 JSON 数据，然后使用 matplotlib 绘制本年度国内疫情曲线图，时间从 1 月开始，到当前时间结束，最后将绘制的图保存为图片文"nCoV 疫情曲线.png"。

```python
# 抓取腾讯疫情实时 json 数据
def catch_daily():
    url = 'https://view.inews.qq.com/g2/getOnsInfo?name=wuwei_ww_cn_day_
            counts&callback=&_=%d'%int(time.time()*1000)
    data = json.loads(requests.get(url=url).json()['data'])
    data.sort(key=lambda x:x['date'])

    date_list = list() # 日期
    confirm_list = list() # 确诊
    suspect_list = list() # 疑似
    dead_list = list() # 死亡
    heal_list = list() # 治愈
    for item in data:
        month, day = item['date'].split('/')
        date_list.append(datetime.strptime('2020-%s-%s'%(month, day), '%Y-%m-%d'))
        confirm_list.append(int(item['confirm']))
        suspect_list.append(int(item['suspect']))
        dead_list.append(int(item['dead']))
        heal_list.append(int(item['heal']))
    return date_list, confirm_list, suspect_list, dead_list, heal_list

# 绘制每日确诊和死亡数据
def plot_daily():

    date_list, confirm_list, suspect_list, dead_list, heal_list = catch_
daily() # 获取数据

    plt.figure('疫情统计图表', facecolor='#f4f4f4', figsize=(10, 8))
    plt.title('nCoV 疫情曲线', fontsize=20)

    plt.rcParams['font.sans-serif'] = ['SimHei']   #用来正常显示中文标签
    plt.rcParams['axes.unicode_minus'] = False      #用来正常显示负号

    plt.plot(date_list, confirm_list, 'r-', label='确诊')
    plt.plot(date_list, confirm_list, 'rs')
    plt.plot(date_list, suspect_list, 'b-',label='疑似')
    plt.plot(date_list, suspect_list, 'b*')
    plt.plot(date_list, dead_list, 'y-', label='死亡')
    plt.plot(date_list, dead_list, 'y+')
    plt.plot(date_list, heal_list, 'g-', label='治愈')
    plt.plot(date_list, heal_list, 'gd')

    plt.gca().xaxis.set_major_formatter(mdates.DateFormatter('%m-%d'))
    # 格式化时间轴标注
    plt.gcf().autofmt_xdate() # 优化标注(自动倾斜)
```

```
    plt.grid(linestyle=':')  # 显示网格
    plt.legend(loc='best')  # 显示图例
    plt.savefig('nCoV 疫情曲线.png')  # 保存为文件
    plt.show()

if __name__ == '__main__':
    plot_daily()
```

执行效果如图 20-8 所示。

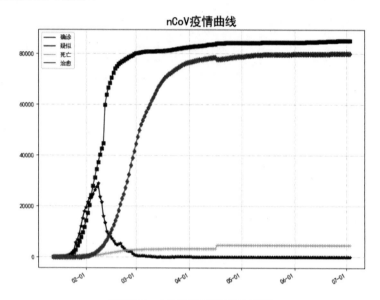

图 20-8　本年度国内疫情曲线图